深远海工程装备与高技术丛书

潜水器技术与应用

崔维成　郭　威　王　芳　姜　哲　罗高生　潘彬彬　编著

上海科学技术出版社

图书在版编目(CIP)数据

潜水器技术与应用 / 崔维成等编著. —上海:上
海科学技术出版社,2018.10
(深远海工程装备与高技术丛书)
ISBN 978-7-5478-4173-0

Ⅰ.①潜… Ⅱ.①崔… Ⅲ.①潜水器—高等学校—教
材 Ⅳ.①P754.3

中国版本图书馆 CIP 数据核字(2018)第 206626 号

潜水器技术与应用

崔维成 郭 威 王 芳 姜 哲 罗高生 潘彬彬 **编著**

技术编辑 张志建 陈美生
美术编辑 赵 军

上海世纪出版(集团)有限公司
上海科学技术出版社 出版、发行
(上海钦州南路 71 号 邮政编码 200235 www.sstp.cn)
苏州望电印刷有限公司印刷
开本 787×1092 1/16 印张 24.5 插页 4
字数 580 千字
2018 年 10 月第 1 版 2018 年 10 月第 1 次印刷
ISBN 978-7-5478-4173-0/U·68
定价:198.00 元

本书如有缺页、错装或坏损等严重质量问题,请向工厂联系调换

内 容 提 要

　　海洋是生物资源、能源、水资源、矿产资源的开发基地，是最现实和最有发展潜力的战略空间。为了更好地开发和利用海洋，满足我国对深海矿产资源调查、深海综合调查研究、深海科学研究、海洋资源开发和海洋权益维护等需求，必须及时建设我国的深海装备体系，而潜水器是深海运载体系最基本的配备。

　　本书内容力求全面，涵盖从潜水器的设计到应用的全过程，主要内容包括潜水器总体设计方法、各分系统(控制、推进、导航与通信系统，动力与配电系统，液压与作业工具系统，生命支持系统)的设计与制造、总装建造、陆上联调、水池试验、海上试验、潜航员的选拔与培训、潜水器的操作与维护以及潜水器的应用。

　　本书可供从事潜水器研究或研制人员和工程技术人员，以及高等院校海洋工程及相关专业的研究生阅读参考。

学 术 顾 问

潘镜芙　中国工程院院士、中国船舶重工集团公司第七○一研究所研究员

闻雪友　中国工程院院士、中国船舶重工集团公司第七○三研究所研究员

顾心怿　中国工程院院士、胜利石油管理局资深首席高级专家

方书甲　中国造船工程学会副理事长、研究员

童小川　中国船舶重工集团公司第七○四研究所所长、研究员、博士生导师

俞宝均　中国船舶设计大师、中国船舶工业集团公司第七○八研究所研究员

杨葆和　中国船舶设计大师、中国船舶工业集团公司第七○八研究所研究员

赵耕贤　中国船舶设计大师、中国船舶工业集团公司第七○八研究所研究员

徐绍衡　中国船舶设计大师、江苏省舰船及海洋自动化工程研究中心首席科
　　　　学家

丛书编委会

《潜水器技术与应用》
编审委员会

前　言

　　人类发展的四大战略空间(陆/海/空/天)中,海洋是第二大空间。它是生物资源、能源、水资源、矿产资源的开发基地,也是最现实和最有发展潜力的战略空间。海洋里的矿物、生物资源是陆地上的数千倍。地球上约85%的物种生活在海洋,不少物种甚至能生活在深海高压、缺氧、高温的恶劣环境中。进入海洋深处,在保温、保压条件下采集、分析、培育深海生物基因并进行研究,将对人类的科学和生活产生重要影响:一是丰富和发展对生命形式的认识,促使生物学家更深刻地去研究、理解生命的起源和进化,为人类探索地球以外星球的生命存在形式提供理论和依据;二是新型药用活性物质以及各种极端条件下的工业用酶的开发、应用;三是研究细胞在各种极端条件下的调节适应机制,帮助设计提高人类、动物、植物抵御疾病、适应环境能力的方法。这些带给我们的都是全新的概念。此外,深海探测对探寻地质结构的演变、自然灾害的形成及防范、地球的形成都有极其重要的意义。

　　随着地球人口的急剧膨胀,陆上资源供应已趋极限,各国都把经济发展的重点转移到海洋。21世纪,人类将全面步入海洋经济时代,海洋开发将形成如海洋油气工业、海洋化学工业、深海采矿业等一批新兴产业。海洋空间与资源不仅是当今世界军事、经济竞争的重要领域,将来人类赖以生存、社会得以发展的物质源泉,也将是一个临海国家与民族持续安泰昌盛的资源宝库和战略基地。

　　为了更好地开发和利用海洋,必须及时建设我国的深海装备体系,以满足我国对深海矿产资源调查、深海综合调查研究、深海科学研究、海洋资源开发和海洋权益维护等需求。深海装备体系可以包括进行勘查和作业的各类潜水器如载人潜水器(human occupied vehicle, HOV)、遥控潜水器(remote operated vehicle, ROV)、自治潜水器(autonomous underwater vehicle, AUV)及复合形式;搭载潜水器进行作业的水面支持母船;进行水下勘查和作业的通用或专用深海作业工具;进行海洋环境长期观测的海底观测站;在真实深海环境条件下能进行科学研究的深海实验室;可用于深海环境观测、科学试验、深海资源开发的大型深海工作站等。其中,至少各一台的HOV、ROV和AUV以及相关的深海作业工具是深海运载体系最基本的配备。HOV、ROV和AUV,从使用角度讲,各具特征:AUV可隐蔽地实施长距离的探测,在敏感地带实施侦察、攻击;ROV可将人的眼睛和手"延伸"到ROV所到之处,信息实时传输,可以长时间在水下作业;HOV可以使人亲临现场进行观察和作业,其作业能力优于ROV。这三类潜水器各有特点、功能互补,在有些情况下它们需要协同作业,在意外情况下需要相互救援。如果只有单一的潜水器,其使用在功能上受到限制,在工作中存在"致命风险",会大大降低某一种潜水器的使用效能和效率。

应"深远海工程装备与高技术丛书"编委会的邀请,我们编写了本专著,内容重点介绍潜水器技术与应用方面的相关情况。

我国从"十五"期间开始,科技部加大对潜水器研制的投入,工程技术人员迫切希望有好的参考书籍,但这方面的专著实在太少。朱继懋教授主编的《潜水器设计》是1992年出版的,内容已旧,亟待更新。张铁栋教授编写的《潜水器设计原理》(2011年)不够全面和深入。本书第一作者在负责"蛟龙"号载人潜水器研制过程中,曾有计划组织一些研制骨干共同编写一本潜水器方面的专著,但因种种原因,此项工作当时未能完成。

根据科技部的"十一五"国家科技计划,"蛟龙"号研制之后,我国再研制一台国产化的4500米级载人潜水器,也就是2017年10月完成海上试验的"深海勇士"号,待4500米级载人潜水器项目结束之后再考虑11000米级的全海深载人潜水器的研制。本书第一作者认为,这一技术途径太过保守。为了加快我国全海深载人潜水器研制的步伐,考虑到成长起来的"蛟龙"号团队完全有能力承担4500米级载人潜水器的研制任务,他于2013年初就辞去了原单位的一切职务,包括4500米级载人潜水器项目负责人和总设计师,依托上海海洋大学的支持,在国内高校成立了首个深渊科学技术研究中心,全力冲刺11000米级载人/无人潜水器的研制。在上海地方政府和社会各界人士的大力支持下,"彩虹鱼"号挑战深渊极限项目也取得了一点进展。但由于转身太快,与原单位领导和同事的沟通不够充分,尤其是辜负了很多领导对他的培养与期望,因此把原本期望合作的关系演变成了竞争的关系。本专著的最佳编写人选应该是"蛟龙"号团队和"彩虹鱼"号团队的组合,但目前第一作者只能发动"彩虹鱼"号团队的力量。

本书力图全面阐述包括从潜水器的设计到应用的全过程,但限于作者团队成员的可选择范围,有些人还没有完整地参与研制过一台潜水器的经历,因此,章与章之间编写的深度与风格还有些参差不齐。不管如何,作者们接受了出版社的邀请,为本领域内的研究生和工程师提供了一本可供参考的书籍。书中的内容尽量吸收国内外已有的最新研究成果,尤其包含了大量"蛟龙"号的研制成果。因此,在此向所有参加"蛟龙"号研制和应用的科研人员致以崇高的敬意和诚挚的谢意。没有他们的工作,本书实难付梓。我们把本书的第一版视为抛砖引玉,诚望"蛟龙"号团队能够出版一本更加权威的专著。

尽管努力想写出一本好书,但限于学术水平和研制经验,尚有不少不足之处。我们真心期望读者能够提出改进的建议,在"彩虹鱼"号团队再成长一两年后,结合大家的意见和建议,力求写出一本接近我们既定目标的专业书籍。

作 者

2018年8月

目　录

第1章　潜水器工作的海洋环境

海洋蕴藏着丰富的资源,是我们人类可持续发展的重要物质源泉,潜水器是勘探、研究、开发、利用海洋资源必不可少的作业工具。潜水器需要工作在恶劣的海洋环境中,海面的风浪流、深海海水的低温和高压、海水对结构物的腐蚀、海水中黑暗和缺氧的生存环境等都是需要克服的具体困难。本章主要介绍潜水器工作的海洋环境,为潜水器的设计提供基础。

1.1 海洋的基本分类

根据形态特征及水文特征的不同,人们把世界上的海洋分成主要部分和附属部分,主要部分称为洋,附属部分称为海、海湾和海峡。洋是大陆以外具有独立的海流、潮汐、温度、盐度、密度且不受大陆影响的辽阔的盐水水域。洋约占整个海洋面积的 89%,深度一般在 2 000~3 000 m 以上。海是特指大陆与洋之间的水域,海的水文特征兼受大陆和洋的影响。海的面积约占海洋面积的 11%,深度一般在 2 000~3 000 m 以内。按照海与洋分离的情况和其他一些地理标志,可以把海分为内海、边缘海、外海和岛间海等。海湾是洋或海的一部分伸入陆地,且其深度和宽度逐渐减小的水域;由于它和临近的海洋可以自由沟通,所以水文气象状况一般也与其相似。在海湾中经常会出现较大潮差,如芬地湾的潮差可达 18~21 m。两端都与海洋相通的较窄的天然水道,称为海峡。海峡的特点是流急,沉积物多为岩石或砂砾,海流方向多数沿着海峡的方向[1]。

由于探测技术的发展,目前已清楚地掌握了海洋底的地形特征。在海面以下约100~200 m 范围内,海底的倾斜是平缓的,称为大陆架;由此向下,深度很快增大,坡度也很快变陡,称为大陆坡;有些大陆坡深度超过 6 000 m,称为海沟,马里亚纳海沟的最大深度达到 11 034 m,称为挑战者深渊;但绝大多数的大陆坡到达 3 000 m 左右的深度时,坡度又变得很平缓,称为大洋盆地;在大洋盆地的中央,通常有个隆起部分,称为洋中脊。根据这个特点,可以将海洋底分成大陆架、大陆坡、大洋盆地、海沟、洋中脊五个部分,如图1.1 所示。

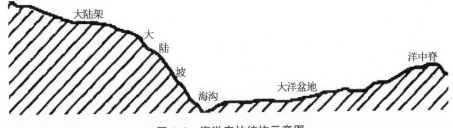

图 1.1 海洋底的结构示意图

世界大洋可分为太平洋、大西洋、印度洋和北冰洋。各大洋海底地形的主要特点[1]如下。

(1) 太平洋。太平洋的海沟多,且集中了世界大洋中深 10 000 m 以上的 5 个海沟。在太平洋的西部有一个明显的群岛弧,南北连亘数千千米,给西太平洋和它的附属海划上了一条清晰的界线。在西太平洋上,分布着为数众多的火山岛屿,如马绍尔群岛、马里亚纳群岛等。

(2) 大西洋。大西洋海底地形上的最大特征是它中央部分有一个显著的隆起。该隆起北起冰岛,南至南极圈,除赤道附近略有间断外,纵贯大西洋南北达 12 872 km 左右,海洋学上称这一隆起为大西洋海脊。大西洋海脊是位于海底的山脉,平均深度为 2 000～3 000 m。海脊隆起特别高就成为海岭或高出海面成为岛屿。

(3) 印度洋。印度洋有一条和大西洋海脊规模相仿的弧形大海脊,几乎把印度半岛和南极连起来,同时将印度洋分成东西两大海盆。东海盆较深,有几条海沟;西海盆较浅,有很多隆起。

(4) 北冰洋。北冰洋中央广阔部分深度超过 4 000 m,周围被广大的大陆架包围。北冰洋中央部分从新西伯利亚岛到加拿大的厄尔斯半岛伸展着一条罗蒙诺索夫海岭,长约 1 800 km,高出大洋盆地 2 500～3 300 m。

1.2　海　洋　资　源

海洋总面积占地球表面的比例约为 71%。海洋里蕴藏着丰富的生物、矿产、化学和动力资源,是人类实现可持续发展的主要资源[2]。随着科学技术的发展,海洋资源的开发利用已逐渐成为可能,因此,海洋就成为当前国际上重点研究和开发利用的对象之一。由于过去对海洋边界的划分没有陆地这样清楚,海洋也成为多国领土争端最重要的场所。比如,我国主张的 300 多万 km^2 的专属经济区和大陆架海洋国土面积中,就有将近一半是与周边国家有争议的区域。

海洋资源是自然资源的一部分。海洋资源大致可以分为生物资源、矿产资源、可再生能源、基因资源和空间资源。

(1) 生物资源。

人类很早就从事海洋鱼类捕捞,作为动物蛋白资源,16 万种以上的海洋生物中鱼类就多达 2 万种,其中约 150 种可供人类食用。根据海洋生物学家的估算,海洋可以提供的食物超过农耕面积生产的 1 000 倍,可供食用的海洋鱼类每年的自然生产能力可达 1×10^{19} t,而大陆架和浅海渔场每年可供人类利用的生产量仅为 1.1×10^8 t,目前全世界每年海洋捕鱼产量约为 6.3×10^7 t[3]。此外,浅海区生长的海藻类等水生植物,每年的增长量约为$(1.3\sim1.5)\times10^7$ t,已被人们视为未来蛋白质的重要生产原料,除直接为人类食用、摄取蛋白质外,还可间接利用作为动物饲料和农田肥料等。

(2) 矿产资源。

石油和天然气是海底矿物资源中埋藏量最丰富,而且经济性也很高的资源。海底石油储量占世界石油储量的一半以上。在一些特定的海底蕴藏着很丰富的天然气水合物资源,俗称可燃冰。可燃冰($CH_4\cdot H_2O$)是甲烷与水分子在特定的低温和高压条件下形成的化合物。在不同的海域,环境条件略有差异,可燃冰存储的水深也各不相同。比如,在赤道海区,可燃冰在 $400\sim650$ m 水深的海域;但在南极和北极,可燃冰存储在 $100\sim250$ m 海深的沉积岩中。在我国的南海可燃冰存在于深度 $500\sim1\,500$ m 的海域,据测算,资源量达 700 亿 t 油当量,约相当于我国目前陆上油气资源量总数的 $1/2$。在世界油气资源逐渐枯竭的情况下,可燃冰的发现为人类带来了新的希望。然而,可燃冰的开采必须十分谨慎。如果将可燃冰从深海简单地提升,那么在上升过程中,可燃冰会遇到两个情况:一是水深变浅,水压降低;二是水温升高。在这两种情况下可燃冰都会融化,可燃冰中的甲烷气体就会释放出来,而可燃冰中的甲烷含量要超过可燃冰自身体积的 100 多倍,这时就有可能引起可燃冰灾害,还可能会造成温室效应,影响大气温度。因此,如何保证在可燃冰提升过程中不引发可燃冰灾害就成为了关键问题。无论遇到多大的困难,人类只要采用科学的方法,总是可以解决这些问题,实现可燃冰的安全开发利用,目前中国已成功开采可燃冰。

深海海底的沉积物中也蕴藏着多种矿产资源,其中多金属结核矿如锰结核和钴结壳是当前最有开采前途的两种深海沉积物。锰结核矿通常游离分布在大洋 $2\,000\sim6\,000$ m 深的海底,一般直径为 $1\sim25$ cm(有的直径可达 1 m),是由锰、铁、钴、镍、铜等 30 多种物质构成的矿团。据估算,大洋底锰结核矿总储量达 3.0×10^{12} t,仅太平洋底就有 1.7×10^{12} t,其中含锰 4.0×10^{11} t,是陆地存储量的 67 倍;铜 8.5×10^9 t,是陆地的 2.1 倍;镍 1.64×10^{10} t,是陆地的 273 倍;钴 5.8×10^9 t,是陆地的 967 倍。钴结壳位于洋中脊的山背上,分布深度在 $1\,500\sim3\,000$ m 范围内。海洋中的热液硫化物是另外一种宝贵的矿产资源,分布深度一般为 $800\sim4\,000$ m。另外,海水中还溶有 60 多种元素,其中含铀为 5.0×10^9 t,是陆地存储量的 4\,000 倍,也可以从海水中提取食盐、金属化合物、金、银等。

(3) 可再生能源。

海洋可再生能源主要是指海洋潮汐、波浪、海流、温差和盐度差等,以及海洋上空的风和太阳能。

潮汐是日月引力引起的有规律的海水运动,利用潮汐发电的规模约为 $1\,400\sim1\,800$ 亿 kW·h,最合适开发的区域是窄浅的海峡、海湾和一些海口区。

海面具有各种等级的波浪,人们也可以利用较大的波浪起伏来驱动机械装置进行旋转运动来发电,由此实现波浪能的开发。基于相似的原理,也可以用海洋流发电。

由于阳光不能穿透海水,所以不同海洋深处的海水温差很大,利用这个温差也可以发电。类似的还有盐度差等可以利用。

海洋上风能和太阳能的利用与陆地上的原理相同,只是海洋的可用面积比陆地要大很多。因此,未来完全基于可再生能源的船舶也有可能实现,由此可以节省大量的油气资源。

（4）深海生物基因资源。

地球上约 85% 的物种生物生活在海洋,不少物种甚至能生活在深海高压、缺氧、局部高温的恶劣环境中,它们具有独特的生物结构、代谢机制,其体内具有特殊生物活性物质,目前发现的深海生物物种是陆地生物物种的两倍[4]。深海生物的多样性、复杂性和特殊性使其在生长和代谢过程中,产生出各种具有特殊生理功能的活性物质,并且某些特异的化学结构类型是陆地生物体内缺乏或罕见的。由于深海环境的独特性,深海还蕴藏着丰富的极端微生物,如古菌、细菌、嗜热菌、嗜冷菌、嗜压菌等,为生物技术产业发展和新药开发提供独特资源。目前,深海生物基因资源开发在低温生物催化剂及抗冻剂等方面取得长足发展。各类深海极端微生物及其基因资源在生物医药、工业、农业、食品、环境等领域的开发应用已取得突破性进展,形成了数十亿美元的产业。预计未来 20 年内,深海生物基因资源在新药开发、工业催化、环境保护、日用化工、绿色农业等领域会形成重要产业。

（5）空间资源。

随着工业化和城市化的推进,沿海地区的土地资源越来越珍贵,人们开始把目光投向广阔的海洋空间。经过二十多年的研究,人们发现从技术上来说,建造海上机场、海上工厂、海底工厂,甚至海上城市、海底工厂等都是可行的[5]。例如,建设一座可容纳数万人的海上城市,包括住宅、学校、医院和各种文化设施以及水产养殖、造船工业、海洋研究中心等,可利用海底石油和天然气作为海上城市能源,通过海水淡化供海上城市用水,大量的海洋风能、太阳能和其他可再生能源作为有限补充。这种方案从长远来说,在经济上比陆地城市具有优势。

随着航空运输的激增及飞机的大型高速化,必然要使机场的数量和面积大规模增加;同时,为避免飞机起飞着陆的噪声公害,人们也在研究建设海上机场。建设海上机场还有一个优点就是在跑道的方向上不会有丘陵及高大建筑物,从而提高航行的安全性。

建立海底核电站作为海中作业的动力;建造水下公园使人们能够观赏与陆地完全不同的景观;这些都可充分利用海洋空间。我国南海及海南岛附近水域水质透明度高,海中大量珊瑚礁及水生植物和游弋其间的多种鱼类,构成一幅幅壮美的景观,非常适合建设海洋公园,这对我国海洋旅游业的发展也有重要价值。

1.3　海洋资源开发的特点

海洋有如此多的资源,如何获取是人们最为关注的事情[2]。一种资源是否值得开采,取决于它的市场价格。如果资源的储量不是很丰富,开发的投入成本和失败风险很高,则该资源就不具备开采价值。因此,对于同一种资源而言,随着科学技术的发展,其可开采程度是会发生变化的。如某种物质现在尚无经济利用价值,但随着科学技术的发展,它们可转化成为能被人们利用的资源[6],那这种物质就有一定的开采可能了。近海海底石油资源由浅入深的开发过程充分反映了这一观点。

海洋是一个连续的永不停息地运动着的水体,其环境条件、资源分布与陆地截然不同,这就使得海洋开发具有以下一些特点[7]。

① 开发难度大、技术要求高。所有的海洋技术不是陆上技术的简单延伸,而是属于一个新的技术体系。

② 海洋开发是多部门的协同事业,每一类海洋资源都可以形成一个产业群。

③ 海洋开发投资多、成本高、风险大。比如,海底石油钻探费用约为陆上钻探费用的5 倍;经济效益最好的潮汐能发电成本仍是目前火力发电的 1.6～4 倍。

④ 海洋开发国际联系密切。海洋资源、海洋污染、海洋灾害等都是没有国界的,海洋上的绝大多数活动需要依靠国际合作。

1.4　各类海洋环境

任何结构物在海上工作时,均要遭受到各种风、浪、流的作用。

风(wind)是由空气流动引起的一种自然现象,它是由太阳辐射热引起的。从科学角度来看,风常指空气的水平运动分量,包括方向和大小,即风向和风速。风速是空气在单位时间内移动的水平距离,以米/秒(m/s)为单位。大气中水平风速一般为 $1.0～10$ m/s,台风、龙卷风可达到 100 m/s。人们平时在天气预报时均用蒲福风级。蒲福风级是英国人蒲福(Francis Beaufort)于 1805 年根据风对地面(或海面)物体影响程度而定出的风力等级,共分为 0～12 级。中国气象局在 2001 年下发《台风业务和服务规定》,将蒲福风级12 级以上台风补充到 17 级。

海浪(ocean wave)通常指海洋中由风产生的波浪,主要包括风浪、涌浪和近岸浪。风浪是指在风的直接作用下产生的水面波动;涌浪是指在风停后或风速风向突变区域内存在下来的波浪和传出风区的波浪;近岸浪是指由外海的风浪或涌浪传到海岸附近,受地形作用而改变波动性质的海浪。在不同的风速、风向和地形条件下,海浪的尺寸变化很大,通常周期为零点几秒到数十秒,波长为几十厘米至几百米,波高为几厘米至二十余米,在罕见地形下,波高可达 30 m 以上。

一般而言,状态相同的风作用于海面时间越长,海域范围越大,风浪就越强;当风浪达到充分成长状态时,便不再继续增大。根据波高大小,通常将风浪分为 10 个等级,将涌浪分为 5 个等级。0 级无浪无涌,海面水平如镜;5 级大浪、6 级巨浪,对应 4 级大涌,波高

2～6 m；7级狂浪、8级狂涛、9级怒涛，对应5级巨涌，波高6.1～10米以上。

海流(ocean current)是海水在大范围里相对稳定的流动，既有水平又有垂直的三维流动，是海水运动的普遍形式之一。"大范围"是指海流的空间尺度大，可在几千千米甚至全球范围内流动；"相对稳定"是指海流的路径、速率和方向，在数月、一年甚至多年的较长时间里保持一致。一般将发生在大洋里的海流称为洋流。

海流形成的原因很多，但归纳起来不外乎两种：风生海流和密度生海流。风生海流是由海面上的风力驱动而形成的海水流动。由于海水运动中黏滞性对动量的消耗，这种流动随深度的增大而减弱，直至小到可以忽略，其所涉及的深度通常只为几百米，相对于几千米深的大洋而言是一薄层。不同海域海水温度和盐度的不同会使海水密度产生差异，从而引起海水水位的差异，在海水密度不同的两个海域之间便产生了海面的倾斜，造成海水的流动，这样形成的海流称为密度生海流。

海流形成之后，由于海水的连续性，在海水产生辐散或辐聚的地方将导致升流、降流的形成。通常多用欧拉方法来测量和描述海流，即在海洋中某些站点同时对海流进行观测，依测量结果，用矢量表示海流的速度、大小和方向，绘制流线图来描述流场中速度的分布。图1.2就是一个典型的海流矢量图。如果流场不随时间而变化，那么流线也就代表了水质点的运动轨迹。

海流流速的单位就是普通的速度单位(m/s)；流向以地理方位角(°)表示，指海水流去的方向，例如，海水以0.10 m/s的速度向北流去，则流向记为0°(北)，向东流动则为90°，向南流动为180°，向西流动为270°。流向与风向的定义正好是相反的，风向指风吹来的方向。

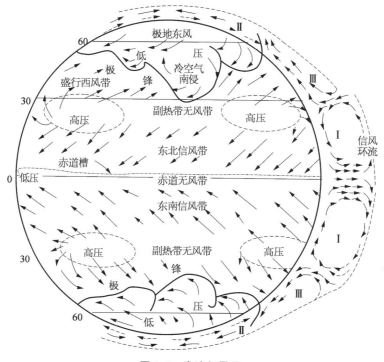

图1.2　海流矢量图

1.5　潜水器设计过程中需要考虑的海洋环境要素

潜水器在深海作业时,一般都需要母船的支持。潜水器从母船布放,在水下工作结束之后再被回收到母船上进行维护。母船在海面工作,受风浪流的作用很大。潜水器在水面布放和水面回收时也会受到浪与流的作用。因此,潜水器在使用时,都应遵守对海上风浪流使用上限的规定[1]。

潜水器设计时,需要明确布放回收时的波浪等级,比如我国的"蛟龙"号,是四级海况下布放,五级海况下回收。

此外,还应关注海水的一些基本物理性质如海水温度、盐度、密度等。潜水器绝大部分采用无动力下潜、上浮,需要进行精确的配载,此时应明确下潜区域海水密度的精确变化。海水密度 $K(\mathrm{cm}^3/\mathrm{g})$ 随盐度 $S(‰)$、温度 $t(℃)$ 和压力 $P(10^5\ \mathrm{Pa})$ 变化规律可用如下公式精确计算[8]:

$$K = K^0 + AP + BP^2 \tag{1.1}$$

$$K^0 = K_w^0 + aS + bS^{3/2} \tag{1.2}$$

$$A = A_w + cS + dS^{3/2} \tag{1.3}$$

$$B = B_w + eS \tag{1.4}$$

$$K_w^0 = 19\ 652.21 + 148.420\ 6t - 2.327\ 105t^2 + 1.360\ 477 \times \\ 10^{-2}t^3 - 5.155\ 288 \times 10^{-5}t^4 \tag{1.5}$$

$$A_w = 3.239\ 908 + 1.437\ 13 \times 10^{-3}t + 1.160\ 92 \times 10^{-4}t^2 - \\ 5.779\ 05 \times 10^{-7}t^3 \tag{1.6}$$

$$B_w = 8.509\ 35 \times 10^{-5} - 6.122\ 93 \times 10^{-6}t + 5.278\ 7 \times 10^{-8}t^2 \tag{1.7}$$

$$a = 54.674\ 6 - 0.603\ 459t + 1.099\ 87 \times 10^{-2}t^2 - 6.167\ 0 \times 10^{-5}t^3 \tag{1.8}$$

$$b = 7.944 \times 10^{-2} + 1.648\ 3 \times 10^{-2}t - 5.300\ 9 \times 10^{-4}t^2 \tag{1.9}$$

$$c = 2.283\ 8 \times 10^{-3} - 1.098\ 1 \times 10^{-5}t - 1.607\ 8 \times 10^{-6}t^2 \tag{1.10}$$

$$d = 1.910\ 75 \times 10^{-4} \tag{1.11}$$

$$e = -9.934\ 8 \times 10^{-7} + 2.081\ 6 \times 10^{-8}t + 9.169\ 710^{-10}t^2 \tag{1.12}$$

海水的一些其他物理性质如热传导、压缩性、黏性、导电性对某些设备的设计可能也有用。

1.6 海洋声学

对于各种信号在海水中的传播来说，以声波在海水中的传播为最佳。海洋传递声音的性能比大气好得多，且在海洋中声波的衰减远小于无线电波的衰减。水声的这些特性使它成为潜水器装备中无线通信的主要工具。作为通信、导航、探测和监测手段，水声技术被广泛地应用于海洋开发和军事领域，有关海洋声学的知识，在陈鹰等编著的教材[7]中有详细介绍。

声纳是水声学中应用最广泛、最重要的一种装置，是一种利用声波在水下的传播特性，通过电声转换和信息处理，完成水下探测和通信任务的电子设备，有主动式和被动式两种类型，如图1.3所示。其他水下声学器件还包括换能器、水听器等，实际上换能器以及水听器从广义上来说，也是声纳的一种。

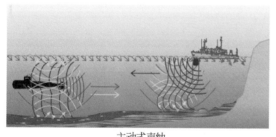
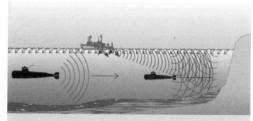

主动式声纳 被动式声纳

图 1.3 主动式声纳与被动式声纳[7]

主动式声纳工作时，由换能器向海洋中发射具有一定特性的水声信号，称为发射信号。发射信号的能量大部分由于海中的复杂性不能反射，部分信号在遇到作为目标的水下障碍物后被反射，产生回波信号。声纳的接收设备接收回波信号后，通过分析，得到目标的各种参数。被动声纳在工作时，并不主动发射声波，只被动地接收目标辐射的噪声，从而获得目标的各种参数。与主动声纳相比，被动声纳虽然只是少了信号的发射环节，但实际上两者还是有很大的区别，区别来自干扰。主动声纳的干扰主要来自与发射信号无关的干扰信号以及与发射信号相关的非独立混响；被动声纳的干扰只有无关的干扰信号，即海洋噪声。

声纳在海洋探测领域发挥着重要的作用，其中最常用到的就是测量。声纳常用来探测目标的方向、距离、速度和航向；用来识别目标的性质，如在渔业上用于判断鱼群种类。另外，声纳常被用于海洋的勘测工作，如地质研究、地形勘测、海底矿产资源的探查。声纳还可用于船舶导航,例如回声探测仪等设备可为船舶航行提供水下导航。

参考文献

[1]　朱继懋.潜水器设计[M].上海:上海交通大学出版社,1992.

[2]　辛仁臣,刘豪,关翔宇,等.海洋资源[M].北京:化学工业出版社,2013.

[3]　张偲,金显仕,杨红生.海洋生物资源评价与保护[M].北京:科学出版社,2016.

[4]　Jamieson Alan. The Hadal Zone:Life in the deepest oceans[M]. Cambridge:Cambridge University Press,2015.

[5]　Cui Weicheng, Yang Jianmin, Wu Yousheng, et al. Theory of Hydroelasticity and Its Application to Very Large Floating Structures[M]. Shanghai:Shanghai Jiao Tong University Press,2007.

[6]　苏山.海洋开发技术[M].北京:北京工业大学出版社,2013.

[7]　陈鹰,连琏,黄豪彩,等.海洋技术基础[M].北京:海洋出版社,2018.

[8]　Millero F J, Chen C T, Bradshaw A, et al. A new high pressure equation of state for seawater [J]. Deep Sea Research,1980,27A(3/4):255-264.

第 2 章　潜水器的基本知识

本章从总体上对潜水器的一些基础知识作一介绍，为阅读后续章节提供基础。内容包括潜水器的基本概念和主要类型，各类潜水器的国内外发展历史以及每种潜水器研制过程中所涉及的主要关键技术等。

2.1 潜水器的基本概念和分类

潜水器是一种新型的水下运载器，也称潜器或深潜器。潜水器和潜艇在承受高水压方面的一个根本区别是潜水器中的耐压结构尽可能小和少，小的原理是把一个拆分成多个，少的原理是绝大部分耐压结构采用压力补偿，即结构内部充上液体，保持结构舱壁上的内外压平衡；而潜艇的所有人员和绝大部分设备均在一个大的耐压壳体中，潜艇的耐压壳体大。因此，受厚壁制造能力的限制，潜艇一般无法下潜得很深；潜水器可以下潜到潜艇无法到达的深度进行综合考察和作业[1]。潜水器的能源可来自自身携带的蓄电池，也可以是通过电缆提供的动力；潜艇一般是自身携带燃油发电（常规潜艇）或核动力发电（核潜艇）。

潜水器的种类繁多，可以按照多种方式进行分类。按照是否可以运动，有固定式和移动式之分。移动式潜水器按载人与否可以分为载人潜水器（human occupied vehicle，HOV）和无人潜水器（unmanned underwater vehicle，UUV）两种[2]。无人潜水器按照与水面母船或平台之间是否有连接，又可以分为两大类：有缆潜水器和无缆潜水器。有缆潜水器包括遥控潜水器（ROV）、海底爬行式潜水器和深拖系统。无缆潜水器包括自治潜水器（AUV）、水下滑翔机和深海剖面浮标等。无人遥控潜水器根据作业能力的大小又可分为轻型和重型两大类，前者主要用于完成观察和视像摄影的记录工作[3]，后者主要用于水下操作任务[4]。载人潜水器可以分为作业型载人潜水器、单人常压潜水装具、深潜救生艇和移动式救生钟等[5, 6]。

上述潜水器的分类和相互之间的关系如图 2.1 所示：

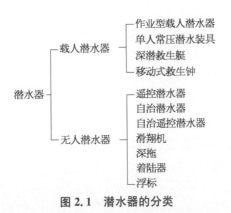

图 2.1 潜水器的分类

上述潜水器在实际应用中各有优势，又都有其局限性；在性能和功能上既有重叠，又各有特点。表2.1是三类最主要潜水器的性能比较。

表 2.1 三类潜水器适应性和局限性对比[7]

项　　目	作业型 载人潜水器	遥控 潜水器	自治 潜水器
1. 动力连续供应,持续作业间长	否	是	否
2. 活动范围大	否	否	是
3. 能使用机械手	是	是	否
4. 操作员安全	否	是	是
5. 不绑定母船	否	否	是
6. 实时直接观察	是	是	否
7. 综合费用低	否	否	是
8. 甲板设备简单	否	否	是
9. 作业时不需要母船动力定位	是	否	是
10. 操作员紧张程度低	是	否	是
11. 回收难度小	否	是	否
12. 适宜结构复杂的空间作业	否	是	否
13. 适合多机器人联合作业	否	否	是
14. 作业时不受海面气象影响	是	否	是
15. 作业中意外丢失风险小	是	否	否

这三种类型的潜水器,从使用角度来讲,各具特征[8]。自治潜水器可实施长距离、大范围的搜索和探测,不受海面风浪的影响;遥控潜水器可将人的眼睛和手"延伸"到遥控潜水器所到之处,信息传输实时,可以长时间在水下定点作业;作业型载人潜水器可以使人亲临现场进行观察和作业,其精细作业能力和作业范围优于遥控潜水器。根据目前的技术水平,三种不同的潜水器各有使命,互相不能替代,特别是无人潜水器还替代不了人在现场的主观能动作用。正如陆地上的地质学家需要"在岩层上行走"来观察地层和横切的关系以进行绘图和说明,或者是生物学家需要实地观察复杂的动物区系间相互作用,在载人舱内对海底岩层和动物的直接观察以及在复杂地形的取样是实现海底精确勘察的最佳方式。生物学家、化学家和地质学家都需要在较广阔的三维情境中对单个有机体及其特征进行观察,观察范围上至数十米长的局部环境特征,下至更加详细的动物间或其他特定过程间的相互作用。探索深海的科学家们经常面临完全陌生的环境、复杂的特征以及动态物理和生物作用。发生此类情况时,能够快速对所处境况进行充分透彻的了解,并对处理方式及先后次序做出可靠决定尤为重要。因此,载人潜水器的发展受到发达国家的重视,被称为"海洋学研究领域的重要基石"[9]。

2.2　潜水器的发展历史

潜水器的发展历史在朱继懋的《潜水器设计》[2]、张铁栋的《潜水器设计原理》[10] 和崔维成等人的《深海载人潜水器技术的发展现状与趋势》[8] 中都有详细介绍，本书作一归纳性质的介绍。

2.2.1　早期发展

人类潜海在公元前 4 世纪就有记载，那时人们使用陶器把人送到水下 30 m 左右采集珍珠、海绵，这种陶器主要是让潜水员在水下把头伸进去换气和呼吸。1538 年，在西班牙泰加斯河的遗址发现过一个实用的潜水钟。1578 年，英国人威廉·伯恩出版了一本专门的书籍，介绍了多种能够潜入水中，并能自行推进的潜艇设计方案。1616 年德国人费朗兹·开司勒操作过一艘有机动能力的潜水钟，首次引入了观察窗的概念。17 世纪中期，英国人爱德华·哈里用木材制成了高约 2 m、直径约 1 m 的潜水钟，钟内有一气管通到水面，用风箱向钟内输送新鲜空气。1662 年科尼利厄斯·冯·德来勃尔建造了一艘可潜器，舱内装有净化空气的"神秘物质"。

1688 年英国发明家埃德蒙·哈利开始从事应用空气潜水的研究。1691 年他发现用一对底部带有塞孔的铅封桶，以交替进水进气方法得到压缩空气来充满潜水钟进行潜水，并取得了专利。该项技术一直持续使用了近 100 年，直到 1788 年史曼顿首创用一种强力泵给潜水钟充气为止。1707 年哈利建造了一艘装有潜水员水下进出闸门的潜水钟，它的上部设置一个玻璃窗，使内部可采光。

1775 年查尔斯·斯波尔丁改进了哈利的潜水钟，发明了斯波尔丁钟。它有一个可在内部控制的、用滑轮车来调节放在海底压铁系统的升降装置。

18 世纪 70 年代，美国独立战争时，耶鲁大学的毕业生戴维·布什内尔建造了一艘小型木质潜艇"海龟"号，它在一次战斗中炸毁了一艘英国纵帆船。这是人类历史上第一次用潜艇攻击水面船。随后，潜水钟不断改进。

进入 20 世纪以后，潜水球的发展进入了一个新的时期。1929 年，美国海洋学家威廉·比勃与奥梯斯·巴顿设计了一个直径 1.45 m 的钢铸圆球，壁厚 32 mm，球壳开了 3 个直径 76 mm 的石英玻璃观察窗，使乘员能观察水下世界，还开了一个孔供人员进出，另有一条电缆通道。球内装有氧气瓶、二氧化碳吸收器、灯具和仪器。1934 年 8 月 11 日，它创造了 914 m 的下潜纪录[11]。1948 年，巴顿乘坐新设计的潜水球"海底观察者"号，下潜到 1 372 m，创造了当时系缆潜水器的最深下潜纪录[12]。这些潜水球有一个致命的缺点，就是缆绳易断，而且随着下潜深度的增加，球的重量和吊索的重量越来越大，使吊索难以承受,因此下潜深度一般不超过 3 000 m。潜水球因为不能自由航行,因此还不能称为潜水器,但它确实为潜水器的发展奠定了重要的基础。

2.2.2 载人潜水器的发展

瑞士物理学家奥古斯特·皮卡德(Auguste Piccard)教授以独特的设计思想,研制了第一艘无缆自航式潜水器"FNRS-2"号,他的研究经费是从比利时国家科学基金会(Belgian National Fund For Scientific Research,FNRS)获得的,故以基金会的名称来命名潜水器。他大胆地把气球加密闭舱的原理移植到深潜技术上,创造了新一代的"深海气球"式潜水器。由于浮力主要靠液体浮箱提供,所以也可称为外液体浮箱型潜水器。

"FNRS-2"号潜水器不再使用系缆,是一艘真正的潜水器,它的设计基本和同温层的气球相同,主要由两部分构成:一个是由铸钢制成、直径 2 m 的球形耐压密闭舱,厚度为 89~152 mm(较厚的部分是观察窗和出入窗口的加强部位),设计潜水深度为 4 000 m,内置仪器和人员;另一部分是浮体,体内可装 80 m³ 汽油,在水下可为耐压球提供足够的浮力。耐压舱挂在浮体的下部,形同"水下气球"。潜水器下潜时由于压力的增加,会引起汽油的压缩,这就使排水体积减小而使潜水器下潜加快,为了补偿这部分的损失则需要释放铁丸。"FNRS-2"号在早期试验时,在一次恶劣海况下的水面拖航时被损坏。1948 年 11 月 3 日,具有推进装置并能自动下潜、上浮的"FNRS-2"号在西非外海的佛得角群岛附近进行了下潜试验,下潜深度为 1 373 m,试验获得了成功。

接着,皮卡德又设计了两艘新的潜水器。

一艘在法国土伦建造,利用"FNRS-2"号的载人球、浮力舱和压载舱及其控制原理,在造船厂进行了改建。新的浮力舱携带 91 m³ 的汽油,命名为"FNRS-3"号。1953 年,"FNRS-3"号创造了 2 100 m 的深潜纪录。不久,它把皮卡德父子带到了 3 048 m 深度。1954 年,它又创造了 4 050 m 的深潜纪录。

在"FNRS-3"号建造的同时,皮卡德在意大利申请到了资金,建造潜水深度更深的"曲斯特"号潜水器。它的载人球是在邓尼锻造的,所以又称"邓尼球"。它的内径 2 m,厚度为 89~152 mm,被认为可以在 6 096 m 的水深工作。浮力舱比"FNRS-3"号要稍大一点,带 127 m³ 的汽油。1953 年 8 月,"曲斯特"号进行首次航行,在 8 m 深度考核各项技术指标,性能良好。第一次深潜试验由皮卡德父子亲自驾驶,下潜深度为 1 080 m。

1958 年,皮卡德因经费不足,不得不将潜水器转让给美国海军。4 000 m 深度耐压球也换成德国的"克虏伯"球,壁厚 127~178 mm,因此增大了下潜深度。浮力舱尺寸也增加到了 155 m³。1960 年 1 月 23 日,由美国海军军官唐·沃尔什(Don Walsh)和潜水器发明者奥古斯特·皮卡德的儿子雅克·皮卡德(Jacques Piccard)乘坐"曲斯特Ⅱ"号,下潜到了世界海洋最深处——太平洋马里亚纳海沟的"挑战者深渊",他们当时的下潜深度为 10 916 m[13]。

在美国海军利用"曲斯特Ⅱ"号冲击海洋最深处时,1958 年法国也开始建造一艘新的全海深载人潜水器——"阿基米德"号。它于 1962 年 7 月 15 日在东北太平洋的千岛-堪察加海沟下潜至 9 560 m 深度,随后又在伊豆-小笠原海沟的"日本深渊"下潜到 9 300 m

深度,但该潜水器一直到 20 世纪 70 年代退休时均没有下到"挑战者深渊"[14]。

"曲斯特"号、"阿基米德"号和"曲斯特Ⅱ"号是仅有的三艘被称为第一代的载人潜水器(bathyscaph)。由于它需要用大量的汽油来提供浮力,潜水器很笨重,操纵很困难,几乎没有作业能力,因此,到 20 世纪 60 年代后期就不再发展。随后发展的是第二代的自由自航式潜水器。

第一艘自由自航式的潜水器叫潜碟(diving saucer),是在 1959 年下水的,可以下潜到 305 m,重量不到 4 t。1963 年,美国核潜艇"长尾鲨"号失事,促使载人潜水器的快速发展。从 60 年代中期,差不多每年就增加 10 艘左右的载人潜水器。此类潜水器的典型代表是美国的"阿尔文"号载人潜水器,始建于 1964 年,当时的最大下潜深度为 2 000 米级,后来逐步升级到 4 500 米级[6]。

在 20 世纪 80 年代,法国、苏联、日本、美国等发达国家在以前建造的载人潜水器使用经验基础上,研制了多条 6 000 米级的载人潜水器,这些潜水器在 20 世纪 90 年代的海洋科考调查中,取得了大量的地质、沉积物、生物、地球化学和地球物理的重要发现,充分发挥了科学家在现场的主观能动性和创造力。表 2.2 是当今世界上主要的大深度载人潜水器一览表。

表 2.2　世界上主要的大深度载人潜水器

序号	名　　　称	所　有　机　构	国　家	最大作业深度(m)
1	蛟龙	中国大洋矿产资源研究开发协会	中　国	7 000
2	深海勇士	中国科学院深海科学与工程研究所	中　国	4 500
2	鹦鹉螺(Nautile)	法国海洋开发研究院	法　国	6 000
3	西亚娜(Cyana)	法国海洋开发研究院	法　国	3 000
4	深海 6500(Shinkai 6500)	日本海洋-地球科技研究所	日　本	6 500
5	深海 2000(Shinkai 2000)	日本海洋-地球科技研究所	日　本	2 000
6	和平(Mir)Ⅰ/Ⅱ	希尔绍夫海洋研究所	俄罗斯	6 000
7	罗斯(RUS),领事(Consul)	俄罗斯海军	俄罗斯	6 000
8	新阿尔文(在研)	伍兹霍尔海洋学研究所	美　国	4 500,6 500
9	阿尔文(Alvin)	伍兹霍尔海洋学研究所	美　国	4 500
10	南鱼座(Pisces)Ⅳ/Ⅴ	HURL	美　国	2 000
11	Johnson Sea-1000 Link Ⅰ,Ⅱ	HBOI	美　国	1 000
12	ICTINEU3	Ictineu Submarins S. L.	西班牙	1 200

从 20 世纪 80 年代起,美国主要致力于研究和开发无人潜水器,这使他们一度在载人潜水器技术上落后于日本、俄罗斯和法国。为了继续保持潜水器技术的领先水平,1997 年由美国海洋科学界的一些专家们组成的深海科学委员会,对美国从事海洋科学研究的 106 位专家进行了咨询调查,询问他们对于无人/载人潜水器的需求程度,调查结果见表 2.3。采用载人潜水器完成不同深度科学研究的重要程度统计见表 2.4。

表 2.3　美国对载人和无人潜水器需求情况的调查[9]　　　　（%）

需求情况	载人潜水器	用缆控或自治潜水器
需要	52	32
一般需要	24	21
不需要	24	47

表 2.4　预见采用载人潜水器完成不同深度科学研究的重要程度统计[9]　　　（%）

重要程度	1 500～3 000 m	3 000～4 500 m	4 500～6 000 m
重要	89	85	56
一般	6	10	34
不重要	5	5	10

　　最终的结论是有人在潜水器内的作用是其他无人潜水器所无法替代的。为了保持美国在深海研究领域中处于领先地位，在 21 世纪必须建立一支包括载人潜水器在内的潜水器"联队"。由此，美国决定把 4 500 米级的"阿尔文"号分两阶段从 4 500 米级升级到 6 500 米级。第一阶段，先完成 6 500 米级载人舱的设计与制造，其他设备继续沿用旧的，工作深度仍然为 4 500 m；第二阶段，把其他系统的设备都升级到 6 500 米级。

　　第一阶段的工作在 2013 年已完成。第二阶段的工作似乎受经费限制，目前还没有公布清晰的时间计划。图 2.2 是以前公布的"新阿尔文"号载人潜水器的效果图。

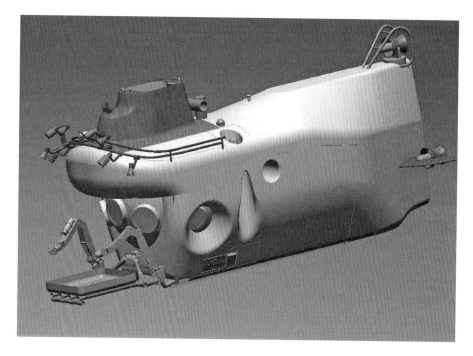

图 2.2　"新阿尔文"号载人潜水器[15]

2.2.3 无人潜水器的发展

在美国和法国竞赛看谁先下到"挑战者深渊"的同时,已有人开始考虑无人潜水器的概念。1960 年,美国研制成功了世界上第一台遥控潜水器(ROV)——"凯夫(CURV)"号。它在 1966 年因与载人潜水器"阿尔文"号一起在西班牙外海打捞起一颗失落在海底的氢弹而一举成名,从此 ROV 技术引起了人们的重视。在 20 世纪 70 年代发生的石油危机又给 ROV 技术的发展提供了一个很好的机会。ROV 从第一艘研制成功到 1974 年的近 15 年中仅增加了 19 艘,平均每年增加一艘;但从 1975 年开始,ROV 的增长进入一个井喷式的时期,许多专门生产 ROV 的商业公司如美国 PERRY 公司、加拿大 ISE 公司等相继出现。从 1975—1979 年仅 4 年间就建成了总数达 139 艘的 ROV,目前 ROV 的型号已经达到百种以上,全世界有几百家厂商可以提供不同类型的 ROV、ROV 的零部件或者 ROV 服务[4]。在 1995 年,日本曾经研制成功最大下潜深度达 11 000 m 的全海深 ROV "海沟"号[16]。经过 60 年的发展,ROV 已经成为一种成熟的产品,而且由此形成了一个新的产业部门——ROV 工业。

由于缆的存在,限制了 ROV 在水下的运动范围。为了解决这一问题,人们在提出 ROV 概念的同时,也有人开始无缆潜水器(AUV)的探索。20 世纪 50 年代末期,美国华盛顿大学建造出了第一艘 AUV"SPURV"的样机,"SPURV"在水文调查方面取得了一些成绩。但由于各种技术的制约,在 20 世纪 60 年代,工业界和军界并没有对这个产品发生很大的兴趣,因此,AUV 技术一直在低水平徘徊。到 70 年代中期,由于微电子技术、计算机技术、人工智能技术、导航技术的飞速进展,再加上海洋工程和军事活动的需要,人们逐渐意识到 AUV 的活动范围大和隐蔽性能好的优点非常有用,真正引发了工业界和军方对 AUV 的兴趣[17]。

AUV 非常适合于海底搜索、调查和识别。与载人潜水器相比较,它具有安全(无人)、结构简单、重量轻、尺寸小、造价低等优点。与 ROV 相比,它具有活动范围大、潜水深度深、不怕电缆纠缠、可进入复杂区域、不需要庞大水面支持系统、占用甲板面积小、运行和维护费低等优点。因此,AUV 首先受到军方的大力支持。AUV 可用来协助潜艇工作,为它护航和警戒;也可以作为其他外部诱饵,充当引诱敌方兵器的假目标;还可以作为反潜舰艇的训练靶以及用于扫雷、清障等方面的工作[17]。

现在,全海深的 AUV 也可以制造,未来的发展趋势是 AUV 和 ROV 功能的结合[18]。美国的"海神"号[19]和中国的"海斗"号、"彩虹鱼"号[20, 21]、"海龙 11000"号代表了这个方向的领先水平。

2.2.4 我国潜水器的发展

我国对潜水器的探索性研究从 20 世纪 60 年代中期开始,1971 年 3 月正式启动了深潜救生艇的研制,该艇被命名为"7103"艇,见图 2.3。该艇是上海交通大学、中国船舶重工集团公司(简称中船重工)第七〇一研究所和武昌造船厂联合研制的国内首条载人潜水器,长 15 m,重 35 t,于 1987 年交付部队使用。1994—1996 年进行了修理和现代化改装,加装了四自由度动力定位和集中控制与显示系统。从"7103"艇改装后的技术状态来看，该艇的设计救生深度可以满足我国潜艇极限深度的救生要求，操纵与控制系统的自动化程度有所提高。在海流小于 1.5 kn、水中能见度大于 0.5 m、失事潜艇没有大的纵横倾的情况下，"7103"艇可以进行对口干救。但由于"7103"艇是从 20 世纪 70 年代初开始研制的科研首艇，该艇在战术技术性能上存在许多先天不足，如侧推能力低、横倾能力严重不足、对口救生系统不完善、观察窗太小、可靠性差等，使该艇对实际使用条件有较多的限制，并没有发挥实际作用。

图 2.3　我国首台载人潜水器——"7103"艇

随着工业机器人技术的快速发展以及海上救助打捞和海洋石油开采的需求增加，从 1981 年开始，潜水器产品开发被列入了国家重点攻关任务。在国家 863 计划、原国防科工委预研计划、中国大洋矿产资源研究开发协会（简称大洋协会）设备发展计划和海司航保部防救装备研制计划中都有不同类型的潜水器研制项目。中国船舶科学研究中心、中国科学院沈阳自动化研究所、中国科学院声学研究所、哈尔滨工程大学和上海交通大学等单位都组建了专门研究机构，先后研制了工作水深为 1 000 米级的无人无缆潜水器"探索者"号和 6 000 米级"CR－01""CR－02"号以及 200 米级的军用 AUV 潜水器"7B8"号；8A4、Recon Ⅵ、YQ－2、海潜一号、灭雷潜水器等缆控潜水器；捞雷潜水器、常压潜水装具"QSZ－Ⅰ""QSZ－Ⅱ"和移动式救生钟等载人潜水器。由于种种原因，这些潜水器并没有发挥很大的实际使用价值，但在人才队伍的培养上取得了一定的作用，为后来实用型潜水器的研发奠定了基础。

进入 21 世纪，大洋协会面临着抢占国际公海资源（简称"蓝色圈地"运动）的巨大压力，先在大洋协会设备发展计划中安排了 3 500 米级作业型遥控潜水器"海龙"号的研制，随后在国家"863"计划的资助下，于 2002 年启动了 7 000 米级载人潜水器"蛟龙"号的研制。经过 10 年的拼搏,"蛟龙"号成功下潜到了 7 062 m 深度,实现了我国载人深潜技术的跨越式发展[22]。2017 年又研制成功了完全国产化的 4 500 米级作业型载人潜水器"深海勇士"号。

从 2009 年研制成功作业型无人遥控潜水器"海龙Ⅱ"号以后,我国无人潜水器的研发也进入了一个快速的轨道,图 2.4 是我国最近研制成功的实用型潜水器。中国的潜水器技术已经进入国际先进水平,正在从跟跑阶段转向领跑阶段,现在多台 11 000 米级的无人潜水器样机已经研制成功,我国全海深载人潜水器预计到 2021 年研制成功,中国的潜水器技术将达到国际领先水平。

图 2.4　我国最新的几台实用型潜水器

2.3　潜水器的主要关键技术

2.3.1　遥控潜水器的主要关键技术

近几年,ROV 的开发研究逐渐朝着综合技术体系化方向发展,其任务功能日益完善,使得深海潜水器在深海科学考察、深海油气和水合物等资源的探查及开发以及深海装备布放、深海网络建设等方面的作用日益突出。

ROV 的关键技术在陈鹰等人编著的教材[7]中有详细介绍,本章为了完整起见,略作归纳性简介。总体来说,ROV 是一个综合性的复杂系统,技术密集度高,结构紧凑复杂,是公认的高科技。ROV 通过脐带缆与水面母船连接,脐带缆担负着传输能源和信息使命,母船上的操作人员可以通过安装在 ROV 上的摄像机和声纳等专用设备实时观察到海底状况,并通过脐带缆遥控操纵 ROV、机械手和配套的作业工具进行水下作业。

大型作业型的 ROV 系统一般包括:ROV 本体、主脐带缆、吊放回收系统、甲板操纵控制室、电力传输和输运系统、机械手系统、作业工具包和水下升降装置,如图 2.5 所示,其中水下升降装置为可选分系统。

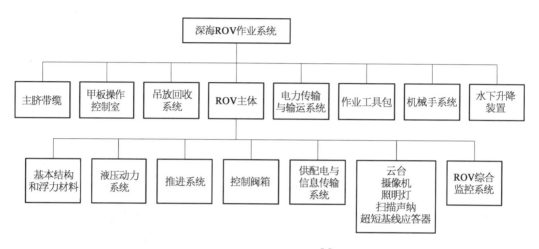

图 2.5　ROV 系统组成[7]

大型作业级 ROV 系统八个分系统结构和功能的详细介绍可参阅连琏教授编写的相关内容[7]。

ROV 作业系统中的几个主要关键技术有:基于 ROV 的深海作业方法和装备体系、ROV 的总体技术、吊放回收及安全保障技术、水下扩展缆的布放技术、三维位置保持和轨迹控制技术、浮力材料技术、节能型 ROV 本体液压系统与液压机械手技术和脐带缆技术,有关这些关键技术的详细介绍也可参阅 *The ROV Manual*[4]。

2.3.2　无人自治潜水器的主要关键技术

通常 AUV 系统由两部分组成:水面控制台和水下载体。

水面控制台通常用于 AUV 下水前的调试、使命下载、AUV 作业过程中监控(借助声学定位系统或声通信)、AUV 数据上传及处理。水面控制台大小和形式各不相同,通常采用便携式箱体,也可采用小型控制柜。

水下载体包括载体结构、控制/导航系统、能源系统、推进系统和传感器系统。

AUV 载体外形通常采用鱼雷形或其他流线型,保证其在水中航行时具有良好的水动力特性。浅海 AUV 通常采用耐压舱结构,将所有的控制电路、能源、传感器都布置在舱内,形成一个密封的结构。深海 AUV 通常采用框架结构,将耐压舱布置在框架上,在框架外采用浮力材料或蒙皮包络形成流线型,减少阻力。

控制/导航系统是 AUV 最重要的系统,涉及 AUV 运动控制、导航、路径规划、避碰、故障诊断、应急处理、数据管理等。AUV 的导航包括自主导航和组合导航,该导航方式不依赖于母船。AUV 的控制可以分成顶层控制和低层控制两部分。顶层控制主要是指 AUV 根据使命和环境作出的决策和规划,低层控制是指对 AUV 各执行机构的控制及传感器信号的初级处理。

AUV 的控制问题涉及许多方面,如机器视觉、环境建模、决策规划、回避障碍、路径规划、故障诊断、坐标变换、动力学计算、多变量控制、导航、通信、多传感器信息融合以及包含上述内容的计算机体系结构等。

能源系统为 AUV 供电,使 AUV 能在水下连续航行。常用的能源有蓄电池、燃料电池、太阳能电池等。早期 AUV 采用锌银电池和铅酸电池,近年来锂一次和锂二次电池得到了较广泛的应用。在能源选择方面,除要求体积小、重量轻、能量密度比高外,安全性是需要考虑的主要因素。

推进系统主要指电机和螺旋桨,AUV 推进系统常用无刷直流电机驱动螺旋桨。推进器的数量取决于 AUV 的使命要求,如 REMUS 等 AUV 在尾部安装单个推进器,CR-01、潜龙一号则在尾部安装四个推进器,使 AUV 能实现多个自由度的运动。

传感器系统是指 AUV 为了完成某一使命而搭载的声学、光学、电子、磁设备或作业工具。一个使命可配置一个或多个传感器。常用的声学传感器有前视声纳、侧扫声纳、浅地层剖面仪、温盐深探测声纳、多波束声纳等,光学传感器有水下照相机、摄像机等。目前也有人研究可携带机械手的作业型 AUV,但实际上这不是一个有意义的研究方向,因为 AUV 的强项是航行性能,而作业是要停下来的动作,还是留给 ROV 和 HOV 比较好。

2.3.3　载人潜水器的主要关键技术

载人潜水器的主要关键技术在文献[7,8,20,22-25]中也有详细介绍。从技术角度来说,无论是载人还是无人潜水器,最为核心的就是总体设计和集成的问题,即潜水器究竟配备什么部件,这些部件是什么样子的,所有这些部件怎么布置才能变成一个功能协调的潜水器,潜水器在航行和作业时的性能怎么样等;其次,就是这些设备的加工制造,如载人球、浮力材料、动力源、电机、泵、阀等;最后是总装集成、水池调试和海上试验。

从设计方法来说,20 世纪 80 年代研制的几台载人潜水器均是基于经验性设计的[2,10],现在的技术发展趋势是基于多学科设计优化理论来进行各系统和性能之间的平衡。我国在"蛟龙"号载人潜水器研制时也主要是采用基于经验性的设计方法,但开始探索基于多学科设计优化理论的设计方法,建立了多学科的优化设计分析模型[26]。另外,为了解决各系统之间的接口问题,在总结过去设计经验的基础上,进一步完善了四要素法[27]。在总体性能方面,潜水器设计过程中也需要解决一系列的水动力学问题。设计方法的另一个发展就是采用基于风险分析的设计理念,这在美国的"新阿尔文"项目上开始应用。

结构系统按承载方式可分为耐压结构和非耐压结构。耐压结构提供密闭常压腔体,其关键部件是为乘员和仪器设备提供常压空间载人球。此外,耐压结构还包括五只小直径耐压罐、一只可调压载水舱和一只高压气罐等。非耐压结构由框架结构和外部结构组成。框架结构可分为主框架和辅助框架,它既为潜水器内部各类耐压结构和仪器设备等提供安装基础,又为外部结构中的浮力块、轻外壳、稳定翼和外部设备提供支撑,而且还是潜水器吊放、回收、母船系固和坐底时的主要承载结构,是各类设备总装集成的载体。外部结构主要有浮力块、轻外壳、稳定翼、压载水箱等。浮力块一方面为潜水器提供水下浮力,同时也形成潜水器的外部线型。轻外壳提供部分流线型的外形,保护内部设备免受外物碰撞。稳定翼用于提高潜水器的稳定性和水动力性能。压载水箱主要用于潜水器浮出水面时提供浮力,以保证潜水器的干舷高度。

载人球的设计和建造均是难点。从设计来说,尽管很多船级社均有设计标准,但互相之间差别很大。对于载人球极限承载能力的预报方法,船级社之间也没有统一。我们在大量有限元分析的基础上给出了一组新的载人球极限承载能力的预报公式[28-30],它能很好地与有限元分析结果吻合。以此为基础,提出了一套新的设计标准,已经被中国船级社采纳进入 2013 版的新规范。在载人球设计过程中,观察窗的变形协调、疲劳载荷谱的确定、疲劳寿命可靠性分析、多目标的优化设计等,均是需要解决的技术问题。在满足安全性的前提下,载人球设计优劣的评价主要就是观察窗的数量和它们之间视野的覆盖程度。最先进的载人球设计当数美国的"新阿尔文"号,它有五个观察窗,科学家和主驾驶员有较多的视野覆盖面,有利于科学家指挥主驾驶员进行作业。

载人球的制造有三种思路:无焊接、半球焊接和瓜瓣焊接。无焊接工艺:采用铸造制成两个半球,然后机加工成型,再采用螺栓连接;俄罗斯的"和平"号两个载人潜水器就采用这种工艺,最主要的问题是焊接质量可能不过关。半球成型工艺:采用大规格厚板直接冲压成型半球,再采用电子束焊接两个半球赤道环缝;如日本的"深海 6500"和美国制造的钛合金球壳均采用该工艺。分瓣成型工艺:将每个半球分为 7 瓣,每个球瓣分别成型后,采用窄间隙焊接将 7 个瓣组焊成半球,再焊接 2 个半球的赤道环缝;如俄罗斯制造的钛合金球壳就采用该工艺,包括"俄罗斯"号、"领事"号,我国的"蛟龙"号也采用了该工艺。第三种工艺对于大规格钛合金厚板轧制能力、冲压能力的要求较低,但对焊接的要求较高。如果焊接质量过关,则载人球的安全性是一样的。我国完成了半球焊接和瓜瓣焊接两种工艺制造的 3 个 4 500 米级钛合金载人舱的制造,表明我国的载人舱制造能力已经进入世界先进水平的行列。

无论从设计还是加工角度来看,框架结构没有难度,但设计得好,对潜水器的可维性以及使用安全性均有十分重要的作用。在"蛟龙"号载人潜水器研制过程中,我们对框架结构进行了优化设计,并且进行了 2 倍自重载荷下的应变测量试验,用于评估框架结构的安全性。

为了使载人潜水器在海水中实现均衡,需要使用浮力材料。浮力材料的先进性是用给定承压能力的条件下它的密度和吸水率来表示的,密度和吸水率越低越好。目前在潜水器上使用的浮力材料有两种类型:一种是玻璃微珠掺杂环氧树脂制成的可机加工型浮力材料;另一种是陶瓷球,这种浮力材料的比重更轻,全海深的密度只有 340 kg/m^3,但它只在无人潜水器上使用过。

动力源对载人潜水器来说十分重要,因为用量大,一般都采用充油的模式来使用。

水下电机、高压海水泵、一体化推力器是几个重要的设备,它与无人潜水器相比,主要是功率更大一些。

应急抛载和生命支持系统从技术上来说,没有特别的困难,但必须非常可靠。

2.3.4　复合型潜水器的主要关键技术

复合型或混合潜水器是指将两种不同的潜水器优势结合在一起,形成一种新的潜水器系统。

混合潜水器是近十几年来发展起来的一种新型潜水器系统,在国际上还没有一个统一的定义或名称。其称谓根据潜水器的主要功能和特性由设计者自行定义。目前,有两种混合潜水器研制成功并得到应用:一种是 AUV 和水下滑翔机(glider)技术结合形成的潜水器,我们称之为混合式 AUV 或混合驱动水下滑翔机;另一种是采用 AUV 和 ROV 技术结合形成的新型潜水器,叫自治/遥控潜水器(autonomous & remotely operated vehicle, ARV)。今后,也可以考虑 ROV 和 HOV 的混合。

混合驱动水下滑翔机结合了 AUV 航速较高、可精确观测的特点和水下滑翔机低功耗、续航能力强的优势,使得潜水器续航能力大大加强,同时具备了在水平面和垂直面进行观测的能力。大家普遍认为水下滑翔机是 AUV 中的一种,因此把这种混合潜水器称为 AUV 或水下滑翔机都可以。

ARV 是一种集 AUV 和 ROV 特点于一身的新型的混合潜水器,自带能源,携带光纤微缆,具有自主、遥控、半自主等作业模式,可在海洋环境下实现较大范围搜索、定点观测以及水下轻作业。ARV 技术可以看成是观测型 AUV 向作业型 AUV 发展一个必然阶段,由于当前人工智能等技术的发展还远远不能使潜水器具有较高的智能,研究这类混合潜水器,可以使人类利用潜水器探索海洋的活动得以延伸。

2.3.5　水下滑翔机的主要关键技术

水下滑翔机通过改变自身浮力和重心位置,产生锯齿形滑翔运动,如图 2.6 所示,并在运动过程中通过搭载的传感器进行海洋环境观测[31, 32]。

水下滑翔机的具体工作流程如下:在预设程序控制下,通过浮力驱动单元,使水下滑翔机的浮力小于重力,开始下沉,同时通过调整重心位置,使其头部向下倾斜。借助海水在水平翼和垂直尾翼产生的作用力,实现向前下滑翔运动。到达预定深度后,通过浮力驱动单元,使水下滑翔机所受浮力大于重力,实现系统运动由下降到上升的转变。同时改变滑翔姿态,使其头部向上倾斜,实现向前上方向滑翔运动。水下滑翔机在滑翔过程中,通过调整重心位置,改变仰俯角和滚转角,按照预定滑翔角和航向,保持稳定滑翔运动,并测量海洋环境参数。水下滑翔机位于水面时,通过 GPS 定位系统确定自身位置,并通过卫星通信发送数据和接受指令。部分新型水下滑翔机在其尾部加装有螺旋桨推进系统或喷水推进系统,在典型滑翔运动之外,可以实现直线推进巡航和动力滑翔等运动模式,大大增加了传统滑翔机的功能。

水下滑翔机的关键技术包括总体设计分析、主体外形设计、机械结构设计、总体控制

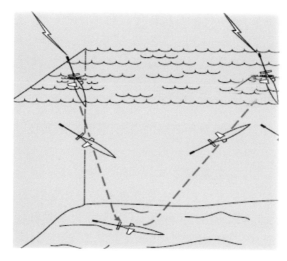

图 2.6　水下滑翔机工作航迹示意图[7]

方案设计、姿态控制单元设计、导航、定位与双向通信应用技术、海洋环境参数测量单元、能源供应与辅助单元设计、性能测试与海试。

2.3.6　深海剖面浮标的主要关键技术

漂流浮标是全球海洋观测网中的一个重要组成部分。ARGO 计划(array for real-time geostrophic oceanography)俗称"ARGO 全球海洋观测网",是由美国等国家大气、海洋科学家在 1998 年提出的全球海洋实时观测试验项目,构想用 3～4 年时间(2000—2003 年)在全球大洋中每隔 300 km 布放一个卫星跟踪浮标,总计为 3 000 个,组成一个庞大的 ARGO 全球海洋观测网。ARGO 计划旨在快速、准确、大范围地收集全球海洋上层的海水温、盐度剖面资料,以提高气候预报的精度,有效防御全球日益严重的气候灾害给人类造成的威胁,被誉为"海洋观测手段的一场革命"[33]。

ARGO 计划是在除北冰洋之外的世界海洋中布放的剖面漂流浮标。ARGO 阵列提供的大量数据为评估和监测世界海洋的环境状况提供了新的途径。ARGO 阵列检测到的一些不寻常的变化可以用来确定一个生态系统的物理状态,可实时监视由地转引起的斜压环流场和在上部水柱的分层之间的关联。

在深层海洋中,通过采用仪器设备观测盐度值和温度相比,温度变化是比较可观的。从基本的社会需求衍生到了解海洋环境,虽然浅水型的 ARGO 浮标为我们提供了大量的数据,但是海洋系统的不确定性因素一直都存在,且在不断发生变化,更不用说这种变化可能随着气候的变化而变化。

目前,国际上的深海 ARGO 浮标主要有为 Scripps Institution of Oceanography 开发的 Deep SOLO 和 Teledyne Webb 开发的 Deep APEX,这两款浮标最大下潜深度可达6 000 m,APEX 浮标已经推向市场。日本海洋科技研究中心和 Tsurumi Seiki Co. Ltd.(TSK)公司联合开发的 Deep NINJA 浮标、IFREMER 开发并由生产商 NKE 制造的 Deep Arvor 浮标,两者的下潜深度已经到达 4 000 m[34]。目前,中国海洋大学、上海交通大学和上海海洋大学也在致力于深海 ARGO 浮标的研制。

物体在水中实现沉浮运动通常有三种途径：一是改变物体的体积而不改变重量；二是改变重量而体积不变；三是增加或减少所施加的外力。

（1）可调压载式浮力调节装置。

可调压载式浮力调节装置，即在体积不变的情况下，通过改变自身重量来调节净浮力的大小。一般采用可弃压载物或者可调压载水舱两种方式来实现。这种调节方式的调节能力强、浮力变化范围大，多用于大型潜水设备。

可弃压载物方式结构简单，实现成本较低，但是不能对浮力重复调节。在水下固体压载物被抛弃后，就无法重新获得压载，因此随着压载物不断减少，其调节能力也在逐渐的丧失。20 世纪 90 年代后期，俄罗斯"CONSUL"号深海载人潜水器就采用了这种调节方式[35]。可弃压载容器内部装有直径 5 mm 左右的铁丸颗粒，通过一个机构将生铁丸颗粒抛弃，潜水器就可以方便地实现上浮动作。

可调压载水舱式的浮力调节装置，是通过改变水舱注水量的大小来调节水舱重量，从而调节净浮力的大小。由于潜水设备处于水中，将水作为压载物就可以实现压载的可重复调节。当需要上浮时，向水舱中充入高压气体将水压出水舱；当需要下潜时，则向水舱中加水。这种调节方式可以实现净浮力的大范围变化，且相比于固体可抛式压载可以实现重复调节，被广泛运用于各种大型水下设备和载人潜水器。

（2）可变体积式浮力调节装置。

可变体积式浮力调节装置，即通过改变自身的体积来调节浮力的大小，在重量不变的情况下实现净浮力的调节，一般采用可变形油囊、活塞或者气囊来实现。此种调节方式的浮力调节范围较小，但更易于实现浮力的精确控制，多用于中小型的水下设备。

可变形油囊调节装置是利用油囊的柔性，对油囊充入或吸出液压油实现油囊体积的改变，从而调节浮力大小。按照泵油方式可以分为单柱塞式、液压泵式、温差驱动式。

浙江大学水下滑翔机的浮力调节装置能在 100 s 内产生 400 mL 的体积变化，以提供约 ±2 N 的浮力改变[36]。该浮力调节的体积分辨率达到 0.76 mL。

美国 Webb 公司在 2001 年成功研制了温差能驱动水下滑翔机 SLOCUM，其浮力调节装置是囊式的温差能驱动[37]。不同于单柱塞和液压泵的驱动方式，该系统能够利用冷暖海水层之间的温差能量，并将其转化为机械能驱动外部液囊体积的变化，最终达到改变自身浮力的目的。基于温差能驱动原理，上海交通大学于 2007 年对温差能驱动水下滑翔机做了一系列的研究工作，设计的浮力调节装置的浮力调节范围是最大为 410 mL 的排油量，工作的深度范围是 10~750 m[38]。除了上述几种利用油囊或液囊来改变体积的方式以外，中船重工第七〇一研究所还提出了一种利用活塞直接改变体积的浮力调节装置，其活塞一端与海水相通，另一端由推杆驱动，利用活塞的进退实现体积的改变[39]。

此外，利用气囊来改变体积，相比油囊式和活塞式方法，更能够有效减轻系统的重量，减少空间的占用。但是由于气体的可压缩性，在水下不同的深度压力环境下的体积压缩量会不一样，难以实现对于气囊体积的精确控制，所以目前采用气囊式结构的浮力调节装置尚不多见。

（3）ARGO 浮标浮力调节系统。

Swollow 中性浮标通过抛载减轻浮标自重上浮[40,41]。ALACE 浮标改变了 RAFOS 和 SOFAR 浮标使用的抛载方式,通过油囊式浮力调节系统改变浮标的排水体积来实现下潜、上浮运动,这种方式不仅降低了成本,而且对环境友好[42]。

浅水型 ARGO 浮标依靠改变其自身体积来调节浮力[43],其浮力调节装置为单柱塞式供油,通过与电机连接的螺旋副带动柱塞往复运动,实现油囊油液的注入和排出。该装置用于改变浮标体积的关键部件是一台单活塞单冲程柱塞泵和置于浮标体之外的可变形油囊,如图 2.7 所示。当柱塞正向运行时,柱塞缸内的液压油被推入油囊,浮标体积就增大。反之,柱塞回程时,油囊内的油被抽回柱塞缸,体积就缩小。

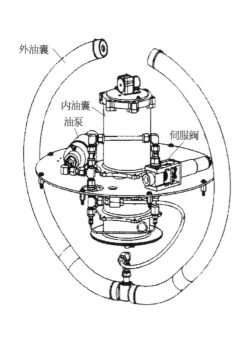

图 2.7　浅水型 ARGO 浮标的液压系统

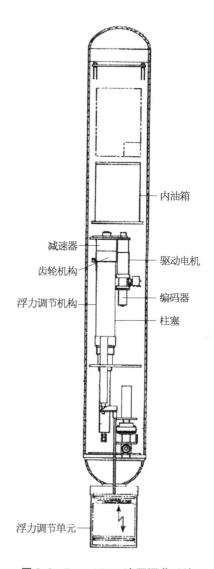

图 2.8　Deep APEX 液压调节系统

现在,超过 3 000 m 的大深度剖面探测浮标的浮力调节主要通过单冲程泵和液压泵实现。由于深度大,深海剖面探测浮标所承受的压力也会随着水深的增加而增大,APEX 和 SOLO 6 000 米级的浮标均采用球形设计,有更好的耐压性。该球形剖面探测浮标沉浮功能的实现与 2 000 米级剖面浮标的原理相似,但液压系统存在较大差异,如图 2.8 所示。

随着我国海洋强国战略的推进,对海洋环境进行全天候实时监测的海洋监测网络正迅速扩展,这不仅可以改善地质灾害预警,有效地评估气候变化和人类活动的影响,还可以使海洋经济可持续发展。ARGO 浮标将在以下几个方面凸显出其发展趋势[34]。

① 随着当前人类对海洋研究领域的逐步扩展,很多新技术、新材料不断涌现,并使用到 ARGO 浮标上,可降低成本、提高可靠度、延长工作寿命。使用新能源是未来海洋新技术应用和发展的趋势。

② 随着科技的进步,科学家们发现深层海水的温度、盐度变化以及能量交换能够帮助建立更加准确的模型来评估海洋灾难、气候变化以及人类活动对海洋的影响,因此深水型 ARGO 浮标水下观测网的建立必将成为趋势,并将水下平面观测网向立体观测网发展,实现多渠道、跨学科、长时间序列、大尺度范围数据的整合及综合利用。

③ 随着 ARGO 计划的推进,海洋剖面观测不再仅仅局限于温度、盐度、深度,溶解氧、CO_2、叶绿素等一系列专用传感器的快速推向市场,可用于测量特性的生物化学参数及检测海洋污染等,将推动 ARGO 浮标向专用型转变。

④ 由于海洋环境的复杂多变,除了降低浮标的丢失概率之外,还应研究研制用于制造 ARGO 浮标的环境友好型的可降解材料,一旦浮标丢失,一定时间后可自动降解。浮标参数的设定将朝着更加便捷和人性化的方向发展,在易于操作的同时,也易于布放。

2.4　潜水器的发展趋势

纵观现代潜水器技术的发展,潜水器技术有四个发展方向[7]。

① 无人自治类潜水器向远程发展。无论是自治潜水器还是水下滑翔机等,长航程是一个重要的实用要求[44]。

② 载人或无人潜水器向更大的深海发展[45]。6 000 m 或 6 500 m 以下的深渊海沟尽管占海洋面积的比例很低,但它在海洋科学研究上的重要性越来越被认识到[14],因此许多国家把发展 11 000 m 水深的载人或无人潜水器技术作为一个目标,日本的 ROV[16] 和美国的 ARV[19] 已经分别于 1995 年和 2008 年研制成功,但作业型的载人潜水器有望由中国取得领先。

③ 向功能更强大方向发展。一般包括智能自主航行、海洋观察和测量以及近海底的

取样作业三个方面的功能。

④ 向经济性方向发展。目前的潜水器装备仍是海洋技术领域比较昂贵的调查作业装备,如何在保持基本功能的前提下,大幅度地降低使用成本,使很多领域、很多船舶都能够配备得起并使用得起,也是一个重要的方向,这也是相关产品开发企业所要特别重视的方向[46]。

参考文献

［1］ CENORF. Science at Sea：Meeting Future Oceanographic Goals with a Robust Academic Research Fleet［C］. National Research Council，the National Academies Press，2009.

［2］ 朱继懋. 潜水器设计［M］.上海：上海交通大学出版社,1992.

［3］ Teague J，Allen M J，Scott T B. The potential of low-cost ROV for use in deep-sea mineral，ore prospecting and monitoring［J］. Ocean Engineering, 2018，147：333－339.

［4］ Christ R D，Wernli R L. The ROV Manual［M］. 2nd ed. Butterworth-Heinemann，2014.

［5］ Forman W. From Beebe and Barton to Piccard and Trieste［J］. Marine Technology Society Journal，2009，43(5)：27－36.

［6］ Kohnen W. Human Exploration of the Deep Seas：Fifty Years and the Inspiration Continues ［J］. Marine Technology Society Journal，2009，43(5)：42－62.

［7］ 陈鹰. 海洋技术基础.北京：海洋出版社,2018.

［8］ 崔维成,胡震,叶聪,等. 深海载人潜水器技术的发展现状与趋势［J］.中南大学学报(自然科学版),2011,第42卷增刊2：13－20.

［9］ NRC. Future Needs in Deep Submergence Science：Occupied and Unoccupied Vehicles in Basic Ocean Research［C/OL］. Committee on Future Needs in Deep Submergence Science，2004. http：//www. nap. edu/catalog/10854. html.

［10］ 张铁栋. 潜水器设计原理［M］.哈尔滨：哈尔滨工程大学出版社,2011.

［11］ Beebe W. Half Mile Down［M］. New York Zoological Society：John Lane the Bodley Head，1935.

［12］ Barton O. The World Beneath the Sea［M］. New York：Thomas Y. Crowell，1953.

［13］ Piccard J，Dietz R. Seven Miles Down：The Story of the Bathyscaph Trieste［M］. London：Longman，1961.

［14］ Jamieson Alan. The Hadal Zone：Life in the deepest oceans［M］. Cambridge：Cambridge University Press，2015.

［15］ DESSC Update. Replacement Human Occupied Vehicle［J］. 2007，12(9).

［16］ Takagawa S. Advanced Technology Used in Shinkai 6500 and Full Ocean Depth ROV Kaiko ［J］. Marine Technology Society Journal，1995，29(3)：15－25.

［17］ Wynn R B，Huvenne V A I，Le Bas T P，et al. Autonomous Underwater Vehicles (AUVs)：their past，present and future contributions to the advancement of marine geoscience［J］. Marine Geology，2014，352：451－468.

［18］ McFarlane J. ROV－AUV hybrid for operating to 38,000 feet［J］. Mar Technol Soc J，1990，

24(2)：87-90.

[19]　Bowen A D, Yoerger D R, Whitcomb L L, et al. The Nereus hybrid underwater robotic vehicle [J]. Underwater Technol, 2009, 28(3)：79-89.

[20]　Cui W C, Hu Y, Guo W, et al. A preliminary design of a movable laboratory for hadal trenches [J]. Methods in Oceanography, 2014, 9：1-16.

[21]　Cui W C, Hu Y, Guo W. Chinese Journey to the Challenger Deep：The Development and First Phase of Sea Trial of an 11,000-m Rainbowfish ARV[J]. Marine Technology Society Journal, 2017, 51(3)：23-35.

[22]　Cui W C. Development of the Jiaolong Deep Manned Submersible[J]. Marine Technology Society Journal, 2013, 47(3)：37-54.

[23]　Cui W C. On the development strategy of a full ocean depth manned submersible and its current progress[J]. Journal of Jiangsu University of Science and Technology (Natural Science Edition), 2015, 29(1)：1-9.

[24]　Cui W C, Guo J, Pan B B. A preliminary study on the buoyancy materials for the use in full ocean depth manned submersibles[J]. Journal of Ship Mechanics, 2018.

[25]　Cui W C, Wang F, Pan B B, et al. Chapter 1 Issues to be Solved in the Design, Manufacture and Maintenance of a Full Ocean Depth Manned Cabin, in Advances in Engineering Research [M]. Nova Science Publishers, 2015.

[26]　潘彬彬,崔维成. 多学科设计优化理论及其在大深度载人潜水器设计中的应用[M]. 杭州：浙江科学技术出版社,2017.

[27]　崔维成,刘正元,徐芑南. 大型复杂工程系统设计的四要素法[J]. 中国造船,2008,49(2)：1-12.

[28]　Pan B B, Cui W C, Shen Y S, et al. Further study on the ultimate strength analysis of spherical pressure hulls[J]. Marine Structures, 2010, 23(4)：444-461.

[29]　Pan B B, Cui W C, Shen Y S. Experimental verification of the new ultimate strength equation of spherical pressure hulls[J]. Marine Structures, 2012, 29(1)：169-176.

[30]　Pan B B, Cui W C. Structural optimization for a spherical pressure hull of a deep manned submersible based on an appropriate design standard[J]. IEEE Journal of Oceanic Engineering, 2012, 37(3)：564-571.

[31]　Rudnick D L, Davis R E, Eriksen C C, et al. Underwater Gliders for Ocean Research[J]. Marine Technology Society Journal, 2004, 38(1), 48-59.

[32]　Wang Y H, Zhang Y T, Zhang M M, et al. Design and flight performance of hybrid underwater glider with controllable wings[J]. International Journal of Advanced Robotic Systems, 2017, 14(3)：1-12.

[33]　Freeland H J, Cummins P F. Argo：A new tool for environmental monitoring and assessment of the world's oceans, an example from the N. E. Pacific[J]. Progress in Oceanography, 2005, 64：31-44.

[34]　陈鹿,潘彬彬,曹正良,等. 自动剖面浮标研究现状及展望[J]. 海洋技术学报,2017,36(2)：1-9.

[35]　延安庆,方学红,杨邦清. 浅谈潜水器浮力调节系统的研究现状[J]. 水雷战与舰船防护,2009, 17(2)：55-59.

[36]　赵伟,杨灿军,陈鹰. 水下滑翔机浮力调节系统设计及动态性能研究[J]. 浙江大学学报(工学版),

2009,43(10)：1772-1776.

[37] Webb D C, Simonetti P J, Jones C P. SLOCUM: An underwater glider propelled by environmental energy[J]. Oceanic Engineering, 2002, 26(4)：447-452.

[38] 倪元芳. 温差能驱动水下滑翔机性能的研究[D]. 上海：上海交通大学,2008.

[39] 谷军. 活塞调节升降式信息战水下平台技术及应用[J]. 舰船电子工程,2008,28(12)：25-27.

[40] Swallow J C. A neutral-buoy float for measuring deep current[J]. Deep Sea Research, 1955, 3(1)：74-81.

[41] Swallow J C. Some further deep current measurements using neutrally buoyant floats. Deep Sea Research, 1957, 4：93-104.

[42] Davis R E, Webb D C, Regier L A, et al. The Autonomous Lagrangian Circulation Explorer (ALACE)[J]. Journal of Atmospheric and Oceanic Technology, 1992, 9：264-285.

[43] Watanabe. Float Device: US8601969B2[P]. 2013-12-10.

[44] Eriksen C C, Osse T J, Light R D, et al. Seaglider: a long-range autonomous underwater vehicle for oceanographic research[J]. IEEE Journal of Oceanic Engineering, 2001, 26(4)：424-436.

[45] Ohno D, Shibata Y, Tezuka H, et al. A Design Study of Manned Deep Submergence Research Vehicles in Japan [J]. Marine Technology Society Journal, 2004, 38(1)：40-51.

[46] Hawkes G. The Old Arguments of Manned Versus Unmanned Systems Are About to Become Irrelevant: New Technologies Are Game Changers[J]. Marine Technology Society Journal, 2009, 43(5)：164-168.

第3章　潜水器设计方法概述

潜水器的设计是本书最重要的内容,本书的前9章基本上都是围绕与潜水器设计相关的内容而编写的。本章的主要目的是介绍潜水器总体设计的方法,后面从第4—9章分别介绍各个系统的设计方法。设计方法的演变也经历了一个过程,从古代完全基于经验的设计慢慢发展到现在基于"第一原理"的多学科综合优化设计。因此,本章的介绍也基本上根据这个演变过程来进行。首先介绍设计的一般步骤,然后介绍经验设计方法,再介绍从经验上升到"第一原理"的过渡阶段的四要素法,最后介绍当前最流行的多学科设计优化方法。在这些设计方法的介绍中,所有已知的物理量或待定的设计变量都是按照确定性的物理量来处理的,而在实际工程问题中,很多物理量都是包含一定程度不确定性的随机变量。因此,用随机变量来描述这些物理量可能更真实地反映工程实际情况,此时就需要把概率与数理统计理论和上述设计方法结合,这就是基于可靠性的设计方法(reliability based design,RBD),在本章的最后一节介绍潜水器设计的可靠性方法。

3.1　潜水器设计的一般步骤

潜水器系统涉及的专业学科面非常广,它要求设计师不仅具有基础扎实的船舶、流体力学和固体力学的知识,而且必须有丰富的微电子、计算机、材料、动力能源、人工智能、控制理论、人机系统和水声等方面的专业知识[1-3]。

潜水器设计是一项系统工程,和其他设计学科相同,是一种创造性的概念和艺术。五花八门的使用要求和技术条件往往是互相矛盾的,许多因素又相互牵制,解决这些问题与设计师本身的学术水平、技巧和经验有很大关系。当潜水器的使命任务不同时,其差异非常大。因此设计程序不可能千篇一律,在实际设计过程中往往随新设计的对象和用户的要求不同而变化。本节所介绍的设计程序是潜水器设计的一般规律、原理和方法,对于每个具体的设计问题,可能还需要总设计师发挥自己的聪明才智。只有这样,才能设计出新颖的作品。

首先,潜水器设计所研究问题的方式和一般基础技术学科如潜水器水动力学、结构力学等有很大不同。后者主要是以潜水器作为已知对象来研究它的性能规律和受力特征[4],而设计则是解决所谓的"反演"问题,也就是根据一般科学规律去获得或生成一艘性能和技术指标符合一定要求的潜水器[3]。

一般来说,潜水器的造价是正比于潜水器的大小与重量的,所以潜水器设计的目标通常可以归结为:在满足设计任务书要求的前提下,设计一艘排水量与主尺度最小、技术性能最优的潜水器[2]。设计过程中的核心问题是了解技术性能和排水量以及主要因素之间的关系。潜水器的排水量受耐压结构、非耐压结构、人员和装备等有效载荷、设备系统、动力和能源以及浮力材料等影响。这些重量组成不仅与潜水器的使命任务有关,而且相互之间也存在一定的耦合关系。用函数形式来表示潜水器排水量与多项设计指标之间的精确关系是非常困难的,有时甚至是不可能的,因为可以列出的方程数远远少于未知数,且用来表示已知条件的关系式和引入的补充条件亦各不相同,所以对潜水器设计来讲,其解是无穷多的,在同样满足技术要求的前提下,可以设计出完全不同的潜水器。因此,这是一个可以充分发挥设计师聪明智慧的领域,丰富的设计经验和深入的专业知识都可以成为优秀设计师的翅膀。有经验的设计师善于利用各系统相似与不相似特性来明确自己的修改方向,成功得到新设计潜水器的基本概念,包括比较精确的尺度和性能特征。实际的设计程序就是从这些初步概念出发不断反复修正的逐步近似过程。潜水器设计的成败,很大程度上取决于设计师的知识和他运用自己经验的广度和深度。

潜水器的设计程序在不同的国家可能也有不同的规定,但都必须从"概念设计"开始。通常由国家计划部门或用户根据国民经济或国防发展的需要和预测或用户自己的特殊使命提出设计研制潜水器的基本要求,然后在有关技术部门或论证中心组织的可行性研究论证的基础上,充分考虑国际和国内的技术条件,正式提出潜水器的设计(技术)任务书。

一般的设计(技术)任务书包括[2]:

① 使命任务;

② 主要装备和人员配置;

③ 排水量和主尺度;

④ 主要技术性能,如航速、续航力、自持力、航行海区、航行状态、最大工作深度、最大排水量等;

⑤ 主要设备、装置和系统;

⑥ 海洋环境的使用条件,如海区、海情、盐度、透明度、温度和密度梯度等;

⑦ 作业能力,如观察能力、取样能力、水下抗流能力、潜水员水下出入能力、水下对接和人员物资干转移能力等。

根据设计(技术)任务书,潜水器设计的一般程序如图 3.1 所示。

图 3.1　潜水器设计的一般流程图

(1) 方案设计。

方案设计又可以称为可行性设计,主要是开展多方案的比较和分析研究工作,最终结果是在满足设计任务书的前提下,给出一个或几个可行的设计方案。因此,方案设计必须考虑设计任务书的各项要求,并提供主尺度、排水量等技术指标,初步绘制总布置草图,以及选定艇型、结构型式、动力与能源和主要设备,确定各分系统的原理图。方案设计还需要提供各方案的说明书以及定性的报告、尺度比较、费用估算等研究报告供用户或方案设计审查会会审,并为初步设计做准备。

（2）初步设计。

初步设计是整个设计过程中很重要的一环，因为在这个过程中，潜水器的主要性能和特性基本上要被固化。初步设计的主要任务就是确定潜水器的基本特性、推进系统、操纵控制方式和各分系统的设计。设计师在这个阶段的主要工作是绘制潜水器最基本的图纸，包括线型图、总布置图、各分系统的结构图或原理图等，开展各种理论计算，同时进行必要的模型或实物原理样机试验如阻力、推进、操纵和试航性试验等；并进行航速、续航力、动力负荷以及稳性估算；同时应用入级规范和标准进行检验，确保其安全性。

初步设计除应完成上述功能性文件外，同时还应提出设备材料清单、需新研制的设备材料或分系统项目清单、新开发的试验研究课题任务书以及包括初步建议承担上述任务的单位及经费估算。

（3）技术设计。

技术设计在国外也叫合同设计。技术设计的主要目的就是把初步设计深化成可以给制造商遵循或投标使用的图纸和基本技术文件，包括潜水器的主要图纸、总说明书、计算说明书以及主要的试验研究报告等。技术设计是设计单位提供的最终技术文件。

（4）施工设计。

施工设计通常是由施工单位绘制的，但是对一些小型潜水器，设计单位可能自己承担施工建造工作。施工设计是施工单位根据设计单位提供的设计图纸和文件，结合本厂的设备条件和加工工艺特性而绘制的能让施工人员可以加工的图纸和文件。施工设计也包括潜水器系泊试验和航行试验大纲、设备验收和安装试验要求等文件。

当然，对于一些简单的潜水器，也可以合并一些程序，只分两个阶段或三个阶段，这需要设计方与任务委托方协商决定。设计过程的转阶段环节实际上是任务委托方深入了解设计任务执行方项目进展情况的一个环节。

3.2　潜水器设计的经验方法

从前一节的介绍中可知，潜水器的设计是一个逐步近似、不断深化的过程。设计过程工作量大、周期长、涉及的专业面广。要得到一个较优的设计结果往往需要进行各种方案的比较和选择，在过去计算机技术不太发达时，许多决策依赖于设计师的经验。本节主要介绍潜水器早期的经验设计方法的基本概念和主要过程。

由于潜水器系统的复杂性，设计过程是一个螺旋式展开与上升的过程。设计过程中需要分析、比较大量的设计方案，而每一个方案都包含着很多的计算工作量。早期人们依靠计算机辅助设计的方法来加快工作进度，缩短设计周期。

不管是哪个设计阶段，设计工作基本都是按照图 3.2 所示的螺旋线顺序逐步近似和

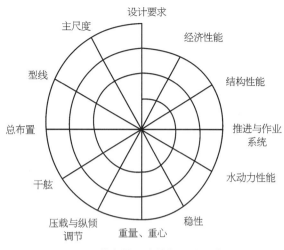

图 3.2　潜水器设计的螺旋线示意图

确定。方案设计是最先开始的设计,首先寻找在满足任务书和限制条件前提下,排水量等各项主要因素的较优配合,以达到功能或经济性较优。由于设计问题的复杂性,各要素的确定过程可能是相互交叉的,根据不同潜水器的不同设计特点,次序也可能略有不同。一个方案的获得往往需要进行多次循环,逐步接近目标方案。

方案设计的第一步是重量容积分析。由于潜水器要保持重量和浮力的平衡,所以可以分别从重量和浮力两个不同的角度来研究排水量与各主要因素间的关系。潜水器重量容积分析的基本思想是:用一组包含潜水器性能、布置、结构等因素在内的参数来表征一艘潜水器,分析潜水器重量、容积与各项潜水器参数之间的联系,建立数学模型。通过该模型的求解,可以得到满足给定性能及平衡要求的潜水器排水量、排水体积、各项重量、容积及动力装置功率等。由于经验方法已基本被淘汰,因此有关这些方程的细节就不在本书中介绍了。

方案设计的第二步是艇型选择。潜水器根据使命任务和技术要求的不同,其外形尺寸、结构型式都有很大的差异。最小的无人潜水器可能只有几千克,而最大的载人/无人潜水器可以达到数十吨。图 2.4 是国内几条比较有代表性的不同类型的潜水器外形,它们是遥控潜水器"海龙Ⅱ"和"海马4500",载人潜水器"蛟龙"和"深海勇士",自治潜水器"潜龙二号"。

艇型选择一般遵循如下原则:

① 阻力小,航行性能好;

② 足够的强度;

③ 便于总布置;

④ 具有强大的生命力;

⑤ 良好的工艺性。

方案设计的第三步是耐压体材料的选择。从目前的调研情况来看,潜水器耐压体的候选材料大致有钢、铝合金、钛合金、玻璃、陶瓷、有机玻璃和复合材料等[5]。但是到目前为止,使用最广泛的还是钢、铝合金和钛合金,这主要是因为这几种金属材料有比较高的比强度,而且人们对它们的性能比较熟悉,材料的可加工性好,价格也比较低廉。潜水器材料选择时除了考虑比强度以外,还应该关心以下一些因素:

① 制造性能;

② 与材料相适应的结构型式;

③ 可焊性;

④ 连接性;

⑤ 开孔性;

⑥ 因裂纹和缺陷引起的性能降低;

⑦ 是否可以进行无损检验。

方案设计的第四步是能源与动力的选择。缆控无人潜水器过去多是从水面提供直流或交流电源,而无缆(载人或无人)潜水器的能源主要采用蓄电池,少量大型无缆潜水器也有采用燃料电池的。蓄电池有铅酸电池、锌银电池、锂离子电池等,有关蓄电池的知识可以参阅本书第 7 章。

方案设计的第五步是潜水器推进与操纵方式的选择。由于任务不同,潜水器对推进和操纵的要求也不同。归纳一下,潜水器在水下主要有巡航搜索、坐底和悬停作业三种不同的工作方式。由于海流的存在,悬停作业对潜水器的推进系统要求最高,在选择推力系统时,需要考虑在抗流条件下的推力和力矩。潜水器的推进操纵系统一般有以下几种组合方式可以选用:

① 两个可在垂直面内作 360° 旋转的导管推力器＋水平舵和首推力器;

② 主螺旋桨、舵和操纵面＋垂直推力器;

③ 并联可旋转的喷水推进器;

④ 主螺旋桨带可移动套环＋垂直和横向槽道推进器;

⑤ 带舵和操纵面的螺旋桨＋沃伊特-施耐德推进器控制悬停;

⑥ 哈兹尔顿串列推进器安装在首尾各一组。

潜水器中常用的推进器有以下几种:科氏导管推进器、哈兹尔顿串列推进器、沃伊特—施耐德平旋推进器、喷水推进器,每种推进器各有优缺点和最佳适用范围,有关这方面的知识可见本书第 6 章及相关教材[6]。

方案设计的第六步是画总布置草图。根据设计任务书的要求及初步估算的排水量、容量和选择的各种设备、结构型式、参数,同时参照相近的母型艇资料,绘制出一个总布置图。总布置设计时通常需要考虑如下因素:

① 充分发挥各种设备和仪器的技术性能,应确保潜水器设计任务书中要求的技术指标得以实现;也要考虑使用、存放和维修的方便性;

② 安全可靠,有比较强的生命自救能力和应急措施;

③ 布置紧凑,既保证各设备能够操作,又避免相互干扰和影响;

④ 尽可能改善驾驶员和科学家在载人舱内的工作和生活条件;

⑤ 需要有一部分备用空间,以便今后的改装和临时装载。

总布置设计是潜水器设计一个非常重要的环节,其设计水平的高低会直接影响潜水器的总体性能和使用的方便性与可靠性。总布置设计不仅是一门科学,也是一门艺术,一般要求设计人员有相当的经验。但随着多学科设计优化理论和人工智能的发展,对于设计师个人经验的要求可以逐渐降低。

方案设计的第七步是有效功率计算。有效功率计算一般采用海军部系数法来估算功率,如有条件,采用模型试验方法来进行估算将更加可靠。采用海军部系数法时要求有一

个和设计潜水器相近的母型,这个母型必须满足如下几个条件:

① 几何相似,即其主要尺度比和艇型系数与设计艇接近相等;

② 雷诺数(Re)和弗劳德数(Fr)接近;

③ 两艇动力装置相似。

方案设计的最后一步是潜水器的重量、重心与浮力、浮心的估算。潜水器浮心一般应高于重心;艇小时两者之间的距离应大于 7 cm,艇大时应大于 30 cm。

初步设计和技术设计的过程基本上与方案设计相同,只不过每一步的内容不断被细化到最终完全被固化。在具体参数决定时,尽可能地优化性能,降低重量和体积。在经验设计法中的优化一般只能是单一指标的优化或局部问题的优化,很难考虑系统之间或上下过程之间的相互作用。

3.3 潜水器设计的四要素法

潜水器经验设计的最大困难就是如何考虑系统之间或前后过程之间的相互作用。由于潜水器设计涉及很多学科,一个人是无法胜任的。为了解决这一问题,人们根据系统论的思想,把一个复杂的工程系统分解为几个分系统,再将分系统分解为子系统,这样一级一级分解,直到底层子系统的设计工作可以由一个人员承担为止。因此,一个好的总设计师的最大本领,就是能够根据给定的设计师队伍,把设计工作作出恰如其分的分配,既使每个设计师的能力都能得到充分的发挥,又能让设计工作按照进度的要求来开展。

潜水器的设计任务被分解后,如何检查各分系统或子系统之间的接口关系是否完整并且没有重复是一个关键问题。在长期的工程产品开发实践中,人们逐渐探索出了一套比较有效的设计方法,被称为四要素法[7]。四要素法最早是美国空军运用的由系统顶层向下层逐步分解的设计方法,我国于 1989 年在研制"8A4 水下机器人"时由刘正元等人首次采用[8]。在"蛟龙"号研制过程中,进一步细化完善了该方法。这一节对四要素法的基本概念和思路作一简要介绍,需要详细了解的,可参阅崔维成等人的文章[7]。

1) 基本概念

采用四要素法,首先需要明确几个基本概念:系统、分系统、子系统、接口、支撑、约束、输入和输出。

本书所说的系统是指顶事件,它是我们要设计的完整的对象。由系统顶事件划分出来的第二层次的事件,称之为分系统。由分系统再往下划分出来的第三层次及以下的事件统称为子系统。图 3.3 是系统划分的示意图。

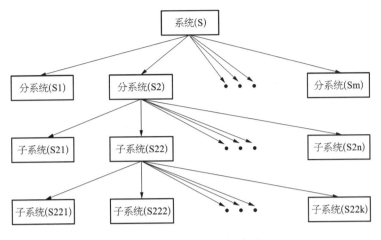

图 3.3　系统划分的示意图

对于任何一个系统、分系统或子系统,他们都可以用如图 3.4 所示的输入、输出、约束、支撑来完整描述,这四个元素就构成我们所说的"系统四要素"。

输入(I)是系统的总体性能和其他分(子)系统对本分(子)系统的要求,它是本分(子)系统的工作前提。

输出(O)是本分(子)系统的最终设计结果,它考虑了约束和支撑的限制后,由本分(子)系统的输入而产生的响应。

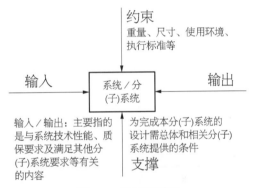

图 3.4　系统四要素

支撑(S)是为完成本分(子)系统的设计而对其他分(子)系统和总体的要求。

约束(R)是为设计本分(子)系统需要考虑的总体及其他分(子)系统对本分(子)系统的约束限制。

从图 3.4 中可以看出,支撑本分(子)系统的经费、人力、物力、时间的约束等一般不列出,输出中应有的设计图纸和文件等一般也不列出,而由各单位的质量体系文件规定。

2) 四要素的编制方法

系统四要素编制的大致步骤如下。

(1)总设计师根据所拥有的研制队伍的专业背景和各人的工作能力,将所承担的大型工程系统划分成分系统,并确定每一个分系统的承担人。

(2)每个分系统的承担人根据所拥有的研制队伍的专业背景和各人的工作能力,初步编制出各自的分系统的四要素图,并提交总设计师认可。这样逐级分解,直至最后一级子系统,确定出每一个子系统的承担人并要求确定的承担人编制所负责的子系统的四要素表。

(3)由总师系统或总师办协调各分(子)系统四要素的相应接口,使已列出的所有分

(子)系统的四要素的相应接口成为一个封闭回路,即落实各分(子)系统之间接口及其相互关系。

（4）在设计过程中,如分(子)系统承担人提出了新的需要解决的问题,由变更系统的四要素表来进行,变更后的四要素表也交总师或总师办来协调、处理相应接口。

系统四要素的编制过程如图 3.5 所示。

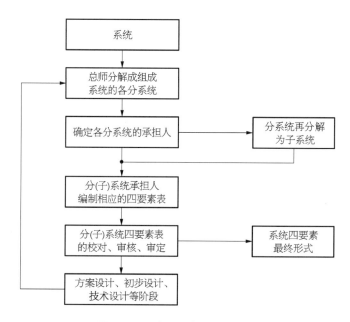

图 3.5　系统四要素的编制过程

系统四要素法具有下列两个重要特性。

（1）封闭性与内部动平衡性。系统的组成划分是开放式的,即同一个系统可以划分为不同数目的分系统,但是整个系统的四要素编制必须是封闭的;不同的设计阶段,分(子)系统的划分及四要素的编制也是可以是不同的。四要素法是一种动态的平衡。

（2）非唯一性。对于某个系统四要素的确定,也并不是唯一的,不同的人可以有不同的理解。因此,系统的输入、输出、支撑、约束的确定与承担人的判断有关。虽然四要素的编制不是唯一的,但它的目的是明确的,那就是为了弄清系统组成、理顺系统之间关系,并为计划的安排、节点的控制打下基础。

系统四要素法在“蛟龙”号载人潜水器的设计过程中发挥了非常重要的作用,很好地解决了各分(子)系统之间的接口问题,但它没能充分考虑分(子)系统之间的相互作用。

3.4　潜水器设计的多学科设计优化方法

3.4.1　潜水器多学科设计优化的必要性

大型复杂工程系统的第一个特点就是规模很大,需要很多人共同参与才能完成。前面介绍的四要素法可以很好地解决如何检查各分系统或子系统之间的接口关系是否完整的问题,但它在方案比较时无法考虑系统之间甚至变量之间的相互耦合问题。

大型复杂工程系统的第二个特点是涉及的学科很多,超出了单个个人所能掌握的知识范围,需要很多专业人士共同配合才能完成。这样就需要制定出一个比较科学合理的设计流程,即对于某一个特定的工程系统设计问题,给出一个不同专业人员相互协助工作的先后顺序。比如,传统的船舶设计按照船体主尺寸—船型—主机—空间—吨位—吃水—总布置—续航—耐波性—结构—造价……的设计螺旋线进行,设计师沿着螺旋线依次设计各个子系统,各个子系统间的协调依据本轮设计已完成设计的子系统的数据、现有积累数据和设计师的经验来进行,当最终设计方案的性能或造价不能满足设计任务时,设计师需要沿着设计螺旋线重新进行一轮设计。因此,这种螺旋线设计的缺点是明显的,即设计周期长、效率低,而且各个子系统之间的折中是设计师按照经验、直觉、有限的分析和测试来决定的。到底折中得好不好,设计师也不能确定,所以得到的往往只是满足要求的设计,而不是最优的设计。

子系统间的协调、折中能够给系统性能带来多大的提升呢? 在王振国等的著作[9]中,曾经举过一个飞行器的例子来回答这个问题。苏联时代的"米格-25"战斗机非常厉害,西方的军事专家纷纷猜测,以为这种飞机肯定采用了某种划时代的新材料或新技术,后来一个偶然的机会,他们获得了一架真正的"米格-25"战斗机,拆开后,日美联合检查组并没有找到突破性的新技术或新材料,只是发现它的整体组合技术是与众不同的。由此,西方的军事专家意识到,挖掘分(子)系统之间的耦合具有很大的优化空间。

设计方法的发展经历了这样的三个阶段,最原始的工程设计方法是串行方法,即先将工程系统设计包含的子系统进行先后排序,在设计的每个阶段只对一个单独的子系统进行设计,当设计好上一个子系统后才进行下一个子系统的设计,这种设计过程不仅忽略了后续子系统对上游子系统的影响,串行的流程使得后续子系统的设计必须等待上游子系统完成后才能进行,而且需要进行多轮完整的串行设计循环才能找到满足要求的设计方案,这极大地延长了设计周期。随着计算机辅助设计(computer aided design,CAD)和数字虚拟设计(digital virtual design,DVD)等技术的发展,人们发展出了并行工程(concurrent engineering,CE)设计方法。并行工程是将系统设计任务分解为可以同时独立执行的子系统,从而可以并行地设计各个子系统,提高设计效率,缩短设计周期。从那时起,工程师们一直在寻找着能够解决系统间协调的更好的方法。多学科设计优化正是在这种需求背景驱动下逐步发展起来的一种设计方法,它使工程师们能够充分利用现阶段的各种技术和资源,通过子系统之间的合理协调来实现最优的设计。

3.4.2 多学科设计优化的基本概念及发展历史

1) 基本概念

索别斯科赞斯基 • 索别斯基(Sobieszczanski-Sobieski)被认为是多学科设计优化的奠基人,他将多学科设计优化定义为:多学科设计优化是一种考虑系统内学科间相互影响的设计方法,在多学科设计优化中单个学科的设计不再局限于本学科而是会对整个系统的性能产生重要的影响[10]。

在多学科设计优化中,学科的概念指的是相对独立的设计模块或者子系统。注意此处的相对独立不是指学科间没有联系,多学科设计优化的学科间往往存在参数交换,即学科耦合或者学科交叉,如图 3.6 中,x_1、x_2 分别是学科 1 和学科 2 的输入变量(即设计变量),z_1、z_2 分别是两个学科的输出变量(也称子系统的状态变量),而 y_{12}、y_{21} 就是学科 1 和学科 2 之间的耦合参数或称耦合变量。

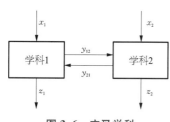

图 3.6 交叉学科

某个子系统根据给定的输入参数进行分析和计算得到输出参数的过程,即图 3.6 中学科 1 根据本学科输入变量 x_1 和 y_{21} 计算得到 z_1 和 y_{12},或者学科 2 根据 x_2 和 y_{12} 计算得到 z_2 和 y_{21} 的过程。与传统优化设计中的子系统分析不同点在于,子系统 i 的输入参数除了设计变量 x_i 外还有耦合参数 y_{ji}(j 泛指所有传递参数给子系统 i 的子系统,而不是单个子系统),且输出参数除了状态变量 z_i 外还有耦合变量 y_{ij}。图 3.6 中包含了两个子学科(子系统)的系统根据输入变量 x_1 和 x_2 计算得到 z_1 和 z_2 的过程,该过程中学科 1 和学科 2 需要进行多次子系统分析和学科间数据交换以确定耦合参数 y_{12} 和 y_{21} 的合适取值。

人类通过观察自然现象,分析并概括出自然的运行规律,从而建立科学知识。但自然现象却经常会发生已知规律外的活动,这些客观存在的意外活动很多时候依靠现有科学无法解释或描述,很多时候体现为随机的震荡或波动。这些意外活动有的是因为现有理论不完善不能解释,有的是因为研究对象本身特性就包含不能准确描述的性质。因此,在多学科设计优化过程中,最好还能同时考虑工程实际问题中存在的各种不确定性,相关知识在下一节中专题论述。本节重点介绍确定性的多学科设计优化方法。

2) 发展简史

多学科设计优化最早起源于飞行器设计领域。航空界于 20 世纪 70 年代流行的飞行器设计方法是前一节中所介绍的子系统串行式设计方法,这样的设计流程存在明显的弊端:各个子系统之间实际上是存在交叉耦合的,这种设计方法在设计子系统时人为切断了它与其他子系统之间的联系,假定各个子系统之间是相互独立的,而实际上该子系统的设计发生变动时也会引起其他子系统的变化,其他子系统的变化也会反过来影响该子系统的性能;而且串行的设计方法意味着所有子系统的设计必须等待之前的子系统设计完成后才能开始,这样将造成时间的浪费。

20 世纪 80 年代,一些飞行器设计人员已经意识到了飞行器设计应该从协同工程的角度出发同时考虑飞行器整个寿命期内的所有方面[11],以索别斯科赞斯基·索别斯基和克鲁(Kroo I)为代表的一批航空领域的科学家和工程技术人员陆续提出了一些对复杂系统进行分析及设计优化的方法。索别斯科赞斯基·索别斯基提出了采用线性分解来处理优化问题的方法[12],该方法已经包含了多学科设计优化方法的核心思想之一——分解。这些对复杂系统进行分析及设计优化的思想和方法不断发展和完善就逐步形成了多学科设计优化(multidisciplinary design optimization,MDO)理论[13]。

索别斯科赞斯基·索别斯基于 1993 年正式提出多学科设计优化是适合于任何工程系统设计,尤其是复杂工程系统设计的方法[14]。多学科设计优化方法提出后受到了学术界和工程界的高度重视,美国航空航天学会(American Institute of Aeronautics and Astronautics,AIAA)成立了多学科设计优化技术委员会(Multidisciplinary design Optimization Technical Committee,MDOTC)。该技术委员会在 1991 年[11] 和 1998 年[15] 两次发表白皮书,在总结多学科设计优化的研究和应用现状的基础上,讨论了工程实际应用对多学科设计优化技术发展提出的要求,并根据这些要求指出了多学科设计优化的研究方向。美国国家航空航天局(National Aeronautics and Space Administration,NASA)的 MDOB 建立了测试多学科设计优化方法的问题集——MDO Test Suite[16],成为测试和验证多学科设计优化方法优劣的一个重要标准并推动着多学科设计优化商用软件平台的成熟及应用;AIAA、UASF、NASA、ISSMO 几大机构联合,每两年召开一届多学科分析与优化(multidisciplinary analysis and optimization,MA&O)研讨会。在这些学术机构的大力推动下,多学科设计优化理论在 20 世纪 90 年代得到了迅猛的发展,已经开发出了多种计算方法,包括:多学科可行算法(multidisciplinary feasible,MDF)、单学科可行算法(individual disciplinary feasible,IDF)、连续近似优化算法(successive approximate optimization,SAO)、双层集成系统综合优化(bi-level integrated system synthesis,BLISS)、并行子空间算法(concurrent sub-space optimization,CSSO)、协同优化算法(collaborative optimization,CO)、双层集成系统协同优化(bi-level integrated system collaborative optimization,BLISCO)、目标层解法(analytical target cascading,ATC)等多学科设计优化方法[17]。到 21 世纪初时多学科设计优化的理论和主要方法已基本成熟,理论研究进入较平缓的发展时期,现今的理论研究更多集中在各个领域的研究人员在应用多学科设计优化方法的过程中对这些方法进行改进。

多学科设计优化的实现需要大量的计算机算法支持,随着其应用的不断增加,多学科设计优化平台软件的市场需求也越来越大。多学科设计优化商用软件现在已经达到工程实用的水平,如 iSIGHT(Engineous)、ModelCenter(Phoenix Int.)、modeFRONTIER(Esteco)等通用型多学科设计优化平台,都有很强的适用范围。很多专用多学科设计优化软件也得到了迅速的发展。这些软件平台的蓬勃发展推动着多学科设计优化从诞生地美国向全世界传播,iSIGHT 被法国达索公司并购体现了欧洲航空界对多学科设计优化技术的重视和引进。

多学科设计优化是面向实际工程的学科,其发展离不开工程应用的检验和推动,所以多学科设计优化的应用研究被放在和理论研究同等重要的位置。从现有文献可以看到,目前多学科设计优化的应用已经扩展到很多工程领域[17]。

在我国的船舶与海洋工程领域,多学科设计优化的研究主要集中于应用研究。在2000 年左右就开始出现了将多学科设计优化应用于集装箱船设计的研究[18],发展至今已经在鱼雷[19]、三体船[20]、潜艇[21]、载人潜水器[22, 23]、桁架式 SPAR 平台[24-26]等航海器和海洋工程结构物中得到应用。"蛟龙"号载人潜水器设计是我国海洋工程领域系统研究和应用多学科设计优化理论的一个最好例子。在调研分析国内外多学科设计优化研究现状[27]的基础上,提出了两层分级多学科设计框架[28, 29]和两级集成系统协同优化方法(BLISCO)[23, 30, 31],并将这些方法应用于大深度载人潜水器的概念设计中[22, 23, 30-35]。

在现有的多学科设计优化研究文献中,所涉及的参数基本上都是假定为确定性参数,这样得到的设计方案有时并不能保证在面对复杂的工作环境时性能稳定可靠。为了考虑不确定性参数对系统状态变量的影响,尤其是优化点的鲁棒性,人们也开始探索把有些变量设定为随机变量,分别采用概率论和区间理论处理不确定性。在我国 4 500 米级载人潜水器"深海勇士"号的设计过程中,由于大量部件首次国产,面临着大量的不确定因素,潘彬彬和崔维成首次开展了基于可靠性的多学科设计优化在载人潜水器设计中的应用研究[17],通过改进可靠度分析方法和可靠性设计优化方法建立了一套适用于载人潜水器等复杂工程设计的方法和程序,研究了载人潜水器的不确定性因素来源并进行初步的可靠性设计。

经过近 30 年的发展,现在多学科设计优化技术已经逐渐得到了工业界的认可,并逐渐从技术突破期过渡至工程应用期。近几年多学科设计优化在工程界尤其是航空航天界得到了越来越多的应用,这些实际工程应用对多学科设计优化提出了越来越严峻的挑战。尽管计算机技术在几十年间取得了快速的发展,但计算难度却一直是多学科设计优化的一大难点,尤其是考虑不确定性后的计算量更是达到前所未有的庞大,所以在接下来的相当长一段时期内,高精度且算法稳定的近似技术将是提高基于可靠性的多学科设计优化工程实用性的一个重要技术途径。多学科设计优化处理的对象是多个学科和多个子系统,它的应用深度将受到各个子系统和子学科科学发展水平的制约。此外,不同工程系统的子系统之间的耦合形式和紧密程度不同,需要总体设计者根据实际工程的特点进行多学科设计优化建模,选用合适的多学科设计优化方法处理子系统之间的耦合,而且需要各个子系统的设计人员紧密配合才能建立能够运行优化算法的整个系统模型。现代复杂工程产品的研制往往由多个单位或部门联合进行,很多时候出于各个单位(部门)的技术保护等原因,总体设计组并不能掌握所有子系统的设计,总体设计有时只能接受子系统的设计结果并在总体性能上做出妥协。这些都是在实际工程中组织多学科设计优化时不得不克服的难题。以上这些难题的解决办法都需要应用多学科设计优化方法,下一节将简要介绍几种主要的算法。

3.4.3　多学科设计优化的建模与关键技术

多学科设计优化奠基人索别斯科赞斯基·索别斯基认为多学科设计优化的关键技术有六个[10]：数学建模、设计导向分析、近似技术、优化流程、系统灵敏度分析、人工界面，其中最重要的是数学建模，数学建模中处理系统之间耦合关系的方法称为多学科设计优化方法，多学科设计优化理论的研究重点主要就集中在多学科设计优化方法。按照优化是在一级进行还是多级进行，我们可将多学科设计优化方法分为单级优化算法和多级优化算法两类。单级多学科设计优化方法不对原来的系统模型进行分解，优化只在系统顶层进行，在各个子系统或者子学科之间通过迭代实现子系统平衡。常见的单级多学科设计优化方法有多学科可行法、单学科可行法和连续近似优化法等。多级优化算法在系统级和子学科内都进行优化，且子学科优化是围绕系统优化进行的，这种算法更符合人们将一个问题分解为几个子问题来处理的思维方式，而且能够并行执行。常见的多级优化算法有协同优化算法、并行子空间算法和双层综合优化等。在这一节中将对这六个方面作简要介绍。

1）多学科设计优化建模

建模就是对实际对象进行抽象和简化的过程，随着电脑辅助设计的发展，工程设计领域的建模现在大多采用了数字建模技术，例如进行飞机气动性能设计时对飞机外形及机体附近流场建立 CFD 模型，可估算飞机的航速和操纵性等；进行飞机的结构性能设计时对飞机的主要框架构件、板材、支撑结构等建立有限元模型，从而估算飞机的受力与变形情况。多学科设计优化的对象是复杂工程系统的设计，因此多学科设计优化建模的过程就是对工程系统设计的整个流程进行建模的过程，不仅囊括各个子系统内各种精度的建模（如结构子系统内的经验公式估算模型或者整体有限元分析模型），更主要的是对各个子系统之间的耦合关系进行建模，将子系统之间的参数传递理清，然后通过多学科设计优化方法进行子系统重组，从而建立高效的设计流程。因此，多学科设计优化建模的内容包括子系统建模和设计流程建模。

（1）子系统建模。

由于在科学的发展过程中各个学科的发展并不是平衡的，导致各个子系统的计算模型精细程度并不一致，而且同一个子系统内常常会存在不同精度的计算方法和模型，所以需要对整个复杂工程系统涉及的各个子系统进行全面了解并进行技术状态评估，了解各个子系统的主要建模方法，并获得各个子系统内不同建模方法的计算精度与计算耗时情况。同时明确每个子系统建模时与外部及其他子系统的关系，即理清每个子系统的输入参数、输出参数和辅助参数。

此外，当采用优化求解器进行系统优化而不是基于人工决策调整设计参数时，由于优化算法需要多次调用整个系统的模型进行目标函数评估和约束函数计算，子系统的模型也将被多次调用，因此需要确保各个子系统的模型是由参数驱动的，即实现参数化建模与分析。

在当今工程领域，常见的子系统建模方法有以下几种。

① 基于学科理论或经验公式的简化估算法,如常见的规范公式法。这一方法的特点是基于严密的理论分析和工程经验修正,当经过足够的数据积累和经验修改后,这一方法能够具有较好的工程精度和很高的计算效率。但是当设计超出以往经验时,这一方法可能带来一定的误差甚至出现不适用的情况。

② 基于学科理论数值化的精细建模方法,例如结构分析中的有限元模型和流体分析中的 CFD 模型等。这一方法基于当前工程对象进行数值离散化,然后经过精细的计算对工程实际对象进行仿真,因此这一方法通常具有最好的精度。但是数值仿真通常需要消耗大量的计算资源,在普通的设计工作站上需要耗费大量时间。在这一方法中要实现参数化建模和分析需要设计人员不仅懂得本系统的知识,还要具备较强的编程能力。当设计发生较大的变动时,可导致现有的参数化模型失效,例如当设计变动导致结构的拓扑发生改变时,船体、飞机框架等大型复杂结构的有限元模型很难实现自动建模。

③ 基于数据库的对比与插值法,如船型分析中的母型船法等。这一方法不具备严格的学科理论支撑,直接建立在以往积累的设计数据库之上,简单高效。缺点是需要大量的经验数据支撑,且当设计超出数据库范围时将不再适用。

(2) 设计流程建模(系统建模)。

根据各个子系统之间的参数传递情况建立整个系统的关系图,而后通过分层、解耦、近似等方法重新组织各个子系统并建立新的系统关系图,使得系统设计流程并行化和流水线化,这些对系统进行重新组织的各种方法被称为多学科设计优化方法。重组后的系统进行数轮测试性设计流程后可分析整个系统的关键节点(耗时大的子系统分析),然后通过采用低精度模型、建立近似模型等方法降低计算量。当整个系统顺利运行后还可能遇到优化不收敛、变量过多等问题,需要采用新的方法进行系统重组或者通过敏感度分析将对系统指标影响不大的设计变量常数化。

多学科设计优化方法就是对系统进行重新组织的方法,同时也可以看成是对子系统之间数据传递的处理方法。很多时候是以缩小本子系统计算得到的耦合变量与从总系统传递下来的耦合变量的差别为目标函数,即子系统的优化是围绕总系统的优化进行的,而不是只考虑本子系统内的。有关这些方法的原理及详细过程可参阅潘彬彬和崔维成的相关著作[17]。

2) 多学科设计优化的关键技术

如果深入研究前面提到的几种常用的多学科设计优化方法,可以发现这些多学科设计优化方法的核心都是解耦和近似。多学科设计优化问题的成功解决除了取决于采用合适的多学科设计优化方法进行建模外,还取决于优化求解器对设计空间的搜索能力(即求优能力)。因此,本节将解耦、近似和设计空间搜索划定为多学科设计优化的关键技术,分别进行深入介绍,试图使得工程设计人员在熟练掌握这三个关键点之后可以按照具体问题的特点建立合适的多学科设计优化模型并求解,而不必局限于前文所述的方法。

(1) 解耦。

这里的解耦指的是一种通过引进辅助设计变量和一致性约束解除子系统间耦合的方法,在 AAO、IDF、CO 和 ATC 中都可以看到其应用。

以如图 3.7 最简单的包含两个耦合子系统的问题为例,子系统 1 在计算耦合变量 y_{12} 时除了要从系统层获得设计变量 x_1 外还需要从子系统 2 得到耦合变量 y_{21},而子系统 2 要计算耦合变量 y_{21} 除了设计变量 x_2 外又反过来需要从子系统 1 得到耦合变量 y_{12},从而陷入了逻辑上的死循环。

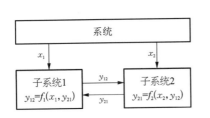

图 3.7　双耦合子系统问题

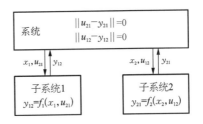

图 3.8　解耦后的双子系统问题

解决这一死循环的方法除了 MDF 中使用的假定耦合变量初始值然后进行数值迭代,另一种方法就是解耦法。如图 3.8 所示,在系统层增加两个辅助变量 u_{21} 和 u_{12} 分别代替耦合变量 y_{21} 和 y_{12} 作为子系统 1 和子系统 2 的输入变量,将两个子系统计算后得到的耦合变量 y_{12} 和 y_{21} 的值返回系统层,然后在系统层进行辅助变量和耦合变量值一致性的协调,即一致性约束 $\|u_{12}-y_{12}\|=0$ 和 $\|u_{21}-y_{21}\|=0$。当一致性约束得到满足时,意味着辅助变量等于耦合变量,则以辅助变量代入的各个子系统计算值等于以耦合变量直接代入计算的值,这一过程转移了子系统 1 和子系统 2 之间的依赖关系,即解耦。

其中一致性约束也称兼容性约束,用于保证新引进的辅助变量和对应变量计算值之间的一致性。一致性约束条件增加了系统层优化过程中的等式约束条件的数目,而对于实际工程问题,等式型的一致性约束条件很多时候显得过于严格,因此通过引进小的残差 ε 将一致性约束条件转化为不等式约束的形式,例如等式型一致性约束条件 $\|y^{\mathrm{u}}-y\|=0$ 可以转化为不等式形式:

$$\|y^{\mathrm{u}}-y\| \leqslant \varepsilon \tag{3.1}$$

解耦方法的优点是解除了子系统之间的依赖关系,使得各个子系统之间互相独立,从而可以并行计算,提高计算效率。缺点是增加了设计变量和约束条件的数目,增加了优化算法的求解难度,而且解耦引进的一致性约束条件还可能使得优化问题不满足 KKT 条件,使得基于梯度的高效的优化算法失效,这时就需要采用一些数学技巧来进行目标函数和约束条件的处理。

(2) 近似技术。

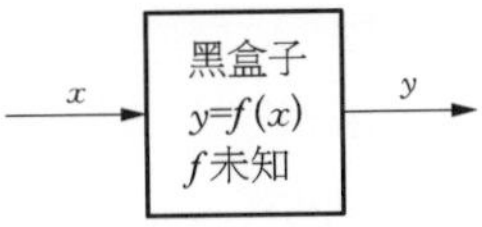

近似技术就是基于已有的数据建立数据之间的近似关系。如图 3.9 所示,一个黑盒子,只要给盒子一个输入 x 即可得到一个输出 y,但是黑盒子中的函数关系 f 不可知。为了探索黑盒子内输入和输出之间的函数关系,给定大量输入 $[x_1,\ x_2,\ \cdots,\ x_n]$,通过黑盒子计算之后得到对

图 3.9　近似对象

应的输出 $[y_1, y_2, \cdots, y_n]$，假定函数 f 为某种系数待定的函数，例如最常用的响应面近似技术中假定 f 为系数待定的二次函数，然后基于最小二乘法等方法由已知的 x 和 y 数据点代入假定的函数中可以反求出待定系数，于是就得到了一个 f 的近似函数。

在工程设计中，黑盒子中的函数 f 即设计的模型，因此近似技术经常又被称为代理模型或者近似模型技术。对于多学科设计优化问题，由于存在状态变量和设计变量、耦合变量和设计变量、耦合变量之间等多种关系，因此近似技术有广泛的应用对象：用于近似子系统内状态变量和设计变量之间的关系时常称为局部近似；用于近似子系统间耦合变量和设计变量之间的关系时常称为中间近似；用于近似系统级指标与设计变量之间的关系常称为全局近似。

近似技术除了用于建立未知的函数关系外，在有些多学科设计优化问题中，子系统的模型虽然已经比较明确，但是由于精细模型的计算需要消耗大量计算资源，使得多学科设计优化问题的优化过程耗时过大甚至变得不可能，这时近似模型也被用来代替精细模型，快速获取优化设计点，然后再通过精细模型验证。此外，有些学科分析工具虽然已经发展到较成熟的阶段且在工程设计中得到广泛应用，但是由于这些专业学科工具在设计之初没有考虑与其他软件的连接，编程困难使得这些专业学科工具不能集成到优化框架中。可以将这些专业学科工具当成黑盒子，基于这些黑盒子分析得到的试验点数据建立近似模型，然后在优化框架用近似模型代替这些专业学科工具，从而实现专业学科工具的间接集成。

综上，近似技术包含三个步骤：第一步，获取足够的输出-输入数据点；第二步，选用合适的近似模型；第三步，确定近似模型中的系数，并进行近似精度验证。第一步是近似技术的基础，获得黑盒子的输入输出数据点的过程即为对黑盒子进行试验的过程，而如何安排试验以最少的试验次数反映输出变量随输入变量变化的趋势的技术被称为试验设计。在获得数量足够且分布合理的数据点后，可以选用不同的近似模型对这些数据点进行回归分析，确定近似模型中的参数，然后在第一步已知的数据点处计算近似模型的输出并与已知点比较，验证近似模型的精度，有时还需要在新的设计点处校核近似模型和原黑盒子的差别。

（3）设计空间搜索。

在多学科设计优化模型建立后，需要对设计空间进行探索以寻找优化设计方案，这一过程被称为设计空间搜索或者最优化求解。随着问题复杂度和设计空间的增加，大部分多学科设计优化问题的优化设计方案通常不能由人工猜测得到，而需要通过设计空间搜索方法求解。设计空间搜索方法的能力（找到全局最优点的能力）和效率（寻找到最优点的速度）很多时候甚至决定多学科设计优化成败的关键。

在使用多学科设计优化方法对多学科设计优化问题进行合理组织之后，系统级、各个子系统的优化问题和传统优化问题本质上是一样的，只是设计空间维度更多，求优复杂度更高而已，因此设计空间搜索方法大多沿用传统优化的各种求优方法；而随着多学科设计优化在实际工程问题中的应用，也反过来刺激了新的方法诞生。

传统优化的数学模型可统一表达为：

$$\min \quad f(x)$$
$$\text{s. t.} \quad g_j(x) \leqslant 0 \ (j=1, 2, \cdots, m)$$
$$h_k(x) = 0 \ (k=1, 2, \cdots, l)$$
$$x = (x_1, x_2, \cdots, x_i, \cdots, x_n)$$
$$x \in [x^l, x^u]$$

$$(3.2)$$

其中有三个优化的基本概念：

(1) 设计变量 x。x_i 为设计变量的一个分量。

(2) 目标函数 f。$f(x)$ 表示目标函数是设计变量 x 的各个分量的函数。目标函数是在设计过程中预期要达到的目标,如性能、质量、体积、成本、收益等。如果需要达到的设计目标只有一个,这个优化问题就称为单目标优化;而如果目标函数在两个或以上,这个优化问题就称为多目标优化。对于多目标优化问题,通常也是通过加权等方式处理成单目标优化问题后才进行求解的。

(3) 约束条件。约束条件是指设计过程中对设计变量取值的限制条件,如设计变量的下限 x^l 和上限 x^u 等;对设计变量的间接限制称为隐约束,例如 $g_j(x) \leqslant 0 \ (j=1, 2, \cdots, m)$ 的 m 个约束是通过对设计变量的函数 g_j 施加的。此外,根据约束条件的限制还分为不等式约束条件 $g_j(x) \leqslant 0$ 和等式约束条件 $h_k(x) = 0$。

多学科设计优化问题的系统级优化和子系统级优化通常也能表达为式 3.2 的优化模型,因此式 3.2 的优化模型具有普遍性,求解该模型的各种算法就是我们常说的优化算法或求优算法。从设计变量的定义可以知道求优化点的过程本质上也就是对设计空间进行搜索的过程,因此本书将求解优化设计方案的过程统称为设计空间搜索过程。

最早的设计空间搜索方法是解析法,它是最准确高效的方法。但是实际工程问题的函数通常较复杂且不能表达为设计变量的显示表达式,这时只能采用基于计算机的数值解法。这方面的数学专著[17]也很多,在此就不作深入介绍了。

3.5　潜水器设计的可靠性方法

如何确保或提高潜水器作业过程中的安全可靠性是潜水器研制过程中一个十分重要的问题。科学发展至今,人类已经能利用现有的知识进行各种复杂的工程设计。但是,人们目前所掌握的知识还不能够解释工程设计中遇到的所有问题,很多时候掌握的知识甚至可以说是很不充分的,某些现象还没有很好的理论给予解释,现有的理论都是基于一定的简化和假设,所以描述工程问题的理论不可避免地包含近似和不确定性,即理论不确定性。除了理论描述,工程设计中还经常通过模型试验等手段来进行测试和类比,而试验模型不可能完全模拟真实工程结构本身及其工作环境,而且试验过程的测量存在着环境、仪器、人为等多种因素造成的不确定性,当人们试图按照试验获取的数据设计真实工程结构时,将不可避免地包含近似和不确定性,即试验和测量不确定性。工程结构所用材料的化学成分和微观组织也不可能被完全控制,材料内部不可避免地存在着各种微小的缺陷,所以材料的宏观性能也包含不确定性;即使材料制备好之后,材料的切割、冲压、机加工、焊接等制造工艺也会导致尺寸偏差、残余应力等不确定性,即工程结构的制造、加工也存在不确定性。此外,工程结构的工作环境往往存在着各种不确定因素,例如在船舶与海洋结构物设计领域,工程结构物需要承受水压力、风、浪、流、雨、雪、冰、腐蚀等各种环境载荷,而海洋环境气候和水文条件变化多端,是这些载荷典型的不确定性现象。

面对这些客观存在的不确定因素,工程结构物能否在使用期内保证安全可靠不仅关系到社会、单位和个人的经济和信誉,更重要的是很多时候还关系到人的生命安全和社会的稳定。尤其是随着地球环境的不断恶化,极端气候越来越频繁出现,即使科学技术最发达的美国,在面对"桑迪"这样的超级飓风时也无可奈何。因此,如何确保大型复杂工程结构物在设计寿命期内的安全可靠性,是工程技术人员需要面对的重大技术问题。

工程系统的可靠性研究始于第二次世界大战(简称二战)后美国航空的电子行业,随后逐步扩展至核能、机械、电力、交通等行业。随着世界经济的发展,工程结构的数量和规模正以前所未有的速度快速增长,随之而来的工程事故也越来越多,后果也越来越严重。近几年,国内外相继发生了核电站泄漏、飞机坠毁、钻井平台漏油、高层建筑突然坍塌、高速铁路列车追尾相撞等重大事件,导致工程结构的可靠性引起全社会的关注。工程结构的可靠性研究除了要开展对现有工程结构的可靠度评估外,更重要的是在工程设计阶段就要保证设计可靠度,从而使得可靠性贯穿于工程结构物的概念、图纸到实物的每一阶段,这样的设计方法称为基于可靠性的设计方法(RBD)。

工程产品的可靠性和产品研制过程中的设计、制造、装配、管理等都息息相关,其中设计对工程产品的可靠性起着决定性的作用,对后续的制造、装配、管理等起着保证产品达到设计的可靠度水平的作用,所以可靠性研究最主要的内容集中于考虑不确定性信息的设计,目前基于可靠性的设计可以分为以下三类:

(1) 鲁棒设计优化(robust design optimization, RDO),主要研究的工程系统函数是工程产品设计优化模型的目标函数,目的是找出使得工程产品的目标函数(设计中,目标函数通常取为设计追求的性能指标,这些指标通常不是安全性等硬性要求)对不确定因素导致的干扰最不敏感的设计方案。

(2) 基于不确定性的设计优化(uncertainty based design optimization, UBDO),主要研究不确定因素对工程产品设计优化模型的约束函数(设计中,约束函数通常指必须达到的要求或指标,例如涉及安全的应力水平要求、关键性能要求等)的影响,目标函数中不确定变量值取其期望值(均值)代入计算。

(3) 6 西格玛稳健设计,同时研究不确定因素对约束函数和目标函数的影响,适用于对可靠性和稳健性要求很高的工程产品的设计,将通常的工程产品的 $\pm 3\sigma$ 设计扩展至更严格的 $\pm 6\sigma$,该方法中对约束函数的处理与 UBDO 中可靠度指标取 $\beta = 6\sigma$ 类似,而目标函数取原目标函数的均值和方差的加权和,权系数需人为指定,因此 6 西格玛稳健设计可看成约束函数的可靠度要求更高且目标函数经过改写后的 UBDO。

可见,上述三类 UBD 的目的不同:RBO 注重于提高目标函数的抗干扰能力;UBDO 目的是确保不确定信息导致的约束函数扰动不超过许可范围(即约束条件得到可靠的满足),同时尽量优化目标函数的均值;6 西格玛稳健设计既注重约束函数的可靠,也试图提高目标函数的抗干扰能力。

载人潜水器设计一般都对结构安全和硬性功能指标提出明确的要求,即重要指标均作为约束条件,所以载人潜水器的可靠性设计应该归入 UBDO 问题。本节将主要介绍 UBDO 的相关问题,而不再展开介绍 RBO 和 6 西格玛稳健设计。但是这三类可靠性设计方法用到的技术和研究内容是基本相同的,这些研究内容(即不确定设计的共性技术)可以分为以下三个主要部分:

① 不确定信息描述理论;

② 可靠度评估;

③ 不确定优化。

不确定信息描述理论是描述、处理不确定信息的理论体系,是可靠性设计的基础;可靠度评估方法用于计算各个设计方案的可靠度,是可靠性设计的工具;将不确定理论和可靠度评估方法集成为不确定优化模型后,需要采用不确定优化进行求解,最普遍的做法是将不确定约束条件转化为确定性约束条件,从而可以采用确定性优化算法求解,但是由于不确定信息的存在,优化模型的扰动性较大,可能导致传统确定性优化算法难以收敛,且将不确定约束条件转化为确定性约束条件的方法可以不同,这些约束转化方法也将看作不确定优化的研究内容。

工程系统或产品的可靠性是指在规定的条件下和规定的时间内,完成规定功能的能力。在设计阶段,工程系统的规定功能往往可表示为输入变量 X 的函数,该函数通常被称为状态函数 $g(X)$,由状态函数值的大小来判断工程系统的功能是否能够满足设计规定。

过去常用的判断逻辑是二值逻辑(binary logic):如果工程系统能够满足设计规定的功能要求,则称该系统"可靠";反之则称为"失效"或者"不可靠"。通常把工程系统可靠与否按照状态函数的零点划分:

$$\begin{cases} 可靠: g(X) \geqslant 0 \\ 失效: g(X) < 0 \end{cases} \tag{3.3}$$

二值逻辑的判断函数也称为示性函数,也可改写为:

$$I(g(X)) = \begin{cases} 1 & 当 \ g(X) < 0 \\ 0 & 当 \ g(X) \geqslant 0 \end{cases} \tag{3.4}$$

可见二值逻辑中,状态函数 $g(X)$ 在极限状态处被划分为两个截然不同的区域,见图 3.10a,而在极限状态附近状态函数值往往并没有本质的差异,这一突变不符合工程实际,因此人们提出应该避免该突变,而用平缓过渡的逻辑来进行判断。多值逻辑通过将系统的功能指标取值范围划分为多个区间,例如常用的 5 值逻辑中,系统状态不是简单地划分为可靠和失效,而是划分为优、良、中等、差、很差 5 个状态。多值逻辑的判断函数依然不是完全光滑的,在各个区间的分界处依然存在突变,见图 3.10b,但如果功能指标取值范围划分的区间足够多,则可以认为判断函数的过渡足够光顺,就如数学中用多折线近似光滑曲线。模糊逻辑是通过引入光滑的隶属函数来进行判断,见图 3.10c,但是如何选取合适的隶属函数目前还没有很统一的方法。迄今为止,广泛应用于实际工程设计的可靠度判断逻辑依然是二值逻辑,随着计算机技术的发展,人们已经越来越有能力处理模糊逻辑的问题。

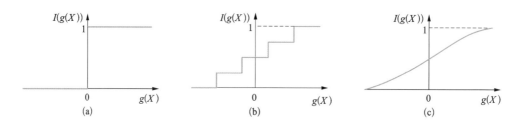

图 3.10 不同判断逻辑的示性函数示例

(a) 二值逻辑;(b) 多值逻辑;(c) 模糊逻辑

可靠度分析与不确定变量的不确定描述理论紧密相关,不确定变量 X 用不同的不确定理论来描述时,系统状态函数 $g(X)$ 的可靠度分析方法也不相同。如果不确定变量用概率论描述为随机数时,可靠度分析称为概率可靠度分析;而当不确定变量用模糊理论描述为模糊数时,可靠度分析称为模糊可靠度分析;不确定变量描述为区间数时,通常采用顶点分析法进行区间分析。有关这些设计过程的数学建模完成后,求解可靠性的方法已经成熟,可参见潘彬彬和崔维成的专著[17]。

参考文献

[1] Busby R F. Manned Submersibles[M]. The Office of the Oceanographer of the Navy, 1976.

[2] 朱继懋. 潜水器设计[M]. 上海:上海交通大学出版社,1992.

[3] 张铁栋. 潜水器设计原理 [M]. 哈尔滨:哈尔滨工程大学出版社,2011.

[4] 崔维成,马岭. 潜水器设计中所要解决的水动力学问题[C]//第九届全国水动力学学术会议暨第二十二届全国水动力学研讨会论文集,2009.

[5] Cui W C, Wang F, Pan B B, et al. Chapter 1 Issues to be Solved in the Design, Manufacture and Maintenance of a Full Ocean Depth Manned Cabin, in Advances in Engineering Research [M]. Nova Science Publishers, 2015.

[6] 黄胜. 船舶推进节能技术与特种推进器[M]. 哈尔滨:哈尔滨工程大学出版社,2007.

[7] 崔维成,刘正元,徐芑南. 大型复杂工程系统设计的四要素法[J]. 中国造船,2008,49(2):1-12.

［8］　刘正元,顾建明. 系统四要素［J］. 华东工学院学报,1992,6：61-64.

［9］　王振国,陈小前,罗文彩,等. 飞行器多学科设计优化理论与应用研究［M］. 北京：国防工业出版社,2006.4.

［10］　Sobieszczanski-Sobieski J, Haftka R T. Multidisciplinary aerospace design optimization：survey of recent developments［C］. 34th AIAA Aerospace Sciences Meeting and Exhibit, Nevada, AIAA Paper, 1996, 96-0711：32.

［11］　Schrage D, Beltracchi T, Berke L, Dodd A, et al. Current State of the Art on Multidisciplinary Design Optimization［M］. An AIAA White Paper, 1991.

［12］　Sobieszczanski-Sobieski J. A linear decomposition method for optimization problems — Blueprint for development［J］. Acta Anatomic, 1982, 113(1)：53-60.

［13］　李响,李为吉. 多学科设计优化方法及其在飞行器设计中的应用［D］. 西安：西北工业大学,2003.

［14］　Sobieszczanski-Sobieski J. Multidisciplinary Design Optimization：An Emerging New Engineering Discipline［G］. World Congress on Optimal Design of Structural Systems. Kluwer, 1993.

［15］　Giesing J P, Barthelemy J M. A Summary of Industry MDO Applications and Needs［M］. 7th. An AIAA White Paper, AIAA/USAF/NASA/ISSMO Symposium on Multidisciplinary Analysis and Optimization, 1998.

［16］　Padula S L, Alexandrov N, Green L L. MDO Test Suite at NASA Langley Research Center［M］. AIAA Paper 96-4028, 1996.

［17］　潘彬彬,崔维成. 多学科设计优化理论及其在大深度载人潜水器设计中的应用［M］. 杭州：浙江科学技术出版社,2018.

［18］　Neu W L, Hughes O, Mason W H, et al. A prototype tool for Multidisciplinary Design Optimization of ships［C］// Paper of Ninth Congress of the International Maritime Association of the Mediterranean, Naples, Italy, 2000.

［19］　卜广志,张宇文. 鱼雷总体设计中的多学科设计优化［J］. 水中兵器,2001(2)：1-6.

［20］　Besnard E, Schmitz A, Hefazi H, et al. Constructive neural networks and their application to ship multidisciplinary design optimization［J］. Journal of Ship Research, 2007, 51(4), 297-312.

［21］　操安喜,赵敏,刘蔚,等. 多学科设计优化方法在潜艇概念设计中的应用研究［J］,船舶力学,2007, 11(3)：373-382.

［22］　刘蔚,操安喜,苟鹏,等. 基于 BLH 框架的大深度载人潜水器总体性能的多学科设计优化［J］. 船舶力学,2008,12(1)：110-117.

［23］　赵敏,崔维成. BLISCO 方法在载人潜水器设计中的应用［J］. 船舶力学,2009,13(2)：259-268.

［24］　姜哲,崔维成,黄小平. 多学科设计优化在桁架式 SPAR 平台概念设计中的应用［J］. 船舶力学, 2009,13(3)：444-457.

［25］　姜哲,崔维成,黄小平. 基于响应面的可变复杂度方法在桁架式 SPAR 平台方案设计中的应用［J］. 船舶力学,2010a,14(7)：771-781.

［26］　Jiang Zhe, Cui Weicheng, Huang Xiaoping. Application of multidisciplinary design optimization in the Truss Spar concept design［C］//Proceedings of the ASME 29th International Conference on Offshore Mechanics and Arctic Engineering — OMAE2010, v1, 2010b, 91-99.

［27］　Liu Wei, Cui Weicheng. Multidisciplinary Design Optimization (MDO)：A promising tool for the design of HOV［J］. Journal of Ship Mechanics, 2004, 8(6)：95-112.

［28］ 刘蔚,苟鹏,操安喜,等. 两层分级多学科设计框架在 AUV 的总体设计中的应用[J]. 船舶力学, 2006,10(6)：122 - 130.

［29］ 刘蔚,操安喜,赵敏,等. 两层分级多学科设计优化在 AUV 概念设计中的应用[J]. 中国造船, 2008,49(4)：88 - 98.

［30］ Zhao Min, Cui Weicheng. On the development of Bi-Level Integrated System Collaborative Optimization[J]. Structural and Multidisciplinary Optimization, 2011, 43(1)：73 - 84.

［31］ Zhao Min, Cui Weicheng, Li Xiang. Multidisciplinary design optimization of a human occupied vehicle based on Bi-level integrated system collaborative optimization［J］. China Ocean Engineering, 2015, 29(4)：599 - 610.

［32］ 操安喜. 载人潜水器多学科设计优化方法及其应用研究[D]. 上海：上海交通大学,2008.

［33］ 操安喜,崔维成. 潜水器多学科设计中的多目标协同优化方法[J]. 船舶力学,2008,12(2)：294 - 304.

［34］ 赵敏,崔维成. 载人潜水器概念设计中的系统集成模型[J]. 船舶力学,2009,13(3)：426 - 443.

［35］ Gou P, Cui W C. Application of collaborative optimization in the structural system design of underwater vehicles[J]. Ships and Offshore Structures, 2010, 5(2)：115 - 123.

第4章　载人潜水器的总布置设计与总体性能分析

载人潜水器的总布置设计与总体性能分析是潜水器设计中的重要工作之一。总布置设计是总揽全局性的工作,不仅涉及潜水器的各个方面,也贯穿整个设计阶段。总布置设计工作不仅是一项具体的、进行各系统布置的设计工作,更是一项平衡各系统间矛盾、协调各部分设计指标,以达到设计任务要求的综合性工作。

潜水器的总体性能分析与总布置设计是相辅相成的。一方面,总体性能指标的要求是总布置设计的"输入条件",总布置设计要满足总体指标的要求;另一方面,总布置设计的好坏决定了总体性能的优劣。因此,在本章中将介绍潜水器的总布置设计及总体性能分析和计算相关的一些内容,并简要介绍大深度载人潜水器水动力外形优化的相关知识。

4.1　潜水器的总布置设计

总布置的好坏直接决定着潜水器的总体性能、操作便利性和可维护性,可以说潜水器设计的成功与否取决于总布置设计的水平。总布置设计介于技术和艺术之间,既需要考虑总体性能、设备位置需要、部件干涉情况、重心浮心平衡等工程技术因素,也要兼顾外观造型、人体工学等艺术因素。总布置设计遵循的主要原则可归纳为以下几点。

(1) 安全可靠第一。总布置要考虑各种情况下人员和设备的安全和可靠运行,提高应急情况下的自救和被救能力。

(2) 潜水器整体和各项设备的性能发挥最优化,同时保证各项设备的安装需求得到满足。例如,声学信标要布置在潜水器顶部才能具有良好的声学信号。

(3) 满足潜水器的均衡要求。保证潜水器的静力学和动力学平衡,同时要有足够的浮心高。

(4) 在满足性能的条件下尽量布置紧凑。在保证设备不会互相干涉和影响,而且保证设备操作性和维护性的情况下,充分利用空间,降低潜水器的尺寸和重量。

(5) 符合人体工学。总布置设计要考虑潜水器驾驶员和乘客、操作人员、维护人员甚至辅助人员的操作便利性和舒适度。

(6) 外观美型。潜水器外形布置要线条优美、色彩协调,具有科技感和工业感。

(7) 预留备用空间。为潜水器的改进升级和调整预留一定的载荷和安装空间。

随着三维设计软件的普及,现代潜水器设计大多已经采用三维模型直接布置代替二维总布置草图,这从空间布置上更加合理准确,但是也需要在方案设计阶段就获得足够多的部件和设备信息。

总布置设计贯穿潜水器研制的方案设计、技术设计、详细设计、总装联调直至海上试验整个过程,甚至后期的维护、调整和更新也要基于总布置图纸。在不同阶段,总布置设计的任务和工作内容也有所不同。

1) 方案设计阶段

在方案设计阶段,首先对载人潜水器进行任务使命细化和功能实现分析,了解载人潜水器作业的环境,估计可能出现的工况,结合潜水器各分系统的能力,提出完成潜水器任务和使命、实现潜水器功能的途径和方法,以此作为各分系统内容和技术指标的依据,这一部分的重点在于确定潜水器的任务使命和深海环境参数,依照不同运行特点,按先后顺序将潜水器的运行全过程划分为准备、布放、下潜、巡航、作业、上浮、回收和维护八个阶段,逐个进行分析,作为各分系统设计的指导。

参照相近的母型潜水器资料,根据初步估算的排水量、重量、初步选定的各种部件和设备、结构型式等参数,进行第一轮总布置设计。布置的目标是使各系统能够有效运转,形成一个能够完成规定使命和任务的整体,并在设计过程中考虑到潜水器建造和维护的方便。第一轮总布置就要初步指定各部件的安装位置,分配重量和体积指标,明确安装接口,从而进行重量、重心、浮力和浮心的计算。舱内总布置在方案设计阶段需要明确载人舱内配备几名驾驶员,指定各人的位置和责任,然后对于舱内的电气设备,依据乘员操作方便进行规划。

2) 初步设计阶段

初步设计阶段总布置的任务是在方案设计的基础上,以潜水器的安全性、实用性和可靠性为前提,根据性能优化的要求和结构设计的需要,对方案设计做少量的调整,使布置的结果更趋向合理,进一步对潜水器的性能进行优化。

在初步设计阶段,总布置的设计应继续坚持功能模块化和结构分块化的设计思想,为了优化性能、简化结构和方便使用,可以做一定的改动,但是要基本保持方案设计总布置的面貌。

以某大深度载人潜水器为例,经过初步设计,用于无动力下潜、上浮的可弃压载的安装位置改为艏部舷侧,分下潜和上浮两组共四块,总重量增加到 1.3 t,这无疑加快了潜水器下潜和上浮的速度,改变了潜浮运动的姿态和路径,潜水器重量分布和姿态计算等也需要相应调整,使这项改动对潜水器总体性能和其他系统的影响降到最低,从而真正起到优化潜水器性能的作用。再比如载人舱两个舷侧观察窗之间的夹角从 90°增加到 100°,这项改动优化了舱内的空间利用,减少开口过于集中对耐压壳体结构强度的不利影响。载人舱后面的贯穿件盘方向改为向后下 30°,这样的布置更方便贯穿件的维护,还可以获得宝贵的潜水器艉部上方浮力块布置空间。

由于潜水器下潜和上浮的姿态改变,原来的压载水箱位置会导致潜水器在水面有很大的纵倾,需要动用纵倾调节分系统移动大量的水银来调节潜水器水面的固有纵倾;另外,原来的压载水箱布置和框架冲突,被划分为多个小水箱,水面吹除的难度很大,而且安装很困难。初步设计过程中,在压载水箱容积不变的前提下,压载水箱的位置相对于方案设计前移,将压载水箱直接和潜水器的框架焊接。虽然压载水箱的加工工艺要求提高,重量比方案设计有较大的增加,但总体来说,潜水器的使用特性得到了提升。

类似这样的更改还有,艉纵倾调节罐较方案设计向上移动,直接安装到框架艉部分段钛合金圆管的上面,这样的更改对潜水器稳性的影响很大,但是对框架的设计有利,降低了纵倾调节罐基座设计的难度和重量,而且这样的改变可以使纵倾调节水银在较大的纵倾条件下顺利抛弃。为了使可能在同一时间内工作的换能器之间距离足够大,除在潜水器的中纵剖面布置各种声学换能器外,将前上、前下、向上、后下四个避碰声纳换能器布置在潜水器的左舷。

潜水器的重量计算表明,初步设计阶段该潜水器的最大空气中起吊重量达 24 t;水面稳心高 0.13 m;潜水员集中一舷时潜水器的横倾角 1.4°;可以保证潜水器在水面的横倾不会超过 60°;在潜水器艏部迎风的状态下,受风面积小,纵稳心半径大,所以潜水器在水面的纵倾不超过 60°;重心和浮心的垂向最小距离为 0.113 m;考虑了压载水箱的最大自由液面影响后,重心和浮心的垂向最小距离为 0.044 m,说明潜水器在潜入海面的过程中不会发生负的稳心高的危险状况;潜水器在水下巡航时,按潜水器水密部件计算时重心与浮心垂向坐标距离为 0.1 m。各种工况下,潜水器的姿态正常,保证了设计指标的实现。

在初步设计阶段,对于新开发的潜水器,应开展了 1∶1 总布置模型的试制。通过试制,可以达到以下几个目的:首先是为设计工作提供一个直观可视化的平台,为各系统之间接口协调提供可靠依据;取得了框架加工的原则工艺,为下一步绘制框架的施工设计图纸提供了可靠保证;实现总布置的优化,充分利用潜水器内部空间,使设备布局更趋合理,保证设备布置与框架结构的一致性,明确设备的安装位置、安装支架、拆卸流程和维护操作空间。

3)详细设计阶段

总布置详细设计是在初步设计的基础上对部件的安排更加细化,通过与其他系统的充分协调,进一步优化潜水器的性能。

在详细设计阶段,侧重于对潜水器作业目标区域的特征进行调查和分析,对潜水器的操作规程进行修订,对人员的组织分工、操作内容和潜水器的特定使命任务进行比较详尽的说明。

详细设计阶段仍然存在小范围的更改,例如某大深度载人潜水器,从提高水动力性能的角度考虑,两侧稳定翼的夹角由以前的 80° 更改为 88°。浮力块的总体积数在满足总布置详细设计需要和保证潜水器外形的基础上,增加可以双向调节的裕度,为潜水器的均衡做好准备。由于浮力材料密度的变化,这个阶段潜水器的空气中最大起吊重量为 22 t,较初步设计有很大的减少;潜水器水面稳心高 0.152 m;潜水员集中一舷时潜水器的横倾角 1.3°;在水面情况下,可以保证潜水器在水面的横倾不会超过 60°;在潜水器艏部迎风的状态下,受风面积小,纵稳心半径大,所以潜水器在水面的纵倾不超过 60°;重心和浮心的垂向坐标之间的距离最小为 0.14 m;考虑了压载水箱的最大自由液面影响后,重心和浮心的垂向坐标最小距离为 0.07 m;潜水器在水下巡航时,按潜水器水密部件计算时重心与浮心垂向坐标距离为 0.1 m,自由液面对水下稳心高影响可忽略不计,满足稳心高约 0.1 m 的指标。潜水器在各种工况下的姿态预报表明,潜水器的安全性可以得到保证。

在详细设计阶段,应完成潜水器的称重均衡试验大纲和安装维护说明书,对下阶段的工作有指导作用。

4）建造阶段

在潜水器总装过程中,总布置设计主要是称重、安装接口协调等工作,测量总装后潜水器的主尺度和重量,保证满足任务书的要求。

5）调试阶段

在调试阶段,总布置部分的工作主要是监督潜水器主要部件的压力考核,对设备进行称重,完成潜水器调试阶段的重量、重心、浮力和浮心的统计和预报。此外,还将配合控制系统测量各种运动参数和控制参数,为控制程序提供初始参数和相关系数。

6）水池试验阶段

在水池试验阶段,开展潜水器在淡水环境下的称重和均衡试验,进行试验室条件下的最大起吊力测试,调整潜水器内部的重量和浮力的分布,保证潜水器的重量、重心、浮力、浮心、稳性、干舷以及各种工况下的姿态安全性等指标均满足设计要求。

7）海上试验阶段

在海上试验阶段,总布置的工作主要是配合潜水器海上试验的需要进行载荷的调配以及相应参数的测量。同时,根据潜水器在海水中的实际性能对均衡计算表格和控制参数进行修正。

4.2　潜水器的总体性能分析

潜水器的总体性能分析主要包括了线型与阻力、操纵性、无动力潜浮运动等内容,这些性能指标是一台潜水器的固有特征,由潜水器的总布置、主尺度、线型等固有参数所决定。潜水器的水动力性能不仅决定着其在海上作业中能否正常工作,机动性能如何,也影响了潜水器所需提供能源的容量以及使用成本。

总体性能包括的内容参见图 4.1 所示,包含以下几点。

（1）线型与阻力:主体线型设计,提供主体型线图和型值表;附体形状设计建议;通过模型试验,进行潜水器各方向阻力和有效功率的预报。

（2）操纵性:推力器及舵翼布局及设计、拘束模型操纵性试验(风洞、旋臂水池)、建立潜水器六自由度运动数学模型、确定潜水器操纵运动水动力系数、操纵性预报和评估。

（3）无动力潜浮运动:无动力下潜、上浮运动性能分析、水池模型试验、建立潜水器下潜、上浮运动稳态数学模型,进行计算机数值仿真;确定下潜、上浮的压载重量和位置;对下潜、上浮运动的稳态速度、稳态纵倾角以及回转速度大小做出预报;下潜、上浮、抛载后的运动特性分析。

潜水器的总体性能分析工作一般通过经验公式、数值分析、模型试验以及海上试验等手段。另外,根据潜水器类型和应用需求的不同,水动力性能研究的重点又有所差别。例

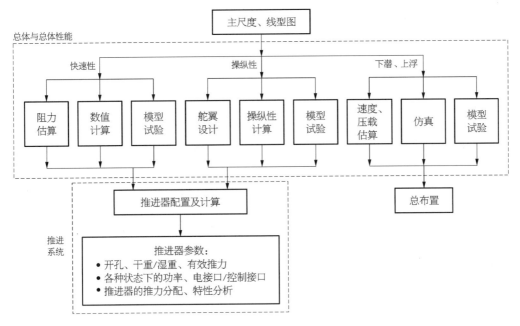

图 4.1　总体性能分析所包含的内容及与相关系统间关系

如,AUV 线型优化和阻力性能分析是 AUV 研究的重点工作,直接决定了它的使用、效能和航程;而对于 ROV 或者大部分的 HOV 来说,其线型设计是以设备布置为引导的,导致线型和阻力优化的重要性远不如 AUV。

考虑到不同潜水器设计时水动力性能的分析侧重会有所不同,而载人潜水器所涉及的内容相对比较全面。因此,在本节中将以大深度载人潜水器为重点,介绍水动力性能分析内容,对于 AUV、ROV 与载人潜水器的区别之处再予以特别阐述。

4.2.1　各阶段研究任务

潜水器水动力设计阶段的划分与潜水器总的设计阶段划分一致,一般可分为 2～4 个设计阶段[1],即方案设计、初步设计、详细设计(至施工设计的深度)以及总装、调试和海上试验。下面以载人潜水器为例,介绍各阶段总体性能的研究任务。

1) 方案设计阶段

在载人潜水器的方案设计阶段,总体性能和总布置设计首先要做的是在方案论证的基础上,明确潜水器的主要技术指标,为其他分系统启动设计工作指明方向,提供指导。

方案设计前,针对论证阶段提出的潜水器外形,制作缩尺比模型,在拖曳水池或风洞内进行阻力试验,为潜水器水动力外形设计以及推进系统设计提供初步的试验数据。与此同时,通过拘束模型试验或风洞试验进行操纵性模型试验,测定操纵性水动力系数,为潜水器运动稳定性评估分析以及操纵性设计提供技术依据,同时也为水动力布局、推进器设计和无动力下潜、上浮设计提供必要的试验数据。

通过模型阻力试验与风洞操纵性试验,设计师对潜水器的水动力性能有了一定的了解。在满足主尺度限制和总布置要求的前提下，可以进行方案设计阶段线型设计，并根据方案设计的线型，对各向阻力及有效功率进行预估，保证潜水器能够满足快速性的设计指标。针对多种可能的布局形式进行多方案的比较、分析，然后根据总体的要求，确定载人潜水器的水动力布局形式，包括主推进器、辅助推力器和稳定翼等部件的布置，并以此为基础进行主体线型、稳定翼和推力分配的设计。

根据试验和初步估算所得到的水动力系数，可以进行操纵性初步分析，包括垂直面和水平面稳定性指标的计算、推力器速升率的计算、制动纵距和时间的估算，保证水动力布局可以满足潜水器总体性能要求，并具有较强的机动能力。

在无动力潜浮性能设计方面，通过设计计算，在方案设计阶段重点确定多种下潜、上浮可弃压载方案，以配合总布置要求和重量控制要求。对于下潜、上浮，所有可选方案的运动攻角状态均要满足设计使用要求。

2）初步设计阶段

在初步设计阶段，总体性能工作是在方案设计的基础上进行可行性验证，并进一步对潜水器的性能进行优化，进行水动力外形、阻力、操纵、潜浮等性能的设计和计算。

在"蛟龙"号载人潜水器的初步设计阶段，针对方案设计阶段确定的潜水器线型，又在拖曳水池进行了缩比模型的多向阻力拖曳试验，开展了缩比模型的旋臂水池操纵性试验。试验的目的是测定载人潜水器的主、附体设计方案的垂直面、水平面和空间运动状态的水动力系数，为潜水器操纵性设计及运动的预报分析提供试验数据，同时为载人潜水器无动力下潜、上浮设计提供必要的试验数据[2]。

同时，在方案论证阶段风洞模型试验及方案设计阶段旋臂水池模型试验的基础上，可以建立载人潜水器的六自由度空间运动方程，并以此为基础确定用于预报载人潜水器操纵运动的水动力系数。完成载人潜水器操纵性的初步设计方案及操纵性预报分析结果，必须保证载人潜水器初步设计的水动力布局可以使载人潜水器获得较强的六自由度空间机动能力。

无动力潜浮运动设计方面，通过进一步优化设计提高下潜、上浮的速度，并开展可弃压载布置对浮态稳性以及下潜、上浮运动性能的影响研究。

3）详细设计阶段

总体性能详细设计阶段的工作主要是在初步设计的基础上，对设计做进一步的优化、完善和细化，通过模型试验及仿真计算对载人潜水器的总体性能做出预报和评估，完成线型与阻力、操纵性、无动力下潜、上浮等部分的详细设计。

鉴于各分系统设计已趋于固化，详细设计的主体线型已不允许有大的变化，因而应在初步设计的基础上加以完善和细化，由此给出详细设计阶段主体线型。

如果是新开发的潜水器，可在详细设计阶段再进行拖曳水池模型试验，测定潜水器前进、后退、下潜、上浮及横移各方向的阻力，为推进系统设计提供依据；同时，测定载人潜水器大攻角运动的水动力系数，为无动力下潜、上浮设计提供试验数据。根据总体性能设计的需要，可以安排进行缩比模型的风洞操纵性试验，测定载人潜水器垂直面、水平面及空间耦合运动的流体动力，为潜水器操纵性详细设计及空间运动特性研究提供试验数据；同时测定潜水器倒航运动及横流运动的操纵性水动力,为潜水器倒航运动、抗流运动研究及仿真建模提供必要的试验数据。

进入详细设计后,操纵性设计应该对潜水器的操纵性能进行最终的预报、分析和评估,保证载人潜水器具有良好的水平面和垂直面直航运动稳定性;采用合理的控制方式,可以有效保证潜水器在航速范围内获得稳定的定深航行能力,潜水器具有优良的航向保持及纠向能力、优良的回转性能、较小的回转横倾、垂直面机动能力、六自由度空间机动能力、较好的纵向和横向制动性能,回转时的平衡推力较定深直航状态小;采用合理的定深自动控制规律可以使潜水器有效地控制回转过程中的深度变化,在设计航速范围内,其回转过程中的深度偏差均可控制,在巡航速度下使用推力器可有效地实施空间变深变向机动,潜水器的推力器布置可以使潜水器获得无纵向运动速度的纯横移及垂移等能力。

无动力潜浮运动方面,详细设计阶段可进行拖曳水池拘束模型试验,完成利用可弃压载实现潜水器的无动力下潜、上浮运动设计,保证下潜、上浮的速度,克服不平衡力矩影响,减少释放次数,增强适应能力。与此同时,对无动力潜浮运动的稳定性进行分析,保证在考虑纵向速度时,无动力下潜、上浮稳态运动的平衡状态。

4) 建造与试验阶段

进入到建造和试验阶段,总体性能的主要工作包括:

① 潜水器建造时应在线型控制和安装公差方面进行配合和指导;

② 在对潜水器的调试中与控制系统人员协作,一起开展运动控制方法和软件设计的配合和指导;

③ 配合潜水器的水池试验中运动、控制和推进等性能测试,进行数据分析,根据实艇测试结果,修正阻力、操纵性和无动力下潜、上浮水动力系数;水池试验应保证潜水器在多自由度运动、制动、推进等方面的性能符合总体性能设计和预报的内容。

4.2.2　潜水器阻力分析

潜水器的阻力分析一般有三种方法:经验公式估算、模型试验法,以及计算流体力学方法(computational fluid mechanics, CFD)。根据设计阶段的不同,所采用的分析手段以及分析手段的精细程度也会有所不同。如前所述,在项目推进的不同阶段,会利用三种方法的各自特点,结合不同阶段的任务开展研究。

1) 经验公式估算

目前,还没有非常准确的公式来计算潜水器的阻力,特别是对于附体更是难以估算。在方案设计阶段只是按试验或经验公式对阻力进行估算。对于在水下运动的潜水器,如果下潜深度超过了一个艇长,那么可以忽略兴波阻力的影响,则总阻力为:

$$R_\mathrm{T} = R_\mathrm{f} + R_\mathrm{PV} + R_\mathrm{AP} = \frac{1}{2}\rho V^2 S(C_\mathrm{f} + \Delta C_\mathrm{f} + C_\mathrm{PV} + C_\mathrm{AP}) \tag{4.1}$$

式中　R_T——总阻力;

　　　R_f——摩擦阻力;

R_{PV}——形状阻力；

R_{AP}——附体阻力；

C_f——摩擦阻力系数；

ΔC_f——粗糙度补贴系数；

C_{PV}——形状阻力系数；

C_{AP}——附体阻力系数；

S——湿表面积；

V——航速；

ρ——海水密度。

在式 4.1 中，各阻力成分如下。

（1）摩擦阻力。

目前，计算船体或潜水器摩擦阻力公式都是建立在"相当平板"假定的前提下，应用平板摩擦阻力公式来估算船体的摩擦阻力，并没有准确、可靠的计算公式。"相当平板"假定是指认为"实船或船模的摩擦阻力分别等于与其相同速度、相同长度、相同湿表面积的光滑平板摩擦阻力"。

基于此，潜水器的摩擦阻力包括两部分：一部分是基于光滑平板假设计算的艇体光滑表面的摩擦阻力，是由水的黏性引起的；另一部分是由于潜水器表面的粗糙度导致摩擦阻力的激增。

根据光滑平板摩擦阻力计算公式可以得出摩擦阻力系数 C_f，部分常用的平板摩擦阻力计算公式如下：

① 桑海（Schoenherr）公式：

$$\frac{0.242}{\sqrt{C_f}} = \lg(R_e C_f) \tag{4.2}$$

或当雷诺数 $R_e = 10^6 \sim 10^9$ 时，为：

$$C_f = \frac{0.463\ 1}{(\lg R_e)^{2.6}} \tag{4.3}$$

② 普朗特-许立汀公式：

$$C_f = \frac{0.455}{(\lg R_e)^{2.58}} \tag{4.4}$$

③ ITTC 推荐公式[3]：

$$C_f = \frac{0.075}{(\lg R_e - 2)^2} \tag{4.5}$$

以上三个公式皆适用于湍流边界层。

上述公式是基于光滑平板理论或实验得到的，而实艇表面是相对粗糙的。这种影响在潜水器阻力估算中通常用摩擦阻力系数的修正值来计入,称为粗糙度补贴系数,一般取:$(0.4\sim0.9)\times10^{-3}$。

（2）形状阻力。

对于像载人潜水器以及大部分的 ROV 来说,其外形更偏于钝体,形状阻力在潜水器总阻力中所占比例较大。裸艇体的形状阻力系数一般按艇型相仿的母型选取,也可按下式估算:

$$C_{PV} = C_{\phi} \cdot K \cdot \frac{A}{S} \tag{4.6}$$

式中　$K = f(B/H)$;

　　　S——水下湿表面积;

式中 C_{ϕ} 可由下式获得:

$$C_{\phi} = f(L_A/A^{\frac{1}{2}}, \phi) \tag{4.7}$$

式中　L_A——去流段长;

　　　ϕ——水下纵向菱形系数,$\phi = \nabla/L \cdot A$;

　　　A——水下中横剖面面积。

（3）附体阻力。

除潜水器本体以外,潜水器的附体阻力同样不可忽视,附体阻力可按下式估算:

$$C_{AP} = \sum C_{scf} \cdot \frac{S_{SC}}{S} + K_{SC} \cdot C_{pv} \tag{4.8}$$

式中　C_{scf}——操纵面摩擦阻力系数;

　　　S_{SC}——操纵面的湿表面积;

　　　K_{SC}——经验系数;

　　　C_{pv}——裸艇体的形状系数。

K_{SC} 一般根据艇型及桨轴数进行选取。通常,单桨双壳为 $0.11\sim0.17$,单壳单桨为 $0.15\sim0.22$,双桨双壳为 $0.16\sim0.22$,双桨单壳为 $0.20\sim0.27$。

2）模型试验

第三种获得潜水器阻力的方法是进行缩比模型试验,最常用的试验方法是拖曳试验。试验中,经过加工的缩尺模型通过支杆固定在拖车上。为了减小支杆绕流对潜水器尾部垂直翼的干扰,通常会把模型上下颠倒放置于水池中进行测试。另外,模型应尽可能布置在更深的位置,防止受到水池中自由液面影响,但也应离池底有一定距离。图 4.2 和图 4.3 所示为某大深度载人潜水器开展拖曳模型试验。试验模型倒置在水中,通过两个不锈钢圆支杆支撑,并通过二分力天平和拖车连接。支杆外围包裹木质机翼形柱体支杆,模型上表面距水面 0.4 m。

通过模型试验可以获得潜水器模型各向阻力,并通过相似准则换算得到实艇阻力。然而,受制于各水池设施的试验条件(长度、最大拖曳速度等),在试验中行车的拖曳速度

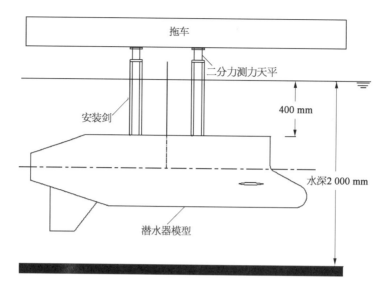

图 4.2　拖曳试验模型示意图

图 4.3　拖曳试验模型实际安装图

很难达到实尺度模型所对应的雷诺数,而过高的速度还会造成水池内兴波。因此,在实际操作中,一般会在避免产生很大兴波的情况下,尽可能提高拖曳速度,但不要求完全达到实艇雷诺数。

由于在设计阶段很难针对不同船型开展大量的实尺度模型测试或者缩尺模型测试,因此,建立缩尺模型与实艇的阻力间转换关系的经验公式是很难准确的,对于试验结果还应特别注意以下问题:

① 模型试验中支杆的影响;

② 拖曳水槽池壁的遮蔽效应;

③ 模型的湍流水平,特别是对于舵翼等附体;

④ 真实模型中开孔等所带来的额外阻力。

另外一种物理模型试验方法是风洞试验。通常，在风洞试验中可以达到真实模型的雷诺数要求，而且模型不受表面波的影响。

3）计算流体力学方法

计算流体力学方法是计算船舶、潜水器阻力的重要手段之一。由于经验公式自身计算精度的限制，特别是针对不同潜水器外形的适应性较差，而采用模型试验结果更为可靠，但费用较高，模型加工和试验周期长。相对来说，CFD 仿真计算所需时间较短、成本低，可以获得潜水器附近丰富的流场信息，有利于在设计初期进行水动力外形设计和优化。因此，采用基于计算机仿真的 CFD 是非常高效的一种计算手段。

关于 CFD 已有大量的研究和综述[4, 5]，本书中就不做过多介绍。

4.2.3　潜水器操纵性分析

潜水器操纵性的基本概念与船舶操纵性相似。潜水器的操纵性能是指潜水器利用其自身操纵装置（舵、翼等）来保持或改变潜水器的运动速度、方向、姿态和深度的能力。潜水器操纵性分析一般应建立空间六自由度动力学方程，确定潜器所受的外力（包括重力、浮力、艇体的水动力、螺旋桨推力以及其他扰动力等）。艇体所受水动力一般以水动力学系数形式表示，因此计算水动力学系数是操纵性分析的前提。

潜水器水动力学系数的计算通常有三种方法：拘束模型试验、半理论半经验的估算方法和数值计算方法。拘束模型试验采用与实艇几何相似的模型在水池（或水槽）中测量水动力，通过分析得到水动力学系数，其中应用最为广泛的是平面运动机构（planar motion mechanism，PMM）试验。

在获得水动力学系数后，根据潜水器动力学方程，通过编程或数值模拟，即可以进行运动性能分析和操纵性预报。

潜水器操纵性设计和计算方法相对比较成熟，在有关教材[6, 7]和规范中都有说明，本文不做赘述。本节将重点介绍大深度载人潜水器的操纵性分析流程。相比传统潜水器，载人潜水器在水下始终处于低速航行状态，因此舵翼效应非常有限，其操纵性分析更多集中在稳定性控制上。载人潜水器的操纵性设计主要任务是确定潜水器水动力布局、稳定翼设计方案及推力器布置位置，并采用估算公式、模型试验等方法确定水动力学系数，最终计算操纵性指标达到设计要求。载人潜水器的操纵性计算主要包括以下内容：

① 稳定翼及推力器布局的优化设计；

② 水动力学系数估算和试验验证；

③ 操纵性水动力特性的研究分析；

④ 操纵性能指标的预报；

⑤ 空间运动数学模型的完善；

⑥ 直航及定深回转控制方案研究；

⑦ 空间运动特性的预报分析；

⑧ 操纵性能的综合评估。

1) 稳定翼设计

稳定翼设计主要是为了保证潜水器在运动时获得足够的稳定性。稳定性包括了静稳定性和动稳定性两部分。对于载人潜水器而言,稳定翼设计的主要目标是应保证其运动的动稳定性,可以允许存在一定程度的静不稳定性。

与潜艇或其他具有较高航行速度的潜水器不同,载人潜水器的机动性能主要是依靠相应的推力器工作来实现的。此外,相比潜艇,载人潜水器始终处于低速航行,翼效应是相当有限的。载人潜水器的稳定翼设计主要是为保证载人潜水器在无动力下潜、上浮过程中具有足够的运动稳定性,在考虑稳定翼的设计方案时,可以在保证垂直面运动稳定性的前提下,适当地提高水平面的运动稳定性,即适量地加大垂直稳定翼的面积。

在开展一新型载人潜水器设计时,可以首先参考国内外现有的大深度载人潜水器主尺度和稳定翼设计(表4.1),初步提出稳定翼设计方案,然后通过各种方式计算水动力学系数,并最终判断操纵性指标是否满足要求,如不满足,则重新修改设计,通过不断迭代,直到满足要求。

表 4.1 在研的"彩虹鱼"号载人潜水器与国内外载人潜水器稳定翼设计参数对比

	项 目	"深海6500"号	"和平"号	"蛟龙"号	"深海勇士"号	"彩虹鱼"号
主尺度	长(m)	9.5	7.8	8.2	7.3	10.4
	宽(m)	2.71	3.6	3.4	2.7	2.7
	高(m)	3.21	3	3	3	2.8
	空气中重量(t)	25.8	20	20	NA	NA
	稳定翼型式	上垂直翼,左右水平翼	T型稳定翼	X型翼	上垂直翼,左右水平翼	上垂直翼,左右水平翼
水平翼	$A_{hw}/(L \cdot B)$	4%	10%	9.1%	10.0%	10.3%
垂直翼	$A_{vw}/(L \cdot H)$	9%	11%	12.2%	11.6%	10.2%
	水平翼面积(m²)	1.030	2.808	2.528	1.97	2.880
	垂直翼面积(m²)	2.745	2.574	3.012	2.53	2.980

2) 水动力系数计算方法

(1) 经验公式计算。

确定操纵性水动力系数是潜水器设计和操纵性预报的重点工作。在设计初期,一般采用估算公式代替数值仿真和模型试验用来快速判断潜水器主体和附体的尺寸是否满足稳定性要求。不像船舶,已有的潜水器操纵性试验数据非常有限,因此这些估算方法很难非常准确[8]。

潜水器水动力学系数的近似计算方法假定潜水器的水动力系数等于艇体以及各附体水动力系数的总和,还需要考虑艇体以及各附体间的相互影响。更为完整的数学模型和水动力系数可详见文献[6,9,10]。其中,操纵性军用标准[11]中关于主艇体与附体水动力系数的近似估算公式如下。

垂直面运动时,艇体线性水动力系数:

$$Z'_{w(mh)} = -\left[0.22 - 0.35\left(\frac{H}{B} - 1\right) + 0.15\left|\frac{H}{B} - 1\right|\right]\nabla^{2/3}/L^2 \tag{4.9}$$

$$M'_{w(mh)} = \left[1.32 + 0.037\left(\frac{L}{B} - 6.6\right)\right]\left[1 - 1.13\left(\frac{H}{B} - 1\right)\right]\nabla/L^3 \tag{4.10}$$

$$Z'_{q(mh)} = -\left[0.33 + 0.023\left(\frac{L}{B} - 7.5\right)\right]\left(2 - \frac{H}{B}\right)\nabla/L^3 \tag{4.11}$$

$$M'_{q(mh)} = -\left[0.575 + 0.1\left(\frac{L}{B} - 7.5\right)\right]\left(1.65 - 0.65\frac{H}{B}\right)\nabla^{4/3}/L^4 \tag{4.12}$$

水平面运动时,艇体线性水动力系数:

$$Y'_{v(mh)} = -\left[0.22 - 0.35\left(\frac{B}{H} - 1\right) + 0.15\left|\frac{B}{H} - 1\right|\right]\nabla^{2/3}/L^2 \tag{4.13}$$

$$N'_{v(mh)} = -\left[1.32 + 0.037\left(\frac{L}{H} - 6.6\right)\right]\left[1 - 1.13\left(\frac{B}{H} - 1\right)\right]\nabla/L^3 \tag{4.14}$$

$$Y'_{r(mh)} = \left[0.33 + 0.023\left(\frac{L}{H} - 7.5\right)\right]\left(2 - \frac{B}{H}\right)\nabla/L^3 \tag{4.15}$$

$$N'_{r(mh)} = -\left[0.575 + 0.1\left(\frac{L}{H} - 7.5\right)\right]\left(1.65 - 0.65\frac{B}{H}\right)\nabla^{4/3}/L^4 \tag{4.16}$$

其中,L 为艇长,B 为型宽,H 为型深,∇ 为排水体积。水动力系数的下角标(mh)表示主艇体。

垂直面运动时附体水动力系数:

$$Z'_{w(ap)} = -k \times \alpha_\infty \times \frac{2.75\lambda}{2.75\lambda + \alpha_\infty} \times \frac{S}{L^2} \tag{4.17}$$

水平面运动时附体水动力系数:

$$Y'_{v(ap)} = -k \times \alpha_\infty \times \frac{2.75\lambda}{2.75\lambda + \alpha_\infty} \times \frac{S}{L^2} \tag{4.18}$$

各附体的力 $Z'_{w(ap)}$ 和 $Y'_{v(ap)}$ 确定后,即可确定该附体的其他线性水动力系数。

$$M'_{w(ap)} = -Z'_{w(ap)} \times x_{ap}/L$$
$$N'_{v(ap)} = Y'_{v(ap)} \times x_{ap}/L$$
$$Z'_{q(ap)} = -Z'_{w(ap)} \times x_{ap}/L$$
$$M'_{q(ap)} = -Z'_{q(ap)} \times x_{ap}/L \tag{4.19}$$
$$Y'_{r(ap)} = Y'_{v(ap)} \times x_{ap}/L$$
$$N'_{r(ap)} = Y'_{r(ap)} \times x_{ap}/L$$

其中，$\alpha_\infty = \dfrac{\partial C_y}{\partial \alpha}\Big|_{\lambda=\infty} = 5.6$；$\lambda$ 为舵翼的展弦比；S 为舵翼面积，水动力系数的下角标 (ap) 表示附体；x_{ap} 为附体面积中心在 x 轴方向坐标值。

(2) 模型试验。

通过船模试验测定水动力系数法目前在工程上仍是最有效、最准确的方法。操纵性模型试验主要有自由自航船模试验和拘束模型试验两种。潜水器水动力学系数一般采用拘束模型试验获得。

拘束模型试验，特别是由平面运动机构试验来测定潜水器的水动力系数是目前应用最为广泛的方法之一。1957 年，古德曼和格特勒在泰勒水池成功研制了第一台平面运动机构 (planar motion mechanism，PMM)[12]。PMM 安装在拖曳水池的拖车上，根据振幅大小可分为小振幅平面运动机构和大振幅平面运动机构两种。试验中，通过不断调节拖车速度与两振荡杆的垂直和水平振荡的振幅、相位、频率等参数，船模便可在垂直面和水平面内作特定的运动，如纯升沉、纯俯仰、纯首摇经、纯横荡等。然后，将测得的力和力矩的组分加以分离，巧妙地进行谐和分析，即分别把加速度系数、速度系数同相位的成分加以分离，从而可计算出各项力和力矩的线性加速度导数和线速度导数。由于拘束模型试验所具有的经济性优势，许多国家相继建成一批小振幅、大振幅的模型试验装置，使拘束模型试验成为许多水池预报操纵运动水动力系数的常规有效手段。

通常，潜水器的操纵性试验一般针对垂直面进行，通常采用垂直平面运动机构 (vertical planar motion mechanism，VPMM) 试验，如图 4.4 所示。

3) 操纵性指标

(1) 载人潜水器稳定性系数。

表 4.2 给出了"蛟龙"号载人潜水器方案设计阶段稳定性分析以及在研的"彩虹鱼"号载人潜水器的操纵性指标对比。由于"彩虹鱼"号载人潜水器设计最大下潜水深 11 000 m，增大稳定翼特别是水平翼面积会影响下潜、上

图 4.4　VPMM 拘束模型试验

浮的速度,大幅增加下潜、上浮运动时间,必然牺牲在海底作业的时间,因此,相比"蛟龙"号载人潜水器[13],在"彩虹鱼"号载人潜水器稳定翼方案设计时适当降低了静稳定性指标,保持动稳定性指标不变。

表 4.2　操纵性指标对比

指　　标	"蛟龙"号	"彩虹鱼"号
垂直面静不稳定性系数	$l'_\alpha \leqslant 0.2$	$l'_\alpha \leqslant 0.4$
垂直面动稳定性系数	$K_{vd} \geqslant 1.0$	$K_{vd} \geqslant 1.0$
水平面静不稳定性系数	$l'_\beta \leqslant 0.15 \sim 0.2$	$l'_\beta \leqslant 0.15 \sim 0.4$
水平面动稳定性系数	$K_{hd} \geqslant 1.0 \sim 1.5$	$K_{hd} \geqslant 1.0 \sim 1.5$

注:$K_{vd} = \dfrac{l'_q}{l'_\alpha}$,$l'_q$ 为相对阻尼力臂,l'_α 为相对倾覆力臂;

　　$K_{vd} = \dfrac{l'_r}{l'_\beta}$,$l'_\beta$ 为相对倾覆力臂,l'_r 为相对阻尼力臂。

根据初步估算所得到的水动力系数,进行载人潜水器垂直面和水平面稳定性指标的计算,具体计算结果可见表 4.3。

表 4.3　"彩虹鱼"号载人潜水器方案设计稳定性指标

项　　目		计 算 公 式	"蛟龙"号	CR-01A	"彩虹鱼"号
垂直面	静不稳定性系数	$l'_\alpha = -M'_w/Z'_w$	0.185	0.256	0.377
	阻尼力相对力臂	$l'_q = -M'_q/(m' + Z'_q)$	0.241	0.372	0.574
	动稳定性系数	$K_{vd} = l'_q/l'_\alpha$	1.303	1.450	1.522
水平面	静不稳定性系数	$l'_\beta = N'_v/Y'_v$	0.125	0.256	0.37
	阻尼力相对力臂	$l'_r = -N'_r/(m' - Y'_r)$	0.223	0.372	0.603
	动稳定性系数	$K_{hd} = l'_r/l'_\beta$	1.774	1.450	1.622

(2) 载人潜水器稳定性系数垂向推力器的速升率。

"蛟龙"号载人潜水器艏前部的垂向可回转推力器工作时,可产生附加的垂向推力,从而使潜水器作垂直面的潜浮运动。当潜水器在航速 U 下以某一稳定的纵倾角 θ 和攻角 α 作定常直线潜浮运动时,艇速在惯性坐标系垂直方向的分量 U_ζ 即称为潜水器的升速。若定义垂向推力器的单位推力所产生的升速改变量为潜水器的速升率,则该指标可定量地反映潜水器的垂直面机动性能。

潜水器垂向可回转推力器速升率的近似计算公式为:

$$\frac{\partial U_\zeta}{\partial T_B} = \frac{U}{mgh}\left(\frac{M_w}{Z_w} + l_B\right) - \frac{U}{Z_w} \quad\quad (4.20)$$

潜水器可回转推力器的平均速升率计算结果可见表 4.4[13]。

表 4.4 "蛟龙"号载人潜水器方案设计的平均速升率

U (kn)	1.0	1.5	2.0	2.5
$\frac{\partial U_\zeta}{\partial T_B}$ (m·N/s)	0.000 334	0.000 226	0.000 173	0.000 141

（3）制动时的纵距和时间的估算。

载人潜水器自由和紧急制动时的运动方程可简化写为：

$$(m - X_{\dot{u}})\frac{\mathrm{d}u(t)}{\mathrm{d}t} = F(t) - \frac{1}{2}\rho \cdot u^2(t) \cdot L^2 \cdot X'_{uu}(t) \quad\quad (4.21)$$

$$L(t) = \int_0^t u(t) \cdot \mathrm{d}t \quad\quad (4.22)$$

自由制动时，推进器的推力 $F(t)$ 的变化规律可近似写为：

$$F(t) = \begin{cases} -F_0 \cdot \left(\frac{t}{t_0} - 1\right) & (t \leqslant t_0) \\ 0 & (t > t_0) \end{cases} \quad\quad (4.23)$$

紧急制动时，推进器的推力 $F(t)$ 的变化规律可近似写为：

$$F(t) = \begin{cases} -F_0 \cdot \left(\frac{t}{t_0} - 1\right) & (t \leqslant 2t_0) \\ 0 & (t > 2t_0) \end{cases} \quad\quad (4.24)$$

式中 F_0——推进器在航速为 U_0 时的推力(N)；

　　$L(t)$——潜水器制动过程的纵距（m）；

　　t_0——推进器在航速为 U_0 时的停车或启动所需的时间(s)。

采用上述方程估算的载人潜水器自由和紧急制动的航速和纵距随时间的变化规律计算所得的紧急制动纵距估算结果可见表 4.5[13]。

表 4.5 "蛟龙"号载人潜水器方案设计紧急制动纵距的估算结果

参　数	$U_0 = 1.0$ kn			$U_0 = 2.5$ kn		
	$t_0 = 2$ s	$t_0 = 5$ s	$t_0 = 10$ s	$t_0 = 2$ s	$t_0 = 5$ s	$t_0 = 10$ s
紧急制动时间 T(s)	15.2	20.2	28.3	26.4	29.6	35.3
紧急制动纵距 L(m)	4.76	7.64	12.7	14.36	20.20	26.51

4.2.4　潜水器潜浮运动分析

1) 大深度载人潜水器潜浮运动研究进展

由于总重量和体积的限制,大深度载人潜水器所能携带的能源有限,因此在下潜、上浮过程中尽量不消耗潜水器能源电力,不依赖螺旋桨推动,而是利用通过可弃压载调节自身重量来实现潜浮运动,这种不使用电池能源的运动称为无动力下潜、上浮运动,已投入使用的载人潜水器几乎全部利用该原理。

以"蛟龙"号载人潜水器为例,无动力下潜、上浮运动过程可分为以下几个阶段:压载水箱注水阶段;平稳下潜阶段;抛掉下潜压载后,减速下潜阶段;潜水器靠底作业阶段;抛掉上浮压载后,加速上浮阶段;平稳上浮阶段;压载水箱排水阶段。在"蛟龙"号研制成功的基础上,国家科技部在"十三五"期间提出研制最大下潜深度可达到 11 000 m 的全海深载人潜水器。水深从 7 000 m 提高到 11 000 m,用于下潜、上浮的时间将大幅增加,为了提高潜浮运动速度,减少用于下潜、上浮过程的时间,在新一代全海深潜水器研制过程中,探讨了多样化的下潜、上浮方法,包括优化水动力外形、利用动力能源下潜、利用飞行或滑翔原理、超空泡技术或以上几种方法的组合等[14]。

国外已有的全海深载人潜水器中,美国的 Deepsea Challenge 潜水器仍使用无动力下潜、上浮的原理,它采用仿鱼雷外形来提高速度,增加长度,尽可能减少垂向迎流面积。因此,Deepsea Challenge 长宽比远高于传统载人潜水器,其平稳阶段的下潜速度可达到 100 m/min 以上,远高于"蛟龙"号载人潜水器。

另外一个全海深载人潜水器是 Deep Flight Challenger,它尚处于概念阶段。它的基本原理是通过使用水翼,实现了与飞机类似的运动。当潜水器处于静止时,总体处于正浮力状态,该设计主要是从安全角度考虑,使潜水器在出现故障时仍能顺利上浮,保证潜航员的安全;而潜水器运动时,水翼所产生的负浮力平衡了潜水器自身的正浮力。Deep Flight Challenger 潜水器首次将水翼应用于载人潜水器设计中,通过改变艇体与水翼之间的相对夹角,从而改变水翼的攻角,使得在下潜过程中水翼上产生向下的分力,以加速下潜;而当需要上浮时,调整水翼的攻角为正,通过水翼上产生的向上的分力,达到加速上浮的目的,Deep Flight Challenger 最大下潜速度可达 107 m/min[15]。

Deep Search 综合利用了借助推进器的动力下潜、移动重块和压载水调节三者相结合的方式,调整潜水器的姿态,争取以较大的纵倾角下潜。通过重心位置的改变和借助动力辅助,下潜速度可达到 6 kn,其下潜上浮过程如图 4.5 所示[16]。

除了上文所述的下潜、上浮方式、角度和动力源选择等因素外,潜浮过程中的潜水器轨迹和姿态的模拟以及运动路径的优化也是优化潜浮时间和运动稳定性的重要因素。"蛟龙"号设计中采用 MATLAB/Simulink 软件对潜水器潜浮运动进行了仿真计算,预报了其在无动力下潜、上浮运动中的轨迹及姿态[17-19],开发了配套的压载调载控制程序,为海上作业提供参考[20]。在 AUV 设计中,通常可采用运动路线优化技术手段,达到减少潜浮运动总时间、降低动力消耗的目标[21]。例如,Ataei 等[22]针对安全边界、路径长度等四

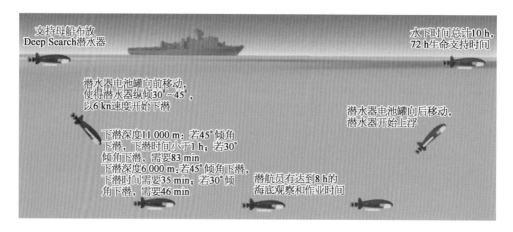

图 4.5　Deepsearch 下潜、上浮过程示意图[16]

个目标,采用基于遗传算法的多目标优化方法,获得了一组 Pareto 最优运动轨迹路径;Eichhorn[23]在"SLOCUM Glider"AUV 的路径规划中还加入了时变流环境影响,求解最优路径选择问题。

2) 大深度载人潜水器潜浮应解决的设计问题

大深度载人潜水器潜浮运动应解决的主要设计问题是两个:一是下潜、上浮运动状态模拟;二是确定在下潜、上浮时需要加多大压载,并提出可弃压载在载体上布放方案。

(1) 下潜、上浮运动状态模拟。

潜水器下潜、上浮的平均速度,即深度变化率的平均值,它是衡量下潜、上浮快慢的标志。由于海域环境复杂,且稳态速度是一个慢变过程,因而取其平均值来衡量运动的快慢。潜水器下潜、上浮运动可用以下方程来求解:

$$\sum F_X = 0 = -qA_{ref}C_D\cos\alpha + qA_{ref}C_L\sin\alpha + (W-\Delta)\sin\theta \tag{4.25}$$

$$\sum F_Z = 0 = -qA_{ref}C_D\sin\alpha - qA_{ref}C_L\cos\alpha + (W-\Delta)\cos\theta \tag{4.26}$$

$$\sum T_\theta = 0 = -qA_{ref}L_{OA}C_T - W\cos\alpha X_{BG} + W\sin\theta Z_{BG} \tag{4.27}$$

$$V_{Descent} = U\sin(\alpha+\theta) = U\sin\gamma \tag{4.28}$$

以上各式中　A_{ref}——参考面积($L_{OA}\times B$);

　　　　　X_{BG} 和 Z_{BG} 分别为浮心与重心间的水平距离和垂直距离;

　　　　　C_D,C_L,C_T——分别是阻力、升力和扭力系数;

　　　　　q,W,Δ——分别是动压力、重量和排水量;

　　　　　F_X,F_Z,T_θ——分别是潜水器纵向力、垂向力和扭矩;

　　　　　L_{OA}——潜水器总长;

　　　　　α,γ,θ——分别是潜水器的攻角、下潜角和纵倾角;

　　　　　U,$V_{Descent}$——分别是潜水器平均速度和垂向速度。

式(4.28)中坐标系统定义和角度定义如图 4.6 所示。

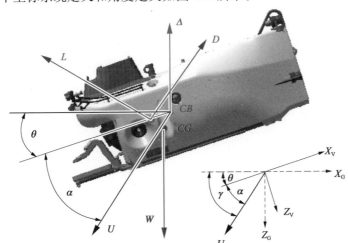

图 4.6 下潜计算中稳态计算坐标系和角度定义

需要说明的是：在海面到海底 7 000 m 水深甚至 11 000 m 水深这样一个广阔的海域中，海洋环境很复杂，海洋环境的物理特征如密度、温度、盐度及压力等都呈现出十分复杂的非线性变化关系，将对潜水器重力、浮力的变化产生显著影响。从工程应用角度出发，把海水环境的温度、盐度、压力随深度的变化归为对海水密度的影响，且认为海水密度变化与深度呈线性关系。

（2）压载配置和布放方案。

载人潜水器下潜时主要靠负浮力无动力下潜，而上浮时采用正浮力上浮，因此压载量的配置和布放位置对下潜上浮时间起到明显的作用。以"蛟龙"号载人潜水器为例，根据总体要求，下潜、上浮的可弃压载最好集中布置一处，以减少释放动作次数，提高使用可靠性。为此，下潜、上浮的可弃压载集中布置在潜水器重心下部的潜水器底部处，表 4.6 给出了潜水器可弃压载的计算参数和相应的布置图（图 4.7）[17]。

表 4.6 可弃压载布置结果及运动参数值

运动参数		下 潜		上 浮	
可弃压载		300 kg	700 kg	700 kg	300 kg
可弃压载布置位置（在动坐标）	X_1(m)	0.0	0.0	0.0	0.0
	Z_1(m)	0.488	0.548	0.548	0.948
V_m		≈0.85 m/s (51 m/min)		≈0.768 m/s (46 m/min)	
纵倾角 θ		≈−6°		≈−5°	
下潜到达 7 000 m 所需时间(min)		≈140			
上浮到近水面处所需时间(min)				≈150	

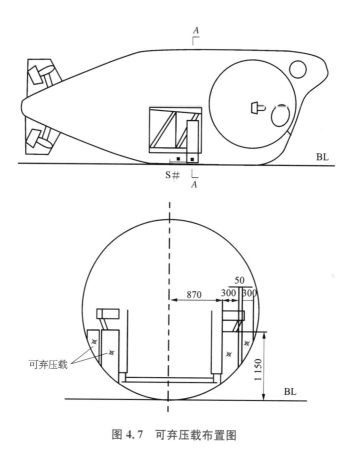

图 4.7　可弃压载布置图

4.2.5　潜水器水动力外形优化

　　潜水器的水动力外形优化包括总体型线和局部附体的优化,首先应从总体型线优化开始。不同类型的潜水器,对于外形优化的需求也不一样。载人潜水器、ROV 以及着陆器等外形设计以配合总布置需求为主,外形优化不发挥很大作用;而 AUV、水下滑翔机等对于水动力外形的优化要求就很高。

　　由于新一代全海深潜水器对于快速下潜、上浮作业的需要,也增大了水动力外形优化工作的比例。考虑到 CFD 计算成本较高,大量的数值计算耗费时间较长,一般会采用试验设计与近似技术相结合的方法,以潜水器主尺度为优化参数,通过数值分析,建立近似数学模型,并采用合适的优化算法进行单目标或多目标设计优化。Alvarezd 等[24]为了降低某 AUV 近海平面航行时波浪阻力,采用了数值预报方法,并结合模拟退火算法对 AUV 的外形开展了优化研究;李志伟等[25]以 Deepsea Challenge 潜水器为目标,选取了 6 个主尺度参数,建立水动力系数关于这 6 个参数的二阶响应面模型,采用优化算法开展优化分析;Li 等[26]采用试验设计、响应面模型和 CFD 等进行了 Deep Search 潜水器阻力性能研究,获得了潜水器阻力系数、包络体积与主要外形参数间的关系,并采用遗传算法开展了外形设计。Vasudev 等[27]基于 CAD 参数化建模和 CFD,基于多岛遗传算法和多目标优化方法,开展 AUV 外形优化设计。近似模型方法已广泛用于航空、航天、汽车、船舶等各个领域,具有很高的成熟度。近似模型的可靠度和精度取决于计算分析样本量以及样本的选择方法,但难以避免地仍是以大量数值计算作为优化分析基础。为了平衡计算成本和近似模型精度间的矛盾,一些研究和工业设计中采用了基于变复杂度的近似模型方法[28, 29],该方法同样适用于潜水器总体型线优化。

除潜水器裸艇体阻力外,潜水器的附体设备(例如机械手、采样篮等)自身的阻力以及由于其存在对流场状态的影响,会给整个潜器带来很大的额外阻力。因此,在总体型线优化的基础上,还应对局部线型或附体外形进行优化,从而达到降低阻力的目的[1]。由于附体外形千差万别,难以应用经验公式进行估算。在"蛟龙"号载人潜水器设计中,对于经验公式难以计算的附体阻力,通过使用 CFD 仿真计算与模型试验相结合的方法来开展阻力计算和优化设计,大大地降低了总阻力。以采样篮为例,采样篮用于搭载各种专用作业工具以及承载海底采集到的样本,一般布置在潜水器艏部底部。最初提出了实心板材的采样篮设计方案,经过 CFD 计算发现该方案将产生很大的附体阻力,因此建议修改为中空网状设计方案。最终水池试验表明,当潜水器速度为 3 kn 时,实心篮占潜水器纵向总阻力的比例约为 14.5%,而改进后的网状篮仅占纵向总阻力的 6.3%,证实了原先的设计方案对潜水器纵向阻力影响很大[1]。此外,附体所布置的位置同样对总阻力有所影响。李刚[30]对某载人潜水器附体处于不同位置时的阻力开展了研究,在数值分析基础上,采用拘束模型试验的方法进行了验证。类似的研究工作还有很多,在此不一一列举。

参考文献

[1] 崔维成,马岭.潜水器设计中所要解决的水动力学问题[C]//第九届全国水动力学学术会议暨第二十二届全国水动力学研讨会论文集,2009.

[2] 张华,等.7 000 米载人潜水器初步设计阶段操纵性设计计算报告(ZQCW - Q001 - A - C - 002)[R].中国船舶科学研究中心归档报告,2003.

[3] ITTC. 8th International Towing Tank Conference[C]. Madrid, 1957.

[4] ITTC. Benchmark Database for CFD, Validation for Resistance and Propulsion[C]. //22nd International Towing Tank Conference, Seoul/Shanghai, Quality Manual, 1999.

[5] Sarkar T, Sayer P G, Fraser S M. A study of autonomous underwater vehicle hull forms using computational fluid dynamics[J]. International Journal for Numerical Methods in Fluids, 1997, 25: 1301 - 1313.

[6] Renilson M. Submarine Hydrodynamics[J]. Springer Briefs in Applied Sciences and Technology, 2015, 33(2): 137 - 138.

[7] 施生达.潜艇操纵性[M].北京:国防工业出版社,1995.

[8] Jones D A, Clarke D B, Brayshaw I B, et al. The calculation of hydrodynamic coefficients for underwater vehicles[M]. Report Number: DSTO - TR - 1329, DSTO Platforms Sciences Laboratory, Fisherman's Bend, Victoria, 2002.

［9］ Abbott I H, von Doenhoff A E. Theory of wing sections［M］. New York：Dover Publications，1960.

［10］ Molland A F, Turnock S R. Marine rudders and control surfaces, principles, data, design and applications［M］. London：Butterworth-Heinemann，2007.

［11］ 国防科学技术工业委员会. 潜艇操纵性计算方法［G］. GJB/Z 205－2001. 2002.

［12］ Goodman A, Gertler M. Planar Motion Mechanism and System［J］. U. S. Patent No. 3052120，1962，9：73－148.

［13］ 张华,等. 7 000 m 载人潜水器潜浮、巡航、机动等性能及推进器系统方案设计报告（ZQFW－Q001－003）［R］.中国船舶科学研究中心归档报告,2003.

［14］ Cui W C, Hu Y, Guo W, et al. A preliminary design of a movable laboratory for hadal trenches ［J］. Methods in Oceanography，2014，9：1－16.

［15］ Hawkes G. Available on line［EB/OL］. (2012). http：//en. wikipedia. org/wiki/DeepFlight-Challenger.

［16］ 李浩. 第三代全海深载人潜水器阻力性能及载人舱结构研究［D］.中国船舶科学研究中心,2014.

［17］ 刘正元,等(2003b). 7 000 米载人潜水器无动力下潜、上浮运动初步设计报告（ZQCW－Q001－A－A－001）［R］.中国船舶科学研究中心归档报告,2003.

［18］ MA L, CUI W C. Simulation of dive motion of a deep manned submersible［J］. Journal of Ship Mechanics，2004，8(3)：31－38.

［19］ Shen M X, Liu Z Y, Cui W C. Simulation of the descent ascent motion of a deep manned submersible［J］. Journal of Ship Mechanics，2008，12(6)：886－893.

［20］ 潘彬彬,崔维成,叶聪,等. 蛟龙号载人潜水器无动力潜浮运动分析系统开发［J］.船舶力学,2012,16(1-2)：58－71.

［21］ Chyba M, Haberkom T, Smith R N, et al. Design and implementation of time efficient trajectories for autonomous underwater vehicles［J］. Ocean Engineering，2008，35：63－76.

［22］ Ataei M, Yousefi-Koma A. Three-dimensional optimal path planning for waypoint guidance of an autonomous underwater vehicle［J］. Robotics and Autonomous Systems，2015，67：23－32.

［23］ Eichhorn M. Optimal routing strategies for autonomous underwater vehicles in time-varying environment［J］. Robotics and Autonomous Systems，2015，67：33－43.

［24］ Alvarez A, Bertram V, Gualdesi L. Hull hydrodynamic optimization of autonomous underwater vehicles［J］. Ocean Engineering，2009，36：105－112.

［25］ 李志伟,崔维成. 第三代全海深载人潜水器"深海挑战者"的阻力特性分析［J］.水动力学研究与进展,2013,28(1)：1－9.

［26］ LI H, LI Z W, CUI W C. A preliminary study of the resistance performance of the three manned submersibles with full ocean depth［J］. Journal of Ship Mechanics，2013，17(12)：1411－1425.

［27］ Vasudev K L, Sharma R, Bhattacharyya S K. A multi-objective optimization design framework integrated with CFD for the design of AUVs［J］. Methods in Oceanography，2014，10：138－165.

［28］ Giunta A A, Watson L. A comparison of approximation modeling techniques：polynomial versus interpolating model［C］//7th AIAA/USAF/NASA/ISSMO Symposium on Multidisciplinary Analysis and Optimization，St. Louis，AIAA－98－4758，1998.

［29］　姜哲,崔维成,黄小平.基于响应面的变复杂度模型在桁架式 Spar 平台方案设计中的应用［J］.船
　　　舶力学,2010,14(7)：771－781.

［30］　李刚.穿梭潜器水动力特性的数值模拟和试验研究［D］.哈尔滨：哈尔滨工程大学,2011.

第 5 章　潜水器的结构设计、建造与试验

结构系统是潜水器系统中的重要组成部分,结构系统设计建造的可靠性是保证潜水器总体性能的基础,极大地影响着潜水器的使用安全性。本章主要介绍潜水器结构系统组成,及其所涉及的主要材料的选择方法、主要构件的设计方法和水压试验方法。其中,系统组成将根据承载形式介绍主要的耐压结构和非耐压结构;在材料选择、结构设计建造和水压试验方法上,本章主要介绍耐压壳体、观察窗、框架结构、轻外壳及浮力材料等相关内容。

5.1　结构系统组成

潜水器在结构设计上要满足水密性和坚固性两个条件,根据承载形式,潜水器的结构系统有耐压结构和非耐压结构之分,如图 5.1 所示。

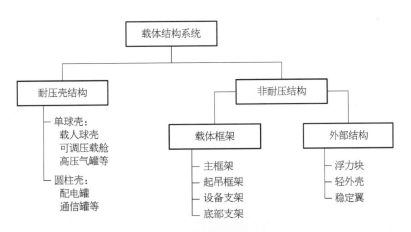

图5.1　潜水器结构系统组成

耐压结构的作用在于为乘员或者仪器设备提供搭载空间,使其保持常压下的工作环境,免受海水高压力和海水腐蚀的直接作用。同时,在深度较浅时,耐压结构也是潜水器浮力的主要提供者,并在很大程度上影响潜水器的总体布置与水动力性能。对于载人潜水器,耐压结构主要是为乘员和舱内仪器设备提供常压空间的载人壳体,大深度载人壳体通常为球形结构,一般能够容纳 $1\sim3$ 名操作人员或者科学家,球形直径为 $1.6\sim2.1\,\text{m}$,具备 1 个人员出入舱口、$3\sim5$ 个观察窗,其壳体主要采用高强度钢或高强度钛合金制造,经焊接或法兰连接而成,重量约占潜水器总重量的 $1/4\sim1/2$[1];此外还包括可调压载水舱、高压气罐、配电罐、计算机罐、通信罐、水声通信机罐、测深侧扫声纳罐等小尺寸壳体结构。其中,可调压载水舱、高压气罐通常也设计成球形结构,而配电罐、计算机罐、通信罐、水声通信机罐、测深侧扫声纳罐等通常设计成圆柱壳。

非耐压结构不承受深水压力，主要是用来为耐压舱及耐压舱外部设备提供支撑和改善潜水器外部形状，可以分为载体框架结构和外部结构。

框架结构提供了潜水器耐压结构及仪器设备的安装基础以及轻外壳、浮力块、稳定翼及其他外部设备的支撑。在潜水器吊放回收以及母船系固和坐底时，框架结构还是主要的承载结构。框架在设计上要求满足总强度和局部强度要求、回收强度要求以及底部支架的水下着底强度要求；通常采用抗海水腐蚀的钛合金组合型材制造，设计上需要考虑框架艏部结构防撞以及设备的固定和维护要求。

外部结构是潜水器的浮力块、轻外壳、压载水舱和稳定翼等结构的统称。浮力块为潜水器提供浮力，通常加工成一定形状构成潜水器的外部线型，性能优异的浮力材料是保证潜水器总体性能的重要因素之一；潜水器外部一般由一层玻璃钢轻外壳包覆以改善其外形并对内部设备起到保护作用。同时，潜水器配备一个压载水舱以确保潜水器浮出水面时具备足够的浮力以保证干舷高度，配备稳定翼以提高稳定性和水动力性能。

5.2 材料选择

合理选择结构系统所使用的材料，是保证潜水器总体性能的基础。本节主要介绍耐压壳体、观察窗、框架结构、轻外壳及浮力材料的选择方法。

5.2.1 耐压壳体材料

耐压壳体的重量占潜水器总重量比例大，因而合理设计耐压壳体，在保证强度的基础上降低壳体重量，对潜水器性能有举足轻重的影响。衡量耐压壳性能的一个重要指标是其体积密度即质量与排水体积之比 m/V。制造材料对耐压壳体的体积密度有重要影响。

材料的屈服强度与密度之比（σ/ρ）称为比强度，弹性模量与密度之比（E/ρ）称为比刚度。潜水器设计时，要保证在较小的结构重量的情况下获得较大的潜深，比强度和比刚度成为潜水器耐压壳选材的两个重要标准。同时，在选材上，还需要考虑材料的制造性能、与之匹配的结构型式的优劣、经济性等因素。可选用的潜水器耐压壳材料有高强度钢、高强度铝合金、钛合金、纤维增强复合材料等[2-4]。钛合金、高强度钢、铝合金是最常用的三种材料，其比强度和比刚度值见表5.1。对比可见，钛合金的比刚度与高强度钢和铝合金的比刚度相当[5-8]，而其比强度要远大于高强度钢和铝合金。

但是对于一般浅深度的载人/无人潜水器，使用最广泛的材料还是钢。钢具有较高的比强度，同时人们对它的性能也比较熟悉。随着潜水器潜深的增大，超高压力对材料的比强度、比刚度提出了更高的要求。铝合金重量轻、有较高的强度，但可焊性差、应力腐蚀敏

表 5.1　载人潜水器载体框架结构可供选择的材料性能比较[9]

材　料	牌　号	$\rho(t/m^3)$	$\sigma_{0.2}(MPa)$	$E(GPa)$	比强度 $\sigma_{0.2}/\rho$	比刚度 E/ρ
钛合金	ΠT-3B	4.5	675	110	150	24.4
	Ti75	4.5	630	110	140	24.4
	TC4	4.5	830	110	184.4	24.4
高强度钢	921	7.85	588	200	74.9	25.5
	980	7.85	784	200	99.9	25.5
铝合金	5456	2.7	145	70	53.7	25.9
	6061-T6	2.7	245	70	90.7	25.9

感、造价高。钛合金材料具有高比强度和高比刚度,相比其他材料优势更加明显,其密度只有钢的 60%,我国在役的几台潜水器所使用的钛合金材料强度在 800 MPa 以上。钛合金材料具备耐腐蚀性优势,材料表面会产生一层坚固的钝态氧化膜,能够有效抵抗海水腐蚀,钛合金还具备无磁性、机械加工性能好等优点;而钛合金材料的焊接要求高和造价高等缺点可通过不断完善材料机械性能、改进加工工艺以及改善成分来弥补。综合考虑这些因素,钛合金材料较其他材料的优势越来越明显[2],成为当前潜水器耐压材料的首选,在当前在役的载人潜水器中应用最多。

对于载人潜水器而言,作为主要耐压结构的载人舱主要包含主耐压壳体、观察窗、出入舱门等构件。主壳体和出入舱门通常采用钢材、钛合金、铝合金、先进复合材料等制造。例如,钛合金材料应用于法国 6 000 米级"鹦鹉螺"号、日本 6 500 米级"深海 6500"、美国 4 500 米级新"阿尔文"号、中国 7 000 米级"蛟龙"号、中国 4 500 米级"深海勇士"号等大深度载人潜水器耐压壳体的制造;而俄罗斯 6 000 米级"和平Ⅰ"号、"和平Ⅱ"号、日本 2 000 米级"深海 2000"的耐压壳体则采用了高强度钢。耐压壳体材料的选择是影响其体积密度的重要因素,"阿尔文"号曾使用 HT-100 钢,作业深度为 1 800 m,在将耐压壳体更换为高强度钛合金壳体之后,降低了体积密度,其最大作业深度增加到了 4 500 m。我国"蛟龙"号载人潜水器的所有耐压壳体均选用俄制 BT-6 钛合金材料制造,其载人舱如图 5.2 所示。

耐压壳体制造过程中,需要取样化验以验证材料是否满足标准中的化学成分含量比例要求。以"蛟龙"号载人舱为例,其材料化学成分的含量比例要求如表 5.2 所示。同时,设计人员在选材时需要综合考

图 5.2　我国"蛟龙"号载人舱

虑材料的强度、塑性、韧性等性能，并根据壳体的使用要求给出材料的力学性能指标，如"蛟龙"号载人球壳的主要力学性能指标包括屈服强度、极限拉伸强度、延伸率、断面收缩率、应力强度因子等，如表5.3所示，壳体取样的实际实验结果需满足材料对应的力学性能指标方能使用。

表5.2　BT‑6钛合金的化学成分

化 学 成 分	Al	V	Si	Fe	C	O_2	N_2	H_2
含量比例要求(%)	5.5～6.75	3.5～4.5	≤0.10	≤0.30	≤0.08	≤0.15	≤0.05	≤0.008
母材实际化验结果(%)	6.58	4.07	0.0027	0.19	0.043	0.148	0.008	0.0012

表5.3　BT‑6钛合金材料的力学性能

力 学 性 能	0.20%强度（MPa）	极限拉伸强度（MPa）	延展率（%）	断面收缩率（%）	临界应力强度因子（MPa$\sqrt{m}$）
设计指标	>800	>850	>8	>20	>3.0
实际试验结果	924	983	12.8	40.1	5.4
	945	996	13.2	39.6	6.2
	923	985	12.0	37.0	5.2
	938	993	13.6	37.5	5.1
	886	939	11.6	36.4	6.7
	913	958	13.2	35.2	6.8
	949	996	15.2	30.0	6.5
	922	970	14.4	32.3	5.2

5.2.2　观察窗材料

观察窗是载人潜水器舱内乘员观察水下环境的主要工具，为舱内乘员提供充足的视野，它(们)和出入舱口是载人潜水器载人舱最主要的开口形式，观察窗数目和位置都关系到球壳应力的分布，对载人舱的整体强度有着复杂的影响。观察窗本身不仅要抵御海水压力，也必须有优异的光学性能，目前载人潜水器载人舱的观察窗上广泛应用的材料是有机玻璃[10]。

有机玻璃是一类质地优异的合成透明材料，全称为聚甲基丙烯酸甲酯（polymethyl methacrylate，PMMA）。PMMA 的主要物理特性和力学特性是：① 再现性很好，板材品种多样，板厚跨度覆盖 2～250 mm；② 弹性模数低，具有塑性变形特点，允许局部屈服和应力的重分配；③ 可提前警示挤压变形和大量裂纹发生；④ 破坏之前透明度会发生改变；⑤ 透明度达到 92%；⑥ 表面硬度高，拉伸处理后可以得到良好的韧性；⑦ 密度小，只有金属铝密度的 43% 等。PMMA 目前几乎成为水下观察窗的唯一材料[11]，其性能如表5.4所示。

表 5.4　窗玻璃材料主要性能参数

编　号	特　　性	平均值	最小值
1	切口	22 J/m	13.3 J/m
2	折射率	1.49	1.49
3	24 h 吸水率	0.25%	0.25%
4	剪切强度	79 MPa	55 MPa
5	洛氏硬度	108	90
6	比重	1.19	1.19
7	泊松比	0.38	
8	线性系数	10^{-5} mm/(mm·℃)	10^{-5} mm/(mm·℃)
9	26℃下膨胀率	8.48	7.74
10	拉伸强度	77 MPa	62 MPa
11	断裂延展率	5%	2%
12	弹性模量	3 540 MPa	2 758 MPa
13	25℃ 27.5 MPa 下压缩变形	>0.54%	1%
14	紫外线穿透率	<0.08%	<5%
15	甲基丙烯酸聚合物残留率	<0.25%	<1.5%
16	乙醛残留率	<0.00%	<0.01%

5.2.3　框架结构材料

　　框架结构在设计时应在保证足够强度和刚度的情况下使重量尽量小,以节约浮力材料、降低成本、提高潜水器机动灵活性能。这要求框架设计应尽量选择密度低、强度高、可加工性强、焊接性能好的材料,即比强度和比刚度较高的材料。但是这些特性有些是相互制约的,比如高强度与良好的焊接性能、疲劳性能等相互制约,所以应针对不同的工作深度和不同功能定位的潜水器进行综合选取。此外,在选材时,应尽量避免相互接触的结构和设备使用不同材料,以避免产生电化学腐蚀,从而提高潜水器的可靠性,降低费用支出[12]。若使用不同的金属材料,虽然可以采用绝缘和涂装来进行防腐,但是一旦涂装发生意外的脱落,局部腐蚀会迅速扩大。

　　载人潜水器载体框架结构目前仍以钛合金为首选材料。中国"蛟龙"号潜水器在选择框架材料时,由于载人球壳及其他小型耐压壳采用了钛合金材料,为了避免异种材料造成电化学腐蚀,主框架结构和设备支架均采用 ΠT-3B 钛合金板材(焊丝为 2B)制造,该型号钛合金材料具有 600 MPa 级的屈服强度,材料密度为 45 kN/m³,弹性模量 $E =$ 115 GPa,泊松比 $\mu = 0.3$。表 5.5 为材料化学成分,表 5.6 为材料机械性能。

表 5.5　ΠТ‐3B 钛合金化学成分　（质量分数,%）

牌号	Ti	Al	V	Zr	Si	Fe	O	H	N	C	杂质和
ΠТ‐3B	基	3.5～5.0	1.2～2.5	≤0.30	≤0.12	≤0.25	≤0.15	≤0.006	≤0.04	≤0.10	≤0.30
实测值	基	4.48	1.95	0.020	0.011	0.069	0.102	0.003	0.007	0.007	0.063

表 5.6　ΠТ‐3B 钛合金退火状态机械性能

力学性能	0.20%强度 (MPa)	极限拉伸强度 (MPa)	延展率(%)	断面收缩率 (%)	临界应力强度因子 (MPa$\sqrt{m}$)
设计指标	>600	650～870	>11	>26	>7.0
实测值	689	744	12.6	35.1	10.6

5.2.4　轻外壳材料

考虑到潜水器的使用条件和寿命要求,轻外壳的材料必须满足如下几个关键技术要求[13]：

① 质量轻,比强度(σ/ρ)、比刚度(E/ρ)高；

② 布放回收过程中具备抵抗波浪冲击载荷的能力；

③ 具有各向异性和结构可设计性；

④ 设计上分块布置合理、安装拆卸方便；

⑤ 成型工艺性好,产品变形量小、使用经济；

⑥ 耐腐蚀性。

目前,世界上所有大深度载人潜水器,如美国"阿尔文"号、法国"鹦鹉螺"号、日本"深海 6500"号、俄罗斯"领事"号,都使用复合材料制造潜水器的轻外壳壳板。

复合材料按照结构特点的不同可以分为纤维增强复合材料和颗粒增强复合材料。潜水器常用的玻璃纤维树脂复合材料一般是玻璃钢(FRP)。玻璃钢是用玻璃纤维增强的热固性塑料,是以玻璃纤维或碳纤维玻璃布、玻璃带等玻璃纤维制品为增强材料,以合成纤维树脂为基体制成的复合材料[14]。

高压海水的浸泡会造成玻璃钢机械性能的改变,因此在材料制造阶段,除了要测试材料在干态下的机械性能,还需要在潜水器工作压力下,对玻璃钢材料进行浸泡,浸泡时间与作业时间相等,然后测试其湿态机械性能。要确保材料在干湿态下的机械性能分散性较小,并且在湿态下材料强度的保留率较大。

船用高强玻璃钢材料一般能够满足轻外壳对玻璃钢技术性能指标(干态)的要求。选用时要满足轻外壳的使用条件和关键技术要求,同时机械性能、抗腐蚀性能、工艺性能和吸水率大小、生产应用情况等因素需要综合考察。

5.2.5　浮力材料

潜水器的正浮力通过浮力材料来提供。浮力材料占载人潜水器总重量的比重比较大,约为三分之一,因此浮力材料的性能指标将很大程度上影响潜水器的性能。低密度、耐高压的浮力材料技术的突破是大深度载人潜水器研制的关键。潜水器潜深的逐渐增大,对浮力材料的性能也提出了更高的要求,其研制难度也随之增大。

浮力材料一般由均匀分布在环氧树脂中的中空玻璃微珠组成。玻璃微珠直径大小一般为 $5 \sim 100 ~\mu m$。玻璃微珠需按照标准筛选后进行尺寸大小的比例搭配,然后进行环氧树脂填充作业,材料成型之后放入炉中在适当的温度和时间条件下加热,使树脂充分固化。评价浮力材料性能优劣的一个重要指标是其在高压下的吸水率,吸水率大小可通过对浮力材料进行高静水压力试验获得。

我国大深度载人潜水器选用了 DS-35 浮力材料(美国 Emerson & Cuming 公司提供),其密度为 $0.561 \times 10^3 ~kg/m^{3[13]}$,所使用的主要技术性能指标如表 5.7 所示。

表 5.7　浮力材料主要性能指标[13]

密度 ($\times 10^3 kg \cdot m^{-3}$)	压缩强度 (MPa)	剪切强度 (MPa)	拉伸强度 (MPa)	体积弹性模量 (GPa)	冲击韧性 (J/m)	泊松比	吸水率 (71 MPa;8 h)
0.56	68.16	14.8	26.8	3.73	10.1	0.3	<1%

5.3　耐压结构的设计和制造

5.3.1　耐压结构的形式

目前,潜水器耐压结构多采用球形、圆柱形、椭球形、球柱组合等多种结构形式,如图 5.3 所示[15]。20 世纪 60 年代,人们开始提出双球耐压结构以及多球交接耐压结构,并对此进行了大量的理论研究与实验[16-21]。最近,有学者提出深海蛋形耐压壳仿生技术以及多蛋交接耐压壳仿生模型[15, 22-24],这种壳体的厚度连续变化,相比球形壳体,在强度、稳定性、浮力储备和空间利用率等方面更具优势。

在保证足够结构强度的前提下,采用合理的结构形式与材料,对减少其重量非常重要。相对其他结构形式,球形结构的耐压性能优异,并具有最小的浮力系数(即质量/排水量比),因而在潜水器中应用最为普遍。世界上主要大深度载人潜水器都是采用单球形耐压舱。表 5.8 比较了目前全球主要大深度潜水器载人球壳的基本参数。

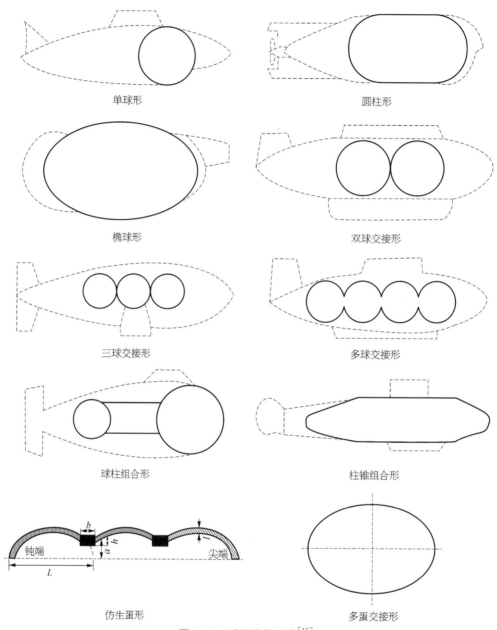

图 5-3 耐压结构形式[15]

表 5.8 深海潜水器载人耐压球壳比较

潜水器名称	和平 I / II	罗斯/领事	鹦鹉螺	深海 6500	阿尔文	新阿尔文	蛟龙	彩虹鱼(在研)
国家	俄罗斯	俄罗斯	法国	日本	美国	美国	中国	中国
潜深(m)	6 000	6 000	6 000	6 500	4 500	6 500	7 000	11 000
耐压壳材料	马氏体镍钢	钛合金	钛合金	钛合金	钛合金	钛合金	钛合金	马氏体镍钢

（续表）

潜水器名称	和平 I / II	罗斯/领事	鹦鹉螺	深海 6500	阿尔文	新阿尔文	蛟龙	彩虹鱼（在研）
国家	俄罗斯	俄罗斯	法国	日本	美国	美国	中国	中国
耐压壳内径（m）	2.1	2.1	2.1	2.0	2.0	2.1	2.1	2.1
耐压壳厚度（mm）	40	77	62～73	63.5	49	71.3	78	52
安全系数	1.88	1.5	1.5	1.55	1.2	1.35	1.5	1.43
体积密度	0.98	0.83	0.79	0.95	0.67	0.84	0.96	1.09
乘员	3	3	3	3	3	3	3	3
观察窗（mm）	200 2×120		120 2×120	120 2×120	127 2×127	3×178 2×127	200 2×120	200 2×120

5.3.2　载人舱结构设计

载人潜水器的载人舱设计主要基于船级社规范和基于板壳理论、有限元的直接设计方法，直接设计方法一般需要通过船级社的技术认证。现在这两种方法的结合越来越紧密，在设计过程中经常同时使用。

1) 载人舱结构设计流程

以"蛟龙"号载人潜水器为例，载人舱结构设计流程如图 5.4 所示。"蛟龙"号潜水器载人舱耐压壳体的结构形式为大开孔单球体结构。"蛟龙"号载人潜水器最大工作深度为 7 000 m，设计计算压力为 71 MPa。结构安全系数取为 1.5，极限破坏深度 10 500 m，设计破坏极限强度不小于 106.5 MPa。根据载人舱内布置要求，内径取为 2.1 m。因此，通过耐压球壳非线性极限承压能力计算确定载人舱球壳的厚度为 78 mm。在载人舱球壳上设有一只透光直径 480 mm 的乘员出入舱锥形台开孔、一只透光直径为 200 mm 和两只透光直径为 120 mm 锥形开孔。然后，采用经验公式和有限元方法进行局部结构优化设计。最后，对载人舱耐压壳体的总体结构与局部结构强度进行校核，直至符合结构设计要求。

2) 载人舱耐压球壳总体结构设计

20 世纪 60 年代，美国海军成立了研究小组，以深潜系统耐压艇体为对象，在泰勒船模试验池对 200 多个球壳

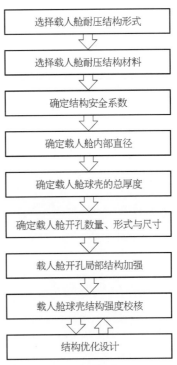

图 5.4　载人舱结构设计流程

模型进行了试验研究[25]，验证了球壳的几何形状、局部几何尺寸与其破坏强度的关系，试验发现球壳的极限强度取决于其局部半径和该处平均厚度，并得到了球壳极限强度与名

义半径和壳厚的关系比。考虑到球壳在加工制造过程中的几何形状缺陷和残余应力造成的临界应力的降低,提出了耐压球壳临界压力值的计算公式:

$$P_{cr} = 0.84 c_z \sqrt{E_s E_t} \left(\frac{t_{cr}}{R_{cr}} \right)^2 \tag{5.1}$$

式中　c_z——制造效应影响系数;

　　E_s, E_t——材料的正割模数和正切模数,图 5.5 是钛合金 Ti‑6Al‑4 V ELI 的双模量曲线;

　　t_{cr}——临界弧长上的壳板平均厚度;

　　R_{cr}——球壳外表面的局部曲率半径。

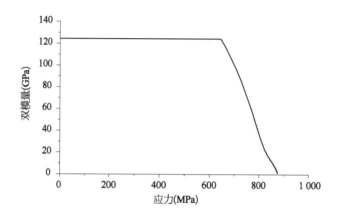

图 5.5　钛合金 Ti‑6Al‑4V ELI 的双模量曲线

上述公式广泛应用于球壳强度计算[2, 3, 26-29]。

此后,俄罗斯的 Paliy 在 ISMS'91[30] 上提出了一个新的公式用于计算深海潜水器耐压球壳临界压力,该公式已被俄罗斯船级社潜水器与潜水系统建造与入级规范采纳[31]:

$$P_{cr} = \alpha E (t/R)^2 \beta \tag{5.2}$$

其中:

$$\beta = \beta_1 \Big/ \sqrt[2]{(1 + (\beta_1 (1 + f') \sigma')^2)}$$

$$\beta_1 = 1/(1 + (2.8 + f') f'^{2/3})$$

$$f' = f/s$$

$$\sigma' = \sigma_e / \sigma_s$$

式中　f——最大初挠度;

　　f'——初挠度系数;

　　α, β——计算系数,球壳 α 取 1.2;

σ'——应力比；

σ_e——弹性屈曲应力；

σ_s——材料的屈服应力。

从图 5.6 可以看出考虑线弹性屈曲的完美耐压球壳的极限强度值与经典值之间的差别[32]。

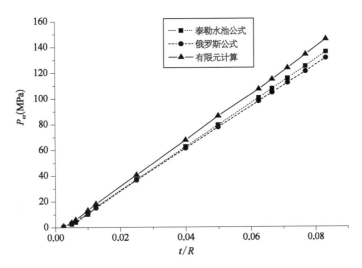

图 5.6 考虑线弹性屈曲的完美耐压球壳极限强度值与经典值的比较

载人舱耐压球壳在制造加工过程中，难免出现各种类型的初始缺陷，这会影响耐压球壳的总体极限强度。采用有限元方法[33]关于不同潜深载人潜水器耐压结构球壳极限承压能力对初始缺陷的敏感性分析发现结构的承压能力在缺陷范围处于临界弧长时最弱。因此，耐压球壳的非线性稳定性计算公式中应考虑材料非线性以及初始缺陷的影响[34]。

载人潜水器耐压球壳的直径一般由乘员数量与舱内设备布置空间要求决定，而壁厚通常有耐压球壳的非线性屈曲强度计算求得。有限元作为计算耐压球壳屈曲强度的常用方法，其一般求解流程可以参考图 5.7[35]。

潜水器规范设计是载人舱球壳设计的一种重要方法，各国船级社都有潜水器设计的相应规范[36-40]。关于潜水器耐压壳稳定性计算，现行各国潜水器规范中一般都是在弹性屈曲压力的基础上进行系数修正，但各国规范的修正系数有所差异。现行中国潜水器规范中的极限强度计算公式是通过归纳对比各国潜水器规范中耐压结构的极限强度计算公式，并进行大量非线性有限元分析拟合[41-44]的基础上得到的，能普遍适用载人潜器耐压球壳的设计。

以在研的"彩虹鱼"号 11 000 米级载人潜水器为例，中国船级社规范《潜水系统与潜水器建造与入级规范》[41,44]为设计准则，下面对载人舱球壳的总体结构设计进行说明。

（1）总体结构设计准则。

① 总体结构安全系数取为 S。

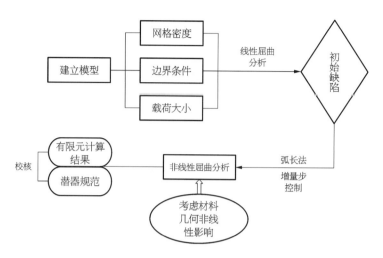

图 5.7　非线性屈曲求解流程图[35]

② 最大工作压力为 P，考虑初始缺陷的耐压球壳的极限强度不低于 S 倍的最大工作压力，即 $S \times P$。

③ 在最大工作压力下，球壳中层金属的平均薄膜应力不能超过材料的屈服强度 σ_y/S。

（2）确定耐压球壳的总体厚度。

以在研的"彩虹鱼"号 11 000 米级载人潜水器为例，基于对舱内布置的要求，其耐压球壳内径 $R_i = 2.1$ m，联立中国潜水器规范[36]球形耐压壳体的极限强度计算公式和球壳平均薄膜应力计算公式，求解确定球壳的总体厚度 t。

① 球形耐压壳体的极限强度计算公式[36]：

$$P_u = (1-k)\left(\frac{\sigma_u t}{R_i} + \frac{\sigma_u t}{R_m}\right) = S \times P \text{（MPa）} \tag{5.3}$$

式中　P_u——球壳的极限承载压力（MPa）；

　　　σ_u——材料拉伸强度（MPa）；

　　　R_m——球壳中面半径（mm）；

　　　R_i——球壳内半径（mm）；

　　　t——球壳厚度（mm）；

　　　k——制造偏差修正系数，按下式计算：

$$k = a_0 + a_1 x + a_2 y + a_3 x^2 + a_4 xy + a_5 y^2 + a_6 x^2 y + a_7 xy^2 + a_8 y^3 +$$
$$a_9 x^2 y^2 + a_{10} xy^3 + a_{11} y^4 + a_{12} y^2 y^3 + a_{13} xy^4 + a_{14} y^5$$

其中，$x = 346.74 \times (\Delta/R_i - 0.005\ 5)$；$y = 57.7 \times (t/R_i - 0.052\ 5)$；$\Delta$ 为球壳制造最大允许偏差，取 0.5 mm。

k 各项系数取值如下：

$a_0 = 0.135\ 9$　　　$a_1 = 0.045\ 25$　　　$a_2 = -0.049\ 42$　　$a_3 = 0.001\ 285$　　$a_4 = -0.023\ 27$

$a_6 = 0.022\ 78$　　　$a_6 = -0.000\ 233\ 7$　$a_7 = 0.011\ 38$　　$a_8 = -0.010\ 32$　　$a_9 = -0.003\ 564$

$a_{10} = -0.001\ 883$　$a_{11} = 0.003\ 514$　　　$a_{12} = 0.002\ 121$　　$a_{13} = -0.000\ 643$　$a_{14} = -0.000\ 677\ 2$

② 球形耐压壳体平均薄膜应力计算公式[36]：

$$\sigma_{\mathrm{m}} = \frac{PR_{\mathrm{o}}^3}{2(R_{\mathrm{o}}^3 - R_{\mathrm{i}}^3)}\left[2 + \left(\frac{R_{\mathrm{i}}}{R_{\mathrm{m}}}\right)^3\right] = \sigma y/S\ (\mathrm{MPa}) \tag{5.4}$$

式中　R_{o}——球壳外半径(mm)；

　　　R_{m}——球壳中面半径(mm)；

　　　R_{i}——球壳内半径(mm)；

　　　P——最大工作压力(MPa)。

3）载人舱耐压球壳局部结构设计

载人舱耐压球壳上由于各种需要而开孔，其中较大的开孔如乘员出入舱开孔、观察窗开孔等。这些开孔会严重削弱耐压球壳的强度和刚度；因此，采取合理的局部结构加强对提高耐压壳体的失稳压力和减少局部应力水平至关重要。耐压球壳的加强形式较多，最常用的是围壁加强。目前，关于耐压球壳开孔局部加强的直接设计的公式非常少，一般采用有限元方法来直接设计[2, 36, 45-48]。文献[49]介绍了一种 Mattheck 拉伸三角形法（图 5.8）设计开孔局部加强结构，研究表明这种方法能实现局部结构优化设计，有效减少局部应力水平。

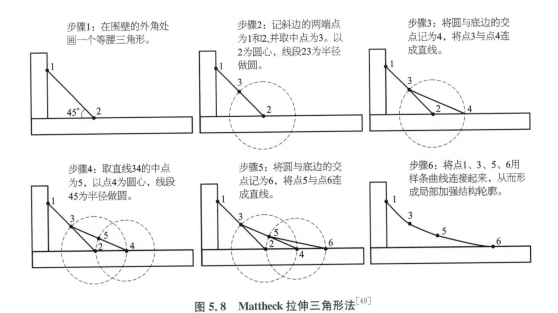

图 5.8　**Mattheck 拉伸三角形法**[49]

下面以"蛟龙"号载人潜水器的人员出入舱开孔为例，对局部结构设计进行说明，如图 5.9 所示，开孔加强处主要几何参数包括 D_0、D_1、D_2、t、H、h、α、β、θ，耐压球壳极限强度将受到这些参数变化的影响。一般来说,先根据耐压壳的布置要求确定结构的几何参数 D_0、D_1、D_2、θ;t 是完整球壳本体厚度。

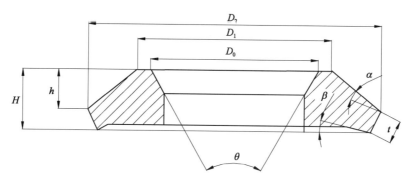

图 5.9　乘员出入舱开孔结构形式

β 对极限强度的影响:出入舱几何参数 D_0、D_1、D_2、t、R 为定值,通过改变参数 β 来分析它对极限强度影响。图 5.10 是不同 β 值的球壳的极限强度,从图中可见两种增量控制下的极限强度的变化趋势一致,围栏高度随 β 增加而增大,当 $\beta>-4°$ 时,球壳的极限强度随 β 的增大而减小;当 $\beta<-8°$ 时,球壳的极限强度随 β 的减小而减小;当 $\beta=-4°\sim-8°$,极限强度存在一个极大值,可见增加围栏高度不一定能增加球壳的极限强度。设计取 $\beta=-8°$。

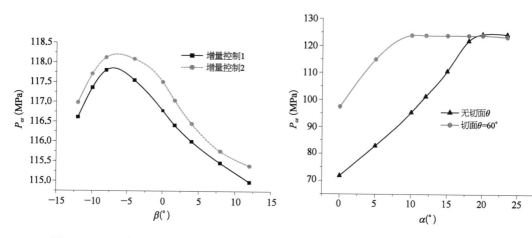

图 5.10　不同 β 值下球壳的极限强度　　　图 5.11　不同 α 值下球壳的极限强度($\theta=60°$)

若固定参数 $\beta=-8°$,耐压球壳极限强度受参数 α 和 θ 对影响见图 5.11。从图 5.11 中可见,当出入舱围栏没有切面时,极限强度随 α 值的增大,经历了一个先上升后下降的过程,在 $\alpha=20°$ 时,极限强度达到最大值;当出入舱围栏上有 60°切面时,在 $\alpha=10°$ 左右,极限强度达到最大值。

图 5.12 给出了切面对极限强度的影响（$\theta = 60°$）。从图 5.12 中可见，当 $\alpha <$ 20° 时，切面的引入可以提高极限强度，当 $\alpha = 5°$ 时，提高系数达到最大为 0.386；当 $\alpha < 20°$ 时，切面的引入降低了极限强度。

从图 5.11 和图 5.12 中可以看出，参数 α 对极限强度有显著影响。在没有锥面斜切角 θ 的情况下，α 从 0° 上升到 23.5°，极限强度也从 71.84 MPa 上升到 124.35 MPa。但是，$\alpha > 18°$ 后，极限强度变化不显著。7 000 米级载人潜水器

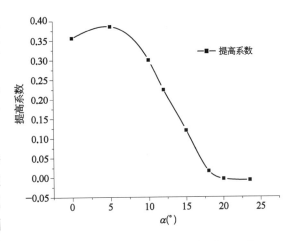

图 5.12　切面 θ 对极限强度影响（$\theta = 60°$）

舱口盖具有 60° 斜切角，在有锥面斜切角 $\theta = 60°$ 的情况下，α 从 0° 上升到 10° 以后，极限强度也从 97.44 MPa 上升到 123.95 MPa。但是，$10° < \alpha < 23.5°$ 的范围内，极限强度变化不显著，均维持在 124 MPa 左右。实际设计取 $\alpha = 12°$，$\theta = 60°$，极限强度约为 124 MPa，设计是合理的，如图 5.13 所示。

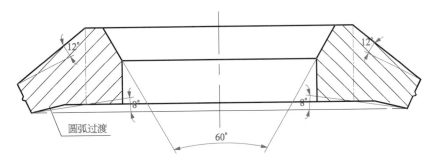

图 5.13　乘员出入舱开孔优化设计结构形式

与观察窗的类型相对应，常用的观察窗窗座开孔类型有两种：圆锥台形、圆柱台形；其中前者最为常见，其优点是耐压壳体上开孔小、观察视野大、在高压下密封性可靠、对平面圆锥形观察窗的支撑性好。"蛟龙"号载人潜水器就是采用这种形式。

图 5.14 为常见的观察窗窗座结构，窗座围栏与球壳连接过渡处的参数 γ、R 影响局

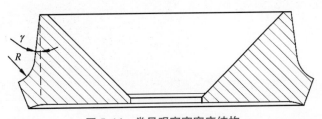

图 5.14　常见观察窗窗座结构

部应力水平和球壳的极限强度,是主要的分析和优化目标。通过有限元分析方法计算不同 γ 和 R 下的球壳极限强度(表 5.9),计算结果表明参数 γ、R 对球壳的极限强度影响很小。

表 5.9 γ、R 对球壳的极限强度的影响

$\gamma(°)$	$R(\text{mm})$	$P_{cr}(\text{MPa})$
0.0	50	125.08
0.0	75	125.16
0.0	100	125.00
5.0	50	125.15
5.0	75	125.12
17.1	100	125.00

由于观察窗、舱口盖与载人球壳不是一个整体结构,在进行结构强度计算时,需要对接触边界进行应力分析和变形协调分析。球壳开孔边界摩擦系数对接触区应力分布影响的研究结果表明[41]:球壳开孔基座的应力水平随摩擦系数增大而增大,而窗口盖与观察窗的应力水平却随摩擦系数的增大而减小。考虑到观察窗与窗座接触面比较光滑,并且一般会在接触面上涂黄油,文献[50]建议两者间的摩擦系数取 0.1~0.2。

5.3.3 载人舱球壳加工制造

目前,金属材料制造的大深度载人球壳均由两个半球连接成一个整体球壳。半球成型工艺常用的有 3 种(图 5.15):半球整体铸造成型;半球整体冲压成型;半球分瓣成型;两个半球可通过焊接连接或者螺栓连接成一个整球。表 5.10 归纳了全球主要大深度潜水器载人舱的制造方法。

(a)

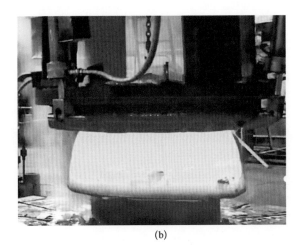

(b)

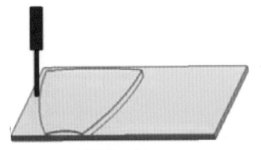

板材划线、下料　　　　　　　　　　　分瓣成型

分瓣组装、焊接

(c)

图 5.15　半球成型的 3 种方法

(a) 半球整体铸造成型；(b) 半球整体冲压成型；(c) 半球分瓣成型

表 5.10　世界主要大深度潜水器球壳制造方法[51]

国　家	名　称	起用时间	设计深度(m)	球壳材料	建　造　方　案
美　国	阿尔文	1974 年	4 500	Ti6211	半球整体成型＋气体保护焊
美　国	新阿尔文	2014 年	6 500	Ti64 ELI	半球整体成型＋电子束焊接
法　国	鹦鹉螺	1985 年	6 000	Ti64	两个半球＋螺栓连接

（续表）

国　家	名　称	起用时间	设计深度(m)	球壳材料	建造方案
日　本	深海6500	1989年	6 500	Ti64 ELI	半球整体成型＋电子束焊接
俄罗斯	和平Ⅰ	1988年	6 000	马氏体钢	铸造半球＋螺栓连接
俄罗斯	和平Ⅱ	1988年	6 000	马氏体钢	铸造半球＋螺栓连接
俄罗斯	罗斯	1990年代后期	6 000	钛合金	半球瓜瓣成型＋窄间隙焊接
俄罗斯	领事	1990年代后期	6 000	钛合金	半球瓜瓣成型＋窄间隙焊接
中　国	蛟龙	2010	7 000	Ti64 ELI	半球瓜瓣成型＋窄间隙焊接

注：＊"和平"号Ⅰ/Ⅱ潜水器起用时为苏联，但属于俄罗斯。

　　从表5.10可以发现，除马氏体镍钢球壳由于其焊接性能的缺陷，采用的是半球整体铸造，钛合金球壳都是半球冲压成型加工工艺。半球整体成型技术的制造工艺流程如图5.16所示，半球直接冲压成型后，进行赤道环缝焊接。半球分瓣成型技术，一般是将半球分成多个球瓣成型后，进行球瓣之间的焊接和赤道环缝的焊接，半球精加工到位后焊接孔座。

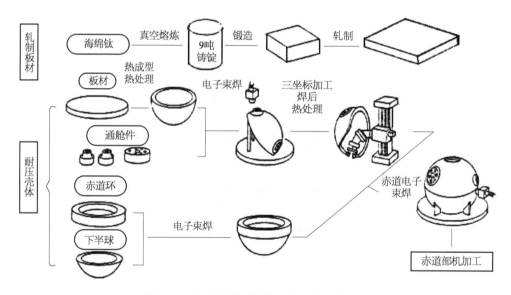

图5.16　载人舱半球整体冲压制造工艺流程

　　半球直接成型具有明显的优点，大大降低了焊接量，减少了焊接应力和应力集中系数，提高了球壳的加工精度和综合使用性能。缺点是：整体冲压成半球需要大规格整板钛合金，同时直接冲压半球的模具设计、工艺过程较复杂，球壳椭圆度不易控制，减薄量较大，需要更厚的板材，研制风险较大。分瓣冲压成型虽然能够降低板材的轧制和球壳的成型难度和成型费用以及制造风险，但是极大地增加了焊接量和机加工难度，大量焊缝的存在增大了球壳的焊接残余应力和应力集中系数。

　　"蛟龙"号载人球采用的是分瓣成型技术方案,其整体载人球制造工艺流程如图 5.17 所示。"蛟龙"号载人球的加工要经历厚板扎制、分瓣成型、分瓣机加工、半球焊接成型、半球机加工、半球对接等程序。其具体工艺流程如下:首先把 114 mm 厚的 BT6 板冲压成 14 只瓜瓣,每只瓜瓣上焊上三个吊耳,抹上白灰,划线后在机床上进行粗加工,坡口铣平(图 5.18),加工到尺寸后上装配工装,对齐焊缝线,然后加工每瓣的坡口,图 5.19 所示为窄间隙焊的坡口形式,最后上焊接工装焊接成半球(图 5.20)。焊接采用 TIG,手工送丝、中间 X 射线探伤,冲击消除应力,最后超声波探伤检验。半球焊接完成后进行整球对接焊接,形成完整载人球(图 5.21)。球体加工完成后进行了近 200 个测点的厚度检测。检测结果最小厚度为 77.1 mm,最大厚度为 77.8 mm,完全满足设计厚度 78 mm、公差 0～－2 mm 的要求。

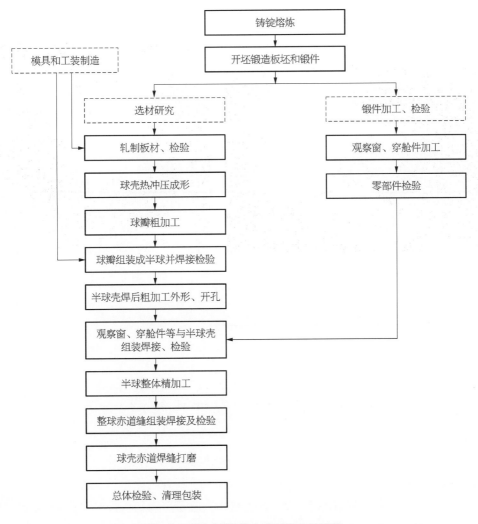

图 5.17　"蛟龙"号载人球制造工艺流程

图 5.18　冲压成型后的球瓣机加工

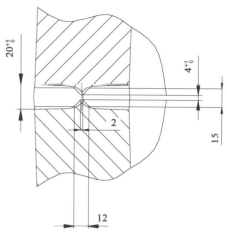

图 5.19　窄间隙焊的坡口形式

图 5.20　球瓣合拢成半球

图 5.21　半球合拢成整球

5.4　观察窗的设计和制造

　　观察窗结构作为载人潜水器最重要的核心关键部件,不仅设置在关系人员生命安全的载人舱结构上,也广泛布置在潜水器灯光和摄像系统元件结构上。同时,观察窗结构材料涉及透明基非金属材料,在结构设计与优化技术上异于金属结构件。因此,世界各国的潜水器规范均对观察窗结构的设计单设章节进行强制性约束与规范设计,以确保载人潜水器载人舱舱体和结构元器件的结构安全。

5.4.1　观察窗结构分类

水下潜水器观察窗的主要类型包含有：平圆形、锥台形和球扇形，如图 5.22 所示。不同类型的观察窗有不同的受力特点，且其视野成像特点也不一样。对于大深度载人潜水器而言，锥台形和球扇形应用的比较多。

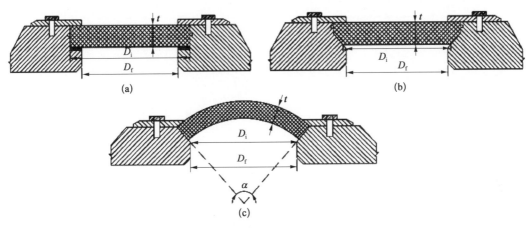

图 5.22　观察窗基本形式

（a）平圆形；（b）锥台形；（c）球扇形

图中 t—窗玻璃厚度；D_i—窗玻璃下缘口径；D_f—窗座视窗口径；α—窗玻璃中心角。

5.4.2　观察窗结构设计

对于观察窗的结构设计，世界上各国水下行业均有自己的规范方法，其中最为广泛使用的是美国机械工程师协会（American Society of Mechanical Engineers，ASME）规范方法，而我们国家船级社规范的设计方法也基本沿用了 ASME 的方法[52]。

设计时，当潜水器的最大工作压力不超过 69 MPa 时，其观察窗的结构尺寸根据短期临界压力值 STCP 除以最高环境温度下的转换系数 CF 确定，

$$p = STCP/CF \tag{5.5}$$

其中，短期临界压力值 STCP 是指在常温（21～25℃）下，当窗玻璃承受以 4.5 MPa/min 等速加载的静水压力时最终发生严重损坏的压力，其主要由窗玻璃的主尺度参数 (t/D_i) 确定，图 5.22b 锥台形观察窗由图 5.23 所示曲线确定；根据窗玻璃形状、压力范围和最高设计温度等因素可确定转换系数 CF，如图 5.22b 中所示的锥台形观察窗的尺寸可由表 5.11 确定；具体不同类型观察窗玻璃对应的 STCP 和 CF 均可依据现行规范设计曲线图表进行查值。

对于窗座与窗玻璃之间的契合尺寸，受窗玻璃主尺度参数和工作压力等因素影响，可分别计算获得。表 5.12 给出了图 5.22b 锥台形玻璃与窗座尺寸参数（D_i/D_f）的规定。

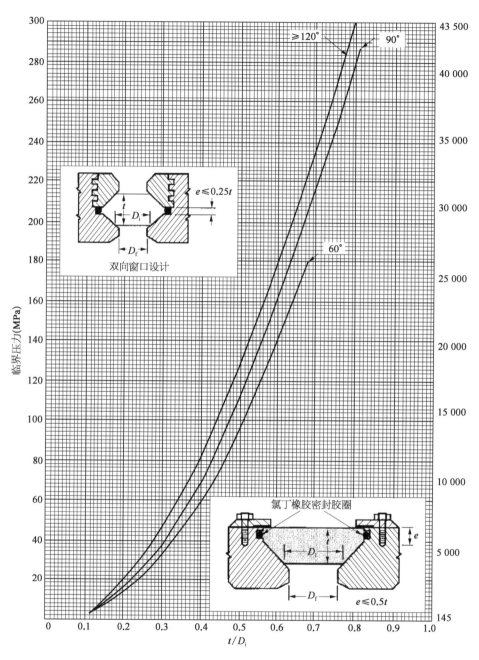

图 5.23 ASME PVHO‐1 对 *STCP* 与参数 t/D_i 曲线[52]

表 5.11 ASME 规范对转换系数 *CF* 的规定[52]

工作压力范围	温度(℃)				
	10	24	38	52	66
$N = 1$ 17.2 MPa(2 500 psi)	$CF = 5$	$CF = 6$	$CF = 8$	$CF = 10$	$CF = 16$

工作压力范围	温度（℃）				
	10	24	38	52	6
	↕ 这些压力的转换因子必须在显示的上下值之间进行插值 ↕				31 MPa（4 500 psi）
$N = 2$ 34.5 MPa（5 000 psi）	$CF = 4$	$CF = 5$	$CF = 7$	$CF = 9$	
$N = 3$ 51.7 MPa（7 500 psi）	$CF = 4$	$CF = 5$			
$N = 4$ 69 MPa（10 000 psi）	$CF = 4$	$CF = 5$	8 000 psi（55.2 MPa）		

表 5.12　ASME 规范对参数 D_i/D_f 的规定[52]

D_i/D_f 值

工作压力范围	坡口角度（°）			
	60	90	120	150
$N = 1$	1.02	1.03	1.06	1.14
$N = 2$	1.04	1.06	1.12	1.28
$N = 3$	1.08	1.09	1.17	1.36
$N = 4$	1.10	1.20	1.20	1.42

当潜水器最大工作压力在 69～138 MPa 的范围时，其观察窗窗玻璃的结构尺寸需根据长期和循环加压的非破坏性试验确定。现行 ASME 规范基本确定超高压力下的观察窗采用如图 5.22b 所示的锥台形观察窗且锥角为 90°或大于 90°。

超高压力观察窗的设计可查规范上的设计表（表 5.13）确定观察窗玻璃的主尺度参数（t/D_i 和 D_i/D_f）。

表 5.13　ASME 规范 69～138 MPa 工作压力下观察窗设计表[52]

设计压力		温　度　范　围									
		≤10℃					≤24℃				
		t/D_i	D_i/D_f				t/D_i	D_i/D_f			
MPa	（psi）		60°	90°	120°	150°		60°	90°	120°	150°
75.86	（11 000）	1.0	1.13	1.17	1.23	1.69	1.1	1.13	1.17	1.23	1.69
82.76	（12 000）	1.1					1.2				
89.66	（13 000）	1.2					1.3				
96.55	（14 000）	1.3					1.4				
103.45	（15 000）	1.4	↓	↓	↓	↓	1.5	↓	↓	↓	↓

（续表）

设计压力		温 度 范 围									
		≤10℃					≤24℃				
		t/D_i	D_i/D_f				t/D_i	D_i/D_f			
MPa	(psi)		60°	90°	120°	150°		60°	90°	120°	150°
110.34	(16 000)	1.5	1.20	1.26	1.53	2.48	1.6	1.20	1.26	1.53	2.48
117.24	(17 000)	1.6					1.7				
124.14	(18 000)	1.7					1.8				
131.03	(19 000)	1.8					1.9				
137.93	(20 000)	1.9	↓	↓	↓	↓	2.0	↓	↓	↓	↓

现行规范设计曲线存在一定的适用范围,对于超出此设计曲线或有特殊功能要求的潜水器观察窗采取可辅助充分有限元计算分析与模型试验验证的方法进行观察窗设计。

当前载人潜水器主要应用的观察窗是锥台形观察窗,主要是因为加工制造上的便利,同时耐压壳体上开孔小,观察视野大,在高压下密封可靠等。"蛟龙"号观察窗如图5.24所示。

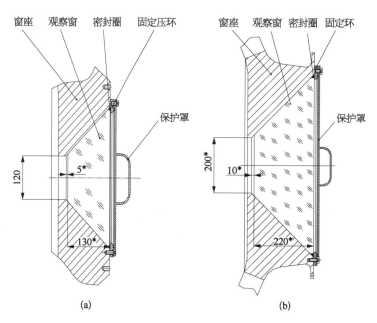

图 5.24 "蛟龙"号观察窗结构与尺寸

(a) 120 mm 观察窗；(b) 200 mm 观察窗

鉴于"蛟龙"号工作深度大于 69 MPa,因此根据 ASME 规范即表 5.13 可以设计观察窗玻璃的主尺度参数 $t/D_i=1$ 和 $D_i/D_f=1.17$；而对于观察窗窗座,规范要求设计的窗座结构要达到结构强度要求。因此,可利用有限元计算对观察窗开口加强进行尺寸优化设计。

为满足局部强度要求,需在观察窗开孔处进行加强结构设计,该加强结构称为观察窗窗座,窗座结构参数影响着球壳的强度。图 5.25 所示为初步设计的观察窗窗座结构,窗座围栏与球壳连接过渡处的参数还没有确定。下面计算不同 γ 和 R 下的极限强度,分析这些参数对极限强度影响,计算结果见表 5.14。

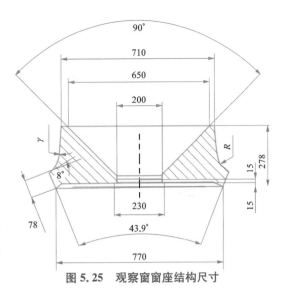

图 5.25　观察窗窗座结构尺寸

表 5.14　不同 γ、R 下的极限强度

$\gamma(°)$	$R(\mathrm{mm})$	$P_{\mathrm{cr}}(\mathrm{MPa})$
0.0	50	125.08
0.0	75	125.16
0.0	100	125.00
5.0	50	125.15
5.0	75	125.12
17.1	0	125.00

从表 5.14 中的数据显示可知,不同 γ、R 值对球壳的极限强度影响不大。

选择观察窗座参数 $\gamma=0°$,$R=75$,图 5.26 和图 5.27 给出了该模型的应力与位移分布图。由图 5.26 可见,窗座上端应力较低,低于 200 MPa;高应力分布在窗座下端内侧和球壳的应力,由图 5.27 可见,结构的最大变形处在窗座附近的球壳内侧,达到极限状态后,即使卸载,该处的区域会继续凹陷下去,非线性屈曲导致整个结构破坏。

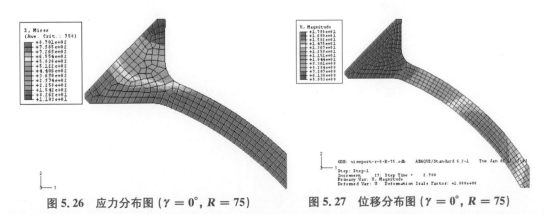

图 5.26　应力分布图 ($\gamma=0°$,$R=75$)　　图 5.27　位移分布图 ($\gamma=0°$,$R=75$)

实际设计主观察窗 $R = 75\ \mathrm{mm}$，根据圆弧过渡需要，$\gamma = 7°$，侧观察窗 $R = 50\ \mathrm{mm}$，$\gamma = 0°$。

由于观察窗、舱口盖与载人球非整体结构，可采用非线性接触有限元方法进行接触边界影响分析，分析边界摩擦系数对接触区应力分布的影响。图 5.28 是观察窗窗座和舱座与摩擦系数关系曲线；图 5.29 是观察窗玻璃和舱口盖与摩擦系数关系曲线。

因此，观察窗窗座在经过有限元优化计算后可满足结构强度要求。

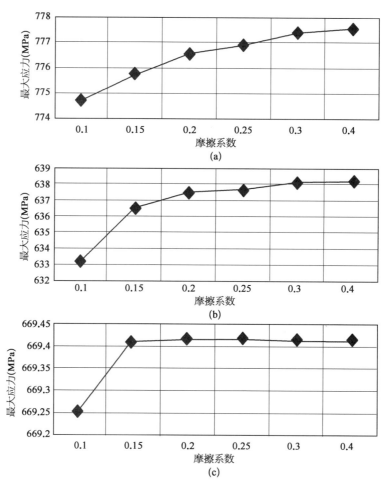

图 5.28 观察窗窗座和舱座与摩擦系数关系曲线

(a) $\phi120\ \mathrm{mm}$ 窗座；(b) $\phi200\ \mathrm{mm}$ 窗座；(c) 舱座

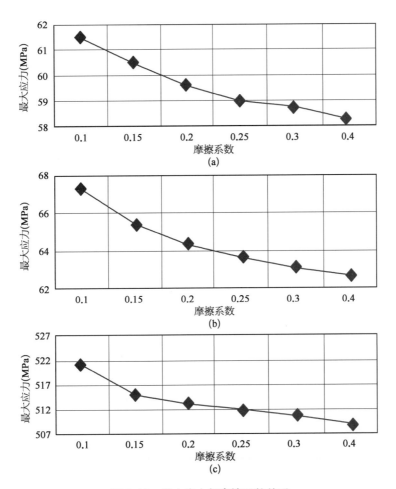

图 5.29　最大应力与摩擦系数关系

(a) ϕ120 mm 窗玻璃；(b) ϕ200 mm 窗玻璃；(c) 舱口盖

5.5　主框架结构设计

　　潜水器框架结构,作为潜水器吊放、回收、母船系固和坐底时的主要承载结构和各类内外部设备总装集成的载体,可分为主框架结构和辅助框架结构。主框架是主要的承载构件,可为各类设备提供安装基础;辅助框架主要作用是提供安装支架,少部分可以传递载荷。框架设计应考虑便于各类设备、仪器、浮力块和轻外壳的安装、拆卸与维护,同时尽量小的重量具备足够的强度和刚度。

5.5.1 主框架结构设计的影响因素

1）世界载人潜水器主框架结构的主要构造形式

目前载人潜水器支撑结构有两种常用类型，一是加筋壳体结构，二是立体框架结构[12, 53, 54]。

加筋壳体结构由壳体和加强筋构成，两者均为主要受力构件，可最大限度地利用结构空间。加强筋用来支撑壳体，减小板格以提高其强度和稳定性。加筋壳体结构的主要缺点是外壳不易移去从而造成设备维护不便，同时壳体强度易受开口影响，从而限制开口的数目、尺寸和位置。

立体框架结构由梁柱杆件和周围的壳板或蒙皮构成，梁柱杆件主要承载，壳板或蒙皮仅提供流线型外形。因此蒙皮可采用易于成型和分割、重量较轻的复合材料制造。与加筋壳体结构相比，立体框架结构在不影响整体结构情况下，便于除去整个或者部分蒙皮安装和维护设备，因此目前潜水器设计中主要采用立体框架形式。

综合上述两种构架的优缺点，不同位置采用不同类型的结构，起到互补的作用。比如艏部外形复杂、设备众多，采用框架结构较好；而在耐压壳段，采用加筋壳结构可以减轻结构重量，缩小尺寸[53]。

日本"深海2000"号和"深海6500"号（图5.30、图5.31）都采用了在构件端部焊接肘板，肘板之间用螺栓连接的方式，使所有的构件均可拆卸。主框架都采用了轻质高强度的钛合金材料，起吊方式为双点缆绳起吊。两个起吊点处是应力最大的部位，采用了比框架本体结构材料强度更高的钛合金材料。底部支架采用了一个非凸出的光滑外形，支撑潜水器重量的部分采用钛合金，其他部分采用玻璃钢。主框架全部采用了直线构件，同时为侧面蒙皮设置了弧形的辅助构架，以便将载荷传递到主要承载构件上[12]。"深海6500"号在靠艉部的起吊点与艉部结构之间设置了斜拉杆件，靠艏部的起吊点与艏部结构之间设置了斜拉杆件。"深海2000"号和"深海6500"号的框架优点是构件可以拆卸，方便仪器设备和浮力材料的维护和更换；缺点是采用螺栓连接增加了框架的重量，削弱了构件在连接节点处的局部强度。

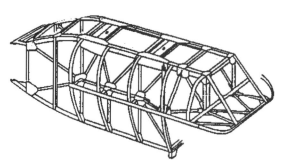

图5.30 "深海2000"号的框架结构

图5.31 "深海6500"号的框架结构

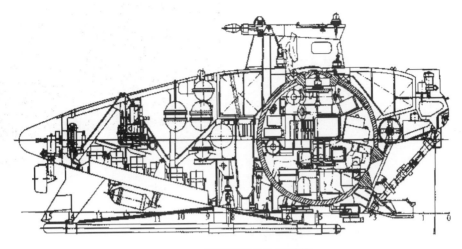

图 5.32　"罗斯"号的框架结构

　　俄罗斯"领事"号和"罗斯"号(图 5.32、图 5.33)框架结构比较简洁,在纵向中间采用四根纵桁组成强框架,整个艉部段纵剖面呈锥形;在顶部、底部和两侧采用横向及斜拉连接杆件,连接纵桁的构件总体组成 Z 字形;除在艏部载人球两侧设置了弧形框架构件外,中间段和艉部段两侧都未设置框架构件;将浮力材料加工成半圆柱块用钛合金薄条箍在框架两侧。这样,不仅框架结构形式简单,

图 5.33　"领事"号的框架结构

牢固可靠,浮力材料的安装和拆卸也很容易。底部专门设计了水平坐墩,用于潜水器坐沉海底。框架、其他结构和装置材料采用钛合金材料,避免电化学腐蚀,提高可靠性[55]。框架结构全部采用了焊接形式来代替需要定期检查的螺栓接合,保证了局部连接节点强度。

　　美国"阿尔文"号(图 5.34)主框架和载人球壳都是采用钛合金材料,其钛合金框架已经使用了二十年,光泽仍然闪亮,没有出现严重的损坏。但"阿尔文"号的支架部分大多采用不锈钢材料,部分容器如蓄电池箱体,则采用 ABS 工程塑料。在其他很多部位,例如采样篮、机械手、某些紧固件等,采用了非钛合金材料,加以牺牲阳极保护,并定时更换,这提高了框架的维护成本。

　　"阿尔文"号框架结构整体比较简洁。采用单点起吊方式,起吊点是一个钛合金十字架,内有和起吊销对应的销孔。为了控制潜水器在吊放回收时候的姿态,特地设置了艉部拖带眼板和背部吊钩。在起吊结构与框架艏艉之间均设置了斜拉杆件。由于载人球设计为可以紧急上浮,在载人球上部没有设置框架结构,载人球可以直接从上部吊放在框架上。"阿尔文"号框架的底纵桁较强,坐底时能够承受一定强度的碰撞作用。

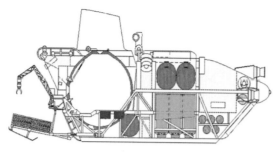

图 5.34 "阿尔文"号的框架结构

2）载体框架设计需要满足的基本要求

载体框架结构是整个潜水器的支撑骨架，直接关系到潜水器的使用安全。载体框架结构的设计必须满足以下几个基本要求。

（1）总布置对框架结构的设计要求。

框架必须能够对每个分系统的所有设备和浮力材料、轻外壳等外部结构进行支撑，为其提供安装空间，且不能影响设备的正常使用。有些潜水器在下潜过程中需要携带可弃压载，还将蓄电池或其他较大重量模块设计成可抛弃式，甚至载人舱也可脱离潜水器本体，载体框架的设计需要为这些抛载预留空间。此外框架设计中应充分考虑到载人舱吊装的方便性。

（2）框架需要具有足够的总体强度和局部强度。

总体上，要求框架能够承受吊放、回收工况下潜水器全部重量和动载荷效应，以及艏部或艉部与母船可能发生的碰撞；在母船系固工况下能承受母船在波浪上运动时各个方向上的运动加速度；在海底巡航和坐底时，底部和艏部能够承受与海底的碰撞。为保证构件的使用寿命，应尽量使构件连接点等局部应力分布均匀，避免过度应力集中和塑性变形。

（3）框架结构应具有足够的刚度。

要求整体垂向位移较小，在纵向和横向的收缩较小，不能由于框架结构的位移而对设备和浮力材料产生挤压，从而影响设备和浮力材料的使用。

（4）框架结构应具有良好的稳定性，包括框架整体稳定性和构件压缩稳定性。

在吊放、回收和母船系固工况下承受动载荷，以及在海底和水面承受碰撞载荷时均不能出现结构失稳现象。

3）起吊方式的选择

目前的载人潜水器主要是通过水面母船艉部的门式吊架或舷侧折臂吊架进行布放、回收。起吊方式可分为单点起吊和两点起吊两种：如法国"鹦鹉螺"号、俄罗斯"领事"号、"罗斯"号、美国"阿尔文"号和中国"蛟龙"号都采用了单点起吊方式；日本"深海 2000"号和"深海 6500"号则采用了两点起吊方式。

这两种起吊方式各有优缺点,单点起吊方式比较简单方便;但由于在布放、回收过程中,要求潜水器保持一定的纵横倾稳定性,需要增加止荡装置;此外,吊点一般选择在艇舯位置,艇体处于中拱状态,对起吊点的强度和艇体的强度和刚度有较高要求。两点起吊对艇体的强度和刚度要求相对低一些,并且能够减少艇体纵倾,比单点起吊的结构安全性更容易保证,可以很好地解决起吊过程中的纵向平衡问题,且两点起吊可以分散布放、回收时框架结构的受力,减少变形。起吊方式的设计还要与水面母船的起吊设备相结合。

4) 构件连接方式的选择

目前,载人潜水器载体框架结构的构件连接方式主要有螺栓连接和焊接这两种方式。如日本"深海 2000"号和"深海 6500"号采用了螺栓连接;美国"阿尔文"号和俄罗斯"领事号"、中国"蛟龙"号等采用了焊接方式。目前较多采用焊接方式。

框架结构复杂,由多根构件交汇焊接形成的节点较多;空间狭小,不利于氩弧焊接的气体保护,焊接难度较大。这些节点传递多个构件之间的力和力矩,结构应力集中较为明显,因此节点设计是框架设计的重点。框架连接点的加强肘板可以与型材的面板或腹板融合成一体,并采用圆形过渡,从而降低节点处的应力集中,减小焊接变形和焊接残余应力。图 5.35 是典型的框架节点连接方式。

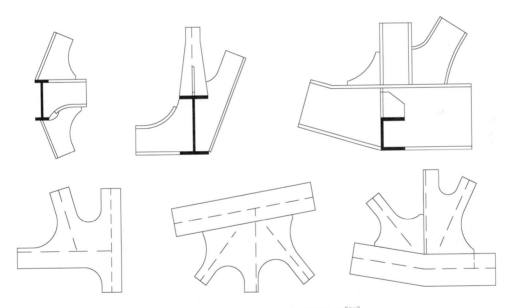

图 5.35　典型构件连接节点连接方式[53]

5) 框架结构形式

以"蛟龙"号为例简要介绍一下框架的结构形式,如图 5.36 所示。

为了保证载人潜水器的总纵弯曲强度,"蛟龙"号的主框架采用纵骨架式立体矩形骨架与横框架相结合的形式。沿潜水器长度方向布置顶纵桁、舷侧纵桁和底纵桁三层纵桁,每层纵桁由左右平行的两根工字梁组成,上下对应。三层纵桁之间由横框架连接,布置间

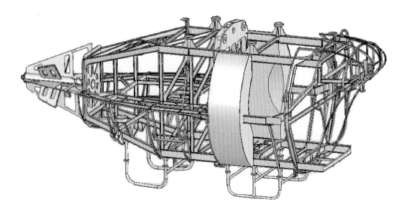

图 5.36　载体框架立体图

距上充分考虑设备和浮力块的安装、拆卸与维护空间等总布置要求。在承受较大集中载荷的部位,如载人舱,布置强横底横梁和强横框架。同时,各横框架和纵桁之间布置斜拉杆件以保证框架的承载能力。

起吊框架用于传递载荷至起吊点,应位于主框架中部,即靠近潜水器质量分布中心的位置。起吊框架是由工字型材组成的强框架,上部为起吊耳板,通过加大构件尺寸,保证起吊点和起吊框架的连接强度。单点起吊时可利用纵向连续框架结构和斜拉杆件防止艏艉部位框架产生过大垂向位移。为了保持框架的纵向平衡,在起吊点四周设置了四个止荡支座,同时还可以作为应急起吊点。当起吊装置或插拔销发生故障时,能够通过应急起吊点把潜水器回收到母船上,增加回收时的安全性,避免人员伤亡。

载人舱前额可设计艏部防撞骨架,通过艏部眉框、斜撑以及舷侧纵桁防止潜水器在水下狭窄区域和复杂地形处作业时发生碰撞损坏。潜水器艉部框架可设计成星形板架结构便于安装维护稳定翼、推进器等部件。此外,框架结构设计时还可考虑辅助安装支架和底部支架以满足潜水器坐底需要同时可用于支撑轻外壳、浮力块、稳定翼以及各种仪器、设备。

5.5.2　框架结构计算分析

在进行框架结构的计算分析之前,首先要搞清楚潜水器所处的外部工作环境以及所受到的载荷类型。

1) 工作环境

潜水器所处外部工作环境[38]如下。

(1) 海水:工作水域的水温、盐度等是设计潜水器的基础,它决定了海水的密度,根据作业深度进而确定潜水器所受外部压力。设计之初,可按推荐值作为设计基础,水温范围:$-2\sim+32℃$;含盐量为 3.5%;密度为 1.028 t/m^3;当潜水器下潜到一定深度时,其所受外部水压可按 0.010 1 MPa/m 计算。

(2) 水面运动:潜水器处于海面时,在有义波高至少为 2 m 的波浪下产生运动,垂向

加速度向下为 $2g$，向上为 $1g$；纵向和横向加速度为 $1g$（重力加速度 $g=9.81\ \mathrm{m/s^2}$）。

（3）外部空气：设计时假定潜水器处于在相对湿度 100%、温度从 $-10\sim+55℃$ 的含盐空气中。

（4）内部空气：内部为温度从 $0\sim+55℃$ 的含油、盐空气，温度较低时相对湿度可达 100%，易发生凝结露珠。耐压壳体中气压保持在 $0.07\sim0.13\ \mathrm{MPa}$。

（5）危险区域：若在爆炸危险区域（如海上石油、天然气平台）使用，潜水器设计时应考虑爆炸产生的影响。

2）设计载荷

根据潜水器吊放系统的类型、作业特性，在潜水器框架设计时应考虑如下设计载荷[36, 37, 56]。

（1）自身固定载荷：是潜水器中所有设备及其附属构件在空气中的净重。

（2）有效可变载荷：潜水器中包括人员、工具、消耗品、系统中所携带的水以及增加的物质（如采集到的样品）等在空气中重量。

（3）附加载荷：附连水、进入潜水器非耐压外壳空间内的泥和水等。

（4）波浪载荷：潜水器在海面拖航或布放与回收时，所处海况下在波浪中各种运动受到的加速度、波浪拍击等载荷。

（5）吊放惯性载荷：吊放系统起吊时各种运动及荷重摆动所产生的惯性力，该载荷产生于垂向、纵向、横向的加速度。

（6）潜水器母船的运动载荷：潜水器在吊放和存放时由母船在波浪中的各种运动所产生的载荷。

（7）风载荷：潜水器在风运动方向投影面积上所受到的风载荷。

（8）碰撞载荷：潜水器作业坐底及吊放回收时，底部与海底之间、潜水器及其附件与周围狭窄环境之间、艏艉与母船之间等冲击、碰撞载荷。

（9）冰面挤压载荷：潜水器在冰区作业时受到的冰面堆积或挤压等载荷。

其中：（1）和（2）项之和可作为框架计算的基本载荷，是潜水器吊放时的安全工作负荷。附加载荷、波浪载荷、风载荷、母船运动、吊放加速度等可作为计算的额外载荷。这些额外载荷有些很不规则，无法精确计算，可以根据经验粗略估算，取为潜水器基本载荷的倍数，该倍数即可作为动载系数。

3）工作工况

潜水器的计算工况可根据具体其工作状态分成几个工况[36, 37, 56]。

（1）正常水下作业工况：这是潜水器在水下设计深度作业状态时的工况，其涉及的载荷为海水外压力、设备内压力、坐底与狭窄水道中碰撞载荷、水下洋流冲击载荷、推进器及稳定翼等附件工作产生的载荷等。

（2）水面工况：潜水器在水面漂浮、拖航时的工况，其涉及的载荷为海面波浪载荷、拖航载荷、风载荷、与母船的碰撞载荷、推进器及稳定翼等附件工作产生的载荷、冰区冰面挤压载荷等。

（3）吊装工况：指定海况下潜水器被布放、回收时的工况，其涉及的载荷为吊装载荷、风载荷、与母船的碰撞载荷、母船在波浪中运动载荷、冰区冰面挤压载荷等。

（4）存放工况：潜水器在母船上存放系固时的工况，其涉及的载荷为母船在波浪中的各种运动载荷、与母船的碰撞载荷等。

（5）极限强度工况：潜水器处于水下极限深度时的工况，该工况非作业工况，仅用于计算潜水器强度储备，其涉及的载荷为最大极限载荷。

（6）试验工况：潜水器建造或改造修理完成后处于试验状态时的工况，主要用于检测整体或局部强度、密性、功能等，其涉及的载荷为不同设备各自试验载荷。

潜水器在水下作业时重力和浮力基本平衡，且框架是暴露在海水中的开式结构，因此框架结构本身受力较小。吊装工况回收时潜水器需要穿越水/空气界面，此时框架不仅需要承受整个潜水器重量等基本载荷，还需要考虑进入潜水器的泥和水、附连水、波浪载荷、风载荷、母船运动、吊放加速度等额外载荷。布放时，潜水器中不存在进入潜水器的泥和水、附连水等，故布放状态的受力要小于回收状态时的受力情况。存放工况时潜水器系固于母船，此时潜水器的所有重量均随母船做各种运动，这些载荷全部集中作用于框架上。因此，潜水器吊装工况（尤其是回收）和存放工况时，框架所受到的载荷较大，是最不利的工况。所以这两个工况可作为在指定海况下框架计算的主要设计工况。

4）作业系数、动载荷系数与安全系数的确定

考虑到潜水器吊放作业的频次和作业状态，引入一个作业系数的安全余度系数 φ_d。安全余度系数取决于作业频次和吊运的繁重程度，并假定在正常条件下的工作寿命（工作循环次数）内安全工作负荷应考虑作业系数的影响[36,57]。此系数一般可取为：$\varphi_d = 1.20$。

考虑到被吊放的潜水器需穿过空气/水界面这一特殊工况，由于受到中吊放加速度、冲击、母船运动等的影响，需要引入一反映动态效应的动载系数 φ_h，此系数一般应取为：$\varphi_h \geqslant 1.70$。

潜水器框架的设计载荷为：

$$设计载荷 = 安全工作负荷 \times 动载系数 \varphi_h \times 作业系数 \varphi_d + 风载荷等$$

式中　$\varphi_h \times \varphi_d = 1.2 \times 1.7 = 2.04$。

根据中国船级社（China Classification Society，CCS）《船舶与海上设施起重设备规范》（2007）在有关潜水器吊放系统的 3.3.3 节规定：动载系数 φ_h 应根据设计工作海况按下式计算：

$$\varphi_h = 0.83 + \varphi_w \sqrt{\frac{K}{Q_l}} \tag{5.6}$$

式中　φ_w——5～6 级海况下波浪系数，取 21.7；

　　　K——起重机系统的刚度（N/mm）；

　　　Q_l——起升载荷（N）。

初步设计时，$\sqrt{\dfrac{K}{Q_l}} = 0.057$

则 $\varphi_h = 0.83 + 21.7 \times 0.057 = 2.07$。

表 5.15 是国内外载人潜水器的动载系数、安全系数和计算载荷系数的选取标准[31, 56, 58]。其中,日本"深海 2000"号的 $\varphi_h = 1.4375$ 是根据起吊载荷推算而得的[1];此外,美国"阿尔文"号载体框架结构强度的考核是以 1.5 倍潜水器重量作为加载载荷值来进行的;韩国潜水器规范规定潜水器外部结构的计算应力值不应高于材料屈服强度的 0.6 倍。

表 5.15　国内外载人潜水器的动载系数、安全系数和计算载荷系数

海况及考察项目		日本"深海 2000"规范	俄罗斯潜水器规范	中国潜水器规范
海况	布放(级)	3	4	5
	回收(级)	4	4	5
动载系数 φ_h		1.4375	1.8	1.7
安全系数 $n = \sigma_s/[\sigma]$		4	3.2	3.5
计算载荷系数 $K = \varphi_h \cdot n$		5.75	5.76	5.95

借鉴国外潜水器动载荷系数与安全系数的情况,并综合考虑框架结构材料及加工工艺缺陷、设计载荷估计的不准确性、强度计算方法的不确定度等因素,动载系数为: $\varphi_h = 2.0$;安全系数为: $n = 3.0$。

根据设计载荷计算获得框架的结构应力后,选取合理的安全系数来确定的许用应力,以判断结构强度的许用标准。许用应力即可按下式计算: $[\sigma] = \sigma_s/n$。

5.5.3　主框架结构的加工制造

潜水器主框架可采用标准型材及板材加工成型,然后通过焊接或螺栓连接成完整框架。

首先需要对材料进行表面处理。对于板材根据设计要求切割成板料,将板料焊接成工字型材、匚型材、T 型材和 L 型材等基本单元;对于标准型材,则直接按长度切割成基本单元。接着对基本单元进行检验并按装配图作标记。准备好安装平台,并按照装配流程和装配工艺将基本单元组装成各种分段。最后总合拢,并按工艺要求进行热处理。

需要注意的是,在主框架的设计阶段,必须要充分考虑整个潜水器装配工作的可操作性,必须根据各种系统和设备的安装要求,制定合理的装配流程,并预留各设备的装配空间。

5.6　玻璃钢轻外壳设计

包裹在潜水器外表面的轻外壳呈流线型外形,以提高潜水器的水动力性能,并保护潜

水器内部设备。轻外壳结构主要由外部壳板和内部构架构成,前者形成潜水器外形,后者为外部壳板安装在载体主框架上提供支承。在潜水器下潜时外部海水进入内部空间,轻外壳内外侧均承受静水压力而保持平衡,但在水面需要保证轻外壳具备足够的抗冲击能力。

5.6.1 玻璃钢轻外壳结构型式分析与选择

1) 玻璃钢轻外壳的布置和分块

(1) 玻璃钢轻外壳布置。

玻璃钢轻外壳布置要满足潜水器总体性能与总布置要求,具体从以下四个方面来考虑轻外壳的布置:潜水器质量、质心、浮力和浮心等要求;浮力块总质心(型心)位置高度的要求,即浮力块在上;潜水器内部设备安装和维护方便的要求,即轻外壳在下;线型复杂处浮力块在内,轻外壳在外,尽量降低浮力块加工难度。

(2) 玻璃钢轻外壳分块。

潜水器的一个重要设计目标就是要减轻重量、降低造价和作业费用。为此可允许轻外壳结构在偶然事故中产生局部损坏,这要求轻外壳能够便于拆解维修。

此外,艏部轻外壳内部有较多的液压、电器和观通设备,这也要求轻外壳便于安装、拆卸,以利于内部设备维护。

由于轻外壳成型回弹量、收缩变形较难控制,所造成的制造误差可能造成轻外壳安装困难,因此为降低轻外壳同金属支架安装时的误差积累,要求轻外壳具有足够的制造精度。在设计时可根据利于控制制造回弹量和收缩变形、轻外壳与金属支架相匹配、整体对称以及尽量减少模子数量、易损区域和局部加强区域独立成块等原则,将轻外壳(尤其是艏部)合理划分、分块制造、单独安装到到金属支架上形成整体。

2) 加强筋的结构型式

玻璃钢轻外壳可采用加强筋结构形式保证足够的刚度,如图 5.37 所示。图 5.37a 所示的骨架梁梯形剖面的加强筋已在普通玻璃钢船外板上普遍使用,其内部填充泡沫塑料填料,可在船体外板上预先放置的型芯上直接成型。这种加强筋结构质量轻、刚度好但承压能力较低,深海潜水器轻外壳结构设计中不适合采用。图 5.37b 所示的厚板条梯形剖面的加强筋,可方便地在轻外壳外板上成型;这种加强筋采用叠片式板条,易于敷设并牢

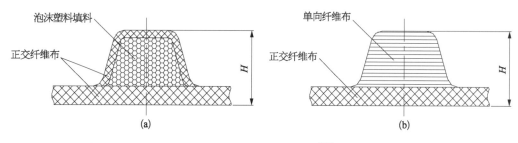

图 5.37 加强筋结构型式[13]

(a) 骨架梁剖面;(b) 板条梁剖面

固地胶接在曲面外板上,板条加筋结构在构件高度受限制时(如潜水器艏部轻外壳内部布置浮力块)使用比较合理,并且板条加强筋内部不填充泡沫塑料,因此比较适合作为深海潜水器轻外壳加强筋结构。

3) 玻璃钢轻外壳安装面的结构型式

为保证外部轻外壳壳板与内部金属构架面板完全贴合,并降低内部金属构件的加工难度,内部构架可采用单曲率制造,将采用模具加工成复杂曲面的外部轻外壳沿着内部金属构架面板的宽度方向安装。图 5.38 为玻璃钢轻外壳与内部金属构架的连接方式。

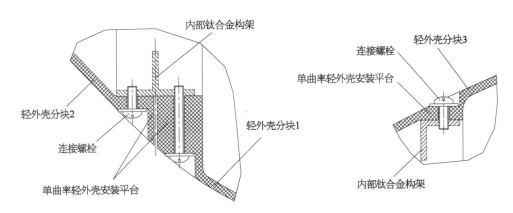

图 5.38　轻外壳与内部钛合金构架的连接方式[13]

5.6.2　玻璃钢轻外壳外载荷和许用应力的确定

1) 工作状态和载荷分析

对潜水器出入水时轻外壳的强度和刚度,在相关规范中未严格规定外载荷及强度计算方法。为了简化计算,把轻外壳工作状态归结为以下两种典型的载荷工况。

(1) 漂浮、拖航状态。

漂浮和拖航状态一般发生在潜水器回收阶段。当潜水器在海面漂浮和拖航时,轻外壳主要受到指定海况下波浪载荷的冲击作用。

(2) 布放入水和回收出水状态。

① 布放入水状态。

在向水中布放的短时间内,海水不能迅速进入轻外壳内部而使得轻外壳外部承受水压。在水面上,轻外壳还承受海浪拍击力作用。

② 回收出水状态。

在重力和起吊加速度下,轻外壳内部包络水使壳体内表面承受压力;在受内压或外压时,轻外壳壳体与金属支架相连的局部区域会受到拉压和剪切力的共同作用;此外,在操作失当及恶劣海况[59]下,潜水器与母船也可能发生碰撞。因而要求轻外壳局部结构能够承受一定的碰撞载荷。

根据以上分析可知：最大载荷工况发生在回收阶段,因此应把回收出水状态,作为确定轻外壳外载荷的依据。

2）设计载荷

（1）静水外压。

取有义波高 $\bar{H}_{1/3}$ 作为轻外壳所承受外部静压水柱的高度 h_1。将此静压水头简化为作用在轻外壳外部的均布静水压力 q_1：

$$q_1 = \rho \cdot g \cdot h_1 \tag{5.7}$$

式中　q_1——轻外壳外部均布静水压力（MPa）；

　　　ρ——海水密度, $\rho = 1.025 \times 10^3 \text{ kg/m}^3$；

　　　g——重力加速度, $g = 9.8 \text{ m/s}^2$；

　　　h_1——轻外壳外部静水压柱的高度, $h_1 = \bar{H}_{1/3}$（m）。

（2）静水内压。

由于潜水器内部充满包络水,所以在起吊瞬间只承受轻外壳内部静水压力的作用。潜水器内部高度尺寸约为 D,该值作为轻外壳所承受内部静压水柱的高度 h_2。将轻外壳所承受内部静压水柱简化为作用在轻外壳内部的均布静水压力 q_2：

$$q_2 = \rho \cdot g \cdot h_2 \tag{5.8}$$

式中　q_2——轻外壳内部均布静水压力（MPa）；

　　　h_2——轻外壳内部静水压柱的高度, $h_2 = D$（m）。

3）动载荷系数和安全系数

（1）动载荷系数。

动载荷是潜水器轻外壳运动状态改变或波浪载荷对轻外壳所产生冲击时产生的振动载荷和惯性载荷的总称,它是强度计算载荷中的重要部分。

设计计算时,通常把最大动载荷表示为静载荷的倍数,该倍数称为动载荷系数 k_m,可按下式计算：

$$k_m = 1 + k_1 + k_2 + k_3 \tag{5.9}$$

式中　k_1——波浪因素的影响；

　　　k_2——潜水器吊放机构的影响；

　　　k_3——母船的影响。

① 波浪运动参数。

海面上海浪通常是指风浪。风浪的大小及其运动,是紊乱而不规则的,称为不规则波。流体力学中能用简单的数学关系表征的波浪称为规则波。风停止作用后所剩下的波,或传播到风作用区域以外的波可认为是接近二因次的规则波,通常称为涌浪。此时较小的波消失,具有很大的动能储备和传播速率、大而长的波消失非常慢,逐渐形成一个接一个谐和前进的圆柱形涌浪。

根据波浪理论可知,波浪运动是周期性运动,最简单的波型可用余弦曲线（图

5.39)表示：

$$\zeta = A\cos(k\xi - wt + \varepsilon) \tag{5.10}$$

式中　A——自由水面的波幅，$A = \bar{H}_{1/3}/2$；

　　　k——波数，$k = 2\pi/\lambda$（λ 为波长）；

　　　w——波浪圆周频率，$w = 2\pi/T$（T 为波浪周期）；

　　　ε——波浪初始相位。

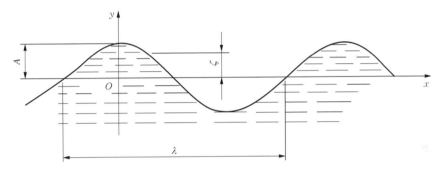

图 5.39　自由表面的波形

对时间 t 求二阶导数得：

$$a_{1\max} = \left| \frac{\partial^2 \zeta}{\partial t^2} \right|_{\max} = A \frac{4\pi^2}{T^2} \tag{5.11}$$

根据作业海区的波高、波浪周期等资料，即可求得波浪因素对动载荷系数的影响：

$$k_1 = a_{1\max}/g \tag{5.12}$$

② 吊放机构运动特性。

潜水器吊放机构由缆车（或绞车）控制，根据设备资料可查得缆车起升机构最大起升加速度 $a_{2\max}$，则得到：

$$k_2 = a_{2\max}/g \tag{5.13}$$

③ 母船运动参数。

根据潜水器母船资料实测或规范计算得到母船的垂荡加速度（垂向加速度）a_3，则：

$$k_3 = a_3/g \tag{5.14}$$

④ 轻外壳外（内）部动载荷系数的确定。

a. 轻外壳外部动载荷系数：

轻外壳外部要同时考虑波浪运动参数、吊放机构运动特性和母船运动参数的影响，即轻外壳外部动载荷系数 $k_{m1} = 1 + k_1 + k_2 + k_3$。

b. 轻外壳内部动载荷系数：

由于潜水器内部没有波浪的冲击作用,所以这里不考虑波浪运动参数的影响,轻外壳内部动载荷系数 $k_{m2}=1+k_2+k_3$。

（2）安全系数。

轻外壳强度计算时,其危险截面的计算应力不得大于许用应力,即比材料极限应力小一个倍数,该倍数称为安全系数。安全系数 n 是给轻外壳设计留有适当的安全储备,一般按以下几个方面来考虑：

① 载荷和应力计算的精确性；

② 计算方法选取的正确性和模型简化的合理性；

③ 材料不均匀性、可能存在的内部缺陷,及建造误差等因素；

④ 工艺水平和加工质量：如材料失效、建造误差、焊接失误、装配中残余应力等一系列误差；

⑤ 操作方面的负面影响,如人为因素等；

⑥ 轻外壳结构的重要性。

综上所述,安全系数取 $n=3.0$。

4）许用应力

轻外壳在外界介质作用下,受海水浸泡、阳光辐射、温度作用等因素影响,其强度及弹性模量等参数将随时间变化（老化）,考虑到这一点,轻外壳在均布载荷 q 作用下的许用应力取为[60]：

$$[\sigma_x]=\sigma_{bx}/n(\text{MPa})$$
$$[\sigma_y]=\sigma_{by}/n(\text{MPa})$$

(5.15)

式中　σ_{bx}、σ_{by}——轻外壳在湿态下沿 x 方向（经向）、y 方向（纬向）的弯曲强度；

　　　　n——安全系数,$n=3.0$；

　　$[\sigma_x]$、$[\sigma_y]$——轻外壳在湿态下沿 x 方向（经向）、y 方向（纬向）的弯曲许用应力。

5.6.3　玻璃钢轻外壳壳板厚度的计算

1）玻璃钢轻外壳强度要求的板厚

根据板边尺度比和固定情况（取决于轻外壳外板与内部金属构架固定方式）,按船舶结构力学[61]中计算板弯曲的公式,可求得板在均布载荷作用下的最大弯矩；再由弯矩和许用应力确定保证强度所必需的板厚。

考虑到潜水器艏部轻外壳线型曲率变化大、受力复杂,尤其顶部轻外壳在水线以上,直接受波浪载荷拍击,受力状况较为恶劣,因此可对艏部顶部轻外壳进行分析,分别在自由支持和刚性固定两种边界条件下计算其最小厚度。

（1）板自由支持在刚性构架上。

为方便计算,截取顶部轻外壳中一个典型的 P 板格单元,将其简化为四边简支的矩形板（图5.40）。将承受波浪拍击载荷的艏部轻外壳简化为在厚度 z 方向承受均布载荷 q 的简支矩形板。简支边界条件为：在 $x=0$ 与 $x=a$ 处,$w=0$,$M_a=0$；在 $y=0$ 与 $y=b$

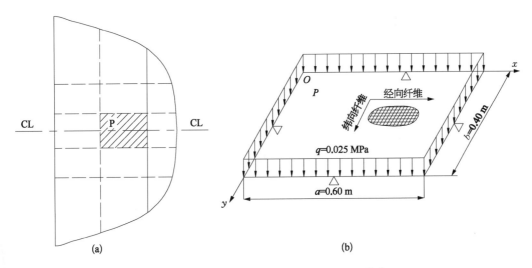

图 5.40　边界简支的 P 板格单元计算模型[13]

(a) 艏部轻外壳板格格划分图；(b) P 板格单元边界约束与载荷分布

处，$w=0$，$M_{\mathrm{b}}=0$。

玻璃钢为各向异性材料。根据经典的层合板理论，若四边简支板承受均布荷重 q 时，特殊正交各向异性层合板的挠曲 $w(x, y)$ 和应力 σ_i 可表示为[62]：

$$w(x, y) = \frac{16q}{\pi^6} \sum_{m=1, 3, \cdots}^{\infty} \sum_{n=1, 3, \cdots}^{\infty}$$

$$\frac{\sin \dfrac{m\pi x}{a} \sin \dfrac{m\pi y}{b}}{mn\left[D_{11}\left(\dfrac{m}{a}\right)^4 + 2(D_{12} + 2D_{66})\left(\dfrac{m}{a}\right)^2\left(\dfrac{n}{b}\right)^2 + D_{22}\left(\dfrac{n}{b}\right)^4\right]} \tag{5.16}$$

$$\begin{Bmatrix} \sigma_{\mathrm{x}} \\ \sigma_{\mathrm{y}} \\ \sigma_{\mathrm{z}} \end{Bmatrix} = \begin{bmatrix} E_1^k/(1-\nu_{12}^k\nu_{21}^k) & \nu_{12}^k E_2^k/(1-\nu_{12}^k\nu_{21}^k) & 0 \\ \nu_{12}^k E_2^k/(1-\nu_{12}^k\nu_{21}^k) & E_2^k/(1-\nu_{12}^k\nu_{21}^k) & 0 \\ 0 & 0 & G_{12}^k \end{bmatrix} z \begin{Bmatrix} k_{\mathrm{x}} \\ k_{\mathrm{y}} \\ k_{\mathrm{xy}} \end{Bmatrix} \tag{5.17}$$

$$\begin{Bmatrix} k_{\mathrm{x}} \\ k_{\mathrm{y}} \\ k_{\mathrm{xy}} \end{Bmatrix} = \frac{16q}{\pi^4} \sum_{m=1, 3, \cdots}^{\infty} \sum_{n=1, 3, \cdots}^{\infty}$$

$$\frac{\dfrac{1}{mn}}{D_{11}\left(\dfrac{m}{a}\right)^4 + 2(D_{12} + 2D_{66})\left(\dfrac{m}{a}\right)^2\left(\dfrac{n}{b}\right)^2 + D_{22}\left(\dfrac{n}{b}\right)^4} \begin{Bmatrix} \left(\dfrac{m}{a}\right)^2 \sin \dfrac{m\pi x}{a} \sin \dfrac{n\pi y}{b} \\ \left(\dfrac{n}{b}\right)^2 \sin \dfrac{m\pi x}{a} \sin \dfrac{n\pi y}{b} \\ -\dfrac{2mn}{ab} \cos \dfrac{m\pi x}{a} \cos \dfrac{n\pi y}{b} \end{Bmatrix}$$

$$\tag{5.18}$$

其中，a，b 分别为支持周界长边和短边长度；D_{11}、D_{12}、D_{22}、D_{66} 分别为层合板弯曲刚度的分量：

$$D_{ij} = \frac{1}{3} \sum_{k=1}^{N} (\bar{Q}_{ij})_k (z_k^3 - z_{k-1}^3) \tag{5.19}$$

其中，N 为总层数；第 k 层刚度为：

$$(\bar{Q}_{11})_k = \frac{E_1^k}{1 - \nu_{12}^k \nu_{21}^k}; \quad (\bar{Q}_{12})_k = \frac{\nu_{12}^k E_2^k}{1 - \nu_{12}^k \nu_{21}^k}; \quad (\bar{Q}_{22})_k = \frac{E_2^k}{1 - \nu_{12}^k \nu_{21}^k};$$

$$(\bar{Q}_{16})_k = (\bar{Q}_{26})_k = 0; (\bar{Q}_{66})_k = G_{12}^k; \tag{5.20}$$

由于玻璃钢轻外壳采用正交玻璃纤维布按一定要求铺糊而成，即材料的主方向与层合板的自然轴完全一致（$\theta = 0$），层合板沿 x 或 y 方向的机械力学性能完全相同，因此，这里设 E 为玻璃钢轻外壳沿 x 方向（经向）和 y 方向（纬向）的湿态弯曲弹性模量，$E_1 = E_2 = E$；ν 为玻璃钢轻外壳沿 x 方向（经向）或 y 方向（纬向）的泊松比，$\nu_{12} = \nu_{21}$。

通过一系列的数学推导和运算，对上述公式进行简化，则层合板中心处的应力 σ_x、σ_y 分别为[61]：

$$\sigma_x = 6M_x/t^2 = 6 \times \left[-D \left(\frac{\partial^2 w}{\partial x^2} + \nu \frac{\partial^2 w}{\partial y^2} \right) \right] / t^2 \leqslant [\sigma_x] \tag{5.21}$$

$$\sigma_y = 6M_y/t^2 = 6 \times \left[-D \left(\frac{\partial^2 w}{\partial y^2} + \nu \frac{\partial^2 w}{\partial x^2} \right) \right] / t^2 \leqslant [\sigma_y] \tag{5.22}$$

式中　D——层合板的湿态弯曲刚度，$D = Et^3 / [12(1 - \nu^2)]$；

　　　　t——层合板厚度。

由式 5.21、式 5.22 分别求得板厚 t_1、t_2（mm）。

（2）板刚性固定在刚性构架上。

将 P 板格单元简化为一四边固支的矩形板（图 5.41），其边界条件为：在 $x = 0$ 与 $x = a$ 处，$w = 0$，$\frac{\partial w}{\partial x} = 0$；在 $y = 0$ 与 $y = b$ 处，$w = 0$，$\frac{\partial w}{\partial y} = 0$。

板短边中点的弯矩为：

$$M_x = k_4 q b^2 \tag{5.23}$$

板长边中点的弯矩为：

$$M_y = k_5 q b^2 \tag{5.24}$$

其中，k_4、k_5 随板的边长比（a/b）而变化，可通过查表得这两个系数的值[61]，将 M_x、M_y 分别代入式 5.21、式 5.22 分别求得板厚 t_3、t_4（mm）。

2）玻璃钢轻外壳刚度要求的板厚

对于四周刚性固定、承受均布载荷的板，保证刚度必需的板厚可依据计算板的挠度公

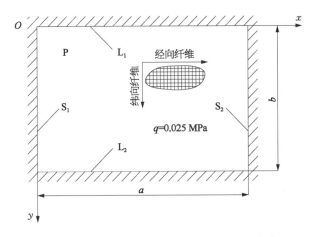

图 5.41 边界固支的 P 板格单元计算模型[13]

式[60]得出：

$$t_5 \geqslant \sqrt[3]{\frac{qb^4 k_1}{Ew}} \; (\text{mm}) \tag{5.25}$$

式中 w——挠度，根据板的允许挠度标准[60]，$w = \dfrac{1}{50}$ 跨度 $= \dfrac{a}{50}$（m）；

k_1——系数，随板的边长比（a/b）而变化，通过查阅相关表可得该系数[61]。

3）玻璃钢轻外壳外板厚度的确定

根据上述两种简化模型的分析和计算，取 $t = \max(t_1, t_2, t_3, t_4, t_5)$ 并圆整，即可得玻璃钢轻外壳外板厚度。

5.6.4　玻璃钢轻外壳结构碰撞分析

艏部轻外壳是最为突出的部位，与其他几块相比较，发生与母船碰撞的概率高于其他分块。因此，艏部分块比其他分块加筋更密。潜水器与母船的防碰撞设计理念与船舶防撞设计理念是不同的[63]。潜水器在使用过程中，对海况有一定的要求，母船在潜水器布放和回收时处于停航状态。因而，即使潜水器与母船发生碰撞，潜水器的运动速度也是很小的。潜水器在布放和回收过程中，潜水器与母船船艉垂直，两者垂直相撞的可能性较大。

分析潜水器与母船相撞，可将母船被撞区域简化为四周自由支持边界的等效加筋板格，并可进一步简化为等刚度的正交异性板。

潜水器与母船相撞时，由于潜水器作纵向运动，此时周围流场对其影响很小，附连水质量可按照经验公式[64]取（0.02～0.07）M，M 为潜水器总质量。

5.7 舾 装 设 计

船舶上除了总体性能、结构外,船体的各种设备与系统均属于舾装,如舵、锚、系泊、拖曳和门窗口盖等部件。而潜水器与船舶在舾装的划分上有所不同,它主要被分为两大类,即本体舾装和非本体舾装(如安装调试台架和运输台架等),本体舾装又分为载人舱外部舾装和内部舾装。潜水器舾装主要是指潜水器本体舾装。

5.7.1 外部舾装

外部舾装件主要包括系固设备、可回转推进器保护罩和扶手,以及潜水器外部涂装和防海水腐蚀等部件。

1) 系固设备

系固设备作用:一是将潜水器固定在母船甲板或机库的台架上;二是在水面状态下牵引潜水器和在起吊状态下通过缆绳来调整和控制潜水器的姿态。它是潜水器中不可缺少的舾装件之一。潜水器根据需要在艏部、艉部和侧向等位置各布置一定数量的牵引环或眼板用于牵引、拖曳或固定。所有系固眼板(或牵引环)都用焊接或螺栓连接到主框架的强力构件上。每个系固眼板(或牵引环)都经过受力分析和强度校核,其选用材料、安全系数、动载荷系数均可与主框架相同,保证系固设备的最大工作应力小于许用应力。

2) 可回转推进器保护罩

潜水器可回转推力器保护罩是用来在潜水器水面漂浮或水下作业过程中,防止其可回转推力器与水中漂浮物和海底地形发生碰撞或缠绕,同时在布放和回收过程中防止与系留或牵引缆绳发生缠绕。

3) 扶手

扶手多数布置潜水器的顶部和侧面,当潜水器处于母船存放或漂浮于海面上时,为检修人员、操作人员或潜航员进入载人舱提供一个安全把手,保障工作人员的安全。根据总布置需要在潜水器合适位置布置一定数量的扶手。扶手一般突出潜水器外壳约 150 mm 左右,用紧固件安装固定在主框架上,便于拆卸和维护。

4) 潜水器外表面涂装

潜水器外表面涂装主要包括颜色和标志两部分。

(1) 颜色。

① 潜水器水线以上到顶部外表面颜色一般采用醒目的颜色(如橙红色),其原理与救生衣采用醒目颜色相同。潜水器漂浮于海面上时,只有水线以上到顶部较少的部分露出

海面,采用醒目颜色易于发现潜水器,便于回收或应急救援,这在恶劣海况下更为重要,是安全上的一个保障;

② 潜水器水线以下外表面颜色一般根据业主的喜好来设置;

③ 其他凸出设备外表面颜色:自然色或本色。

(2) 标志。

潜水器的标志一般是该潜水器的名称以及业主和研制单位的标志等。

5) 防海水腐蚀

海水的腐蚀作用分化学腐蚀和电化学腐蚀两类。化学腐蚀可以用适当的保护层和预防性保养使之减到最小;电化学腐蚀可以靠材料的选择及阳极保护使之减到最小。

潜水器尤其是大深度载人潜水器的主要结构部件多数都采用钛合金,由于钛合金在大气或水溶液中很容易形成一层保护性极好的表面氧化膜,使其处于钝化状态,在许多腐蚀环境中均能保持稳定,因此钛合金构件表面保护涂层意义并不大,可视具体情况而定。但是钛合金在海水中的自然腐蚀电位比所有常用金属结构材料都正,因此其他金属结构材料在海水中与钛合金偶合使用时都会遭受电偶腐蚀作用,这一点在潜水器选用结构材料时必须考虑。在设计选材时应注意以下几点:

(1) 壳体、框架、肘板、托架及其他加强材料必须选用钛及其合金;

(2) 所有与海水接触的传感器和设备,如机械手、推进器及电机、泵体、管道、水下灯、水下摄像机、云台和水声换能器外壳材料应尽量选用钛及其合金;

(3) 所有的螺栓、螺母和垫圈等紧固件材料必须选用钛及其合金;

(4) 与海水接触的水下工具外壳材料也尽量选用钛及其合金;

(5) 有个别不能采用钛合金的设备应采用牺牲阳极方法来减少腐蚀;牺牲阳极材料选用锌片,锌片固定或吊挂在非钛合金制造的零部件附近,作为牺牲阳极来保护非钛合金零部件;锌片需要定期进行检查和更换;需要牺牲阳极保护的主要零、部件有:

① 机械手及其阀箱;

② 螺旋桨叶;

③ 天线弹跳机构;

④ 电磁抛载装置;

⑤ 可调压载水舱的过滤器;

⑥ 油箱与潜钻连接的快速接头;

⑦ 采用非钛合金材料的载人舱。

5.7.2　载人舱内部舾装

载人舱空间狭小,除了舱内乘载三名乘员外,还需在舱内布置多台电器设备的操作面板和显控面板,供乘员呼吸所需要的氧气瓶、二氧化碳吸收器、照明、空气流通等设备。乘员在狭小空间内易于产生疲劳和不适,因此在内部舾装设计时尽可能创造舒适环境以改善乘员工作条件,能够有效提高工作效率和质量。

舱内舾装主要包括舱内设备支架、舱内装饰、舱内照明以及消防等设备。

1）舱内设备支架

（1）舱内设备支架的功能和形式。

舱内设备支架是用来安装和固定舱内各种仪器和设备，它应该保证仪器和设备既能安装可靠，又便于使用。舱内支架在设计时应满足以下几点：

① 舱内支架应在保证足够强度的条件下尽量选用轻金属材料以控制潜水器重量；

② 支架设计必须考虑到载人舱在外部高静水压力作用下所引起的收缩变形，与耐压球壳之间保持柔性连接；

③ 支架设计应使设备安装达到最佳位置，可在球壁位置采用圆环形，降低空间占有率，同时也便于舱内乘员进行各种观察和操作。

（2）载人舱收缩变形对舱内设备支架的影响。

载人舱在外部大深度静水压力作用下会产生收缩变形，这对舱内设备支架设计与安装会有影响。根据 CCS 潜水器规范[36]，载人球壳板应力按下式计算：

$$\sigma = \frac{P_j R}{2t} \tag{5.26}$$

式中 σ——载人舱中径应力（MPa）；

P_j——相应下潜深度的计算压力（MPa）；

R——载人球中径半径（mm）；

t——载人舱球壳厚度（mm）。

$$\Delta L = \varepsilon L = \frac{\sigma}{E} L \tag{5.27}$$

式中 ΔL——载人舱中径收缩变形量（mm）；

L——载人舱在空气中的中径周长（mm）；

ε——载人舱中径应变；

E——载人舱球壳弹性模量（MPa）。

$$\Delta D = D_m - \frac{L - \Delta L}{\pi} \tag{5.28}$$

式中 ΔD——载人舱在外部计算压力作用下沿直径方向收缩变形量（mm）；

D_m——载人舱在空气中的中径直径（mm）。

载人舱的收缩变形，会造成舱内设备支架的几何变形，导致失稳或损坏。因此，支架与舱内壁应采用柔性连接来控制设备支架的变形，如螺栓孔为腰形孔、加装橡胶垫、弹簧连接等。

2）舱内装饰

载人舱内装饰按"人-机-环境"系统工程原则进行设计，强调从全系统的整体性能出发，充分体现了"以人为本"的思想。

舱内装饰包括舱内壁装饰板、地板、左（右）侧靠垫、地板坐垫、地毯、驾驶员座椅、乘员座椅、安全带和把手等部件。应按"中国民用航空条例第 25 部"的有关条款和要求[68]，对舱内装饰材料进行选择。考虑和分析了舱内有害气体析出量和舱内结露问题，提出了相应的解决措施。

（1）舱内装饰板。

舱内装饰板材料应选用阻燃板材，符合中国民用航空规章第 25 部 25.853(a)对于民用飞机机舱内部非金属材料的阻燃性等适航要求。

（2）地板。

地板可采用中间是铝蜂窝芯的夹层结构，上(下)表面是 0.5 mm 厚的铝板，二者用环氧树脂粘接，该材料既满足强度要求，又大大减轻其重量。

（3）靠垫、坐垫和地毯。

靠垫和坐垫芯材应选用阻燃聚氨脂泡沫，靠垫套、坐垫套和地毯选用阻燃纯棉布。根据对舱内环境色彩的要求选择靠垫、坐垫和地毯颜色。

（4）舱内照明。

载人舱内可根据需要在舱壁顶部和乘员的前上方布置一定数量的舱内照明灯。

（5）消防设备。

按我国潜水器规范的要求，载人潜水器舱内氧浓度应小于 25%，以便控制最低燃点温度与燃烧速率。

载人舱内电压必须采用 24 V，电动机应装在防爆的外壳内，灯光应加以保护和配置，使得它不可能存在破坏灯泡和露出灯丝的危险。舱内使用的涂料和材料具有最好的抗燃能力。

在密闭舱内火灾的控制和扑灭是极其困难的，因此，灭火器必须选择有效、作用快和适当容量的，使火花能在很短时间内得到控制，在潜水器内一般选用的灭火机是氮气型或干化学物质型的。这类灭火器驱动气体为氮气(N_2)，能熄灭大多数类型的火，包括电火；而且它没有大量的有毒气体、汽或烟的扩散，并对邻近设备的损害最小。使用此类灭火机时要求全体乘员使用应急呼吸设备。

（6）安全带和把手。

考虑到潜水器在布放和回收过程中，潜水器可能产生左(右)和前(后)摇晃，以及上(下)升沉起伏运动，为安全起见，载人舱内需要设置一定数量的安全带和把手。为舱内每位乘员配备一个两点式安全带。同时在人体顶部相应的位置设置把手，把手固定在顶部结构上。

5.8　浮力材料与浮力块设计与制造

浮力材料经粘接后机加工可制成浮力块。浮力块的重量占潜水器结构重量比率较大，因此要求浮力材料密度足够小，同时浮力块设计时还要求分块和布置合理，便于装、拆,满足可维性要求。

5.8.1　浮力块布置与分块

　　浮力块的布置应综合考虑潜水器总布置、潜水器外形、载体结构系统,以及内部设备的安装维护等要求。

　　浮力块布置的主要原则如下[64-67]:

　　(1)浮力块布置设计应与轻外壳(FRP)布置设计相结合,通常框架上可部分布置浮力块,部分布置轻外壳,以减轻轻外壳质量,提高潜水器稳心;

　　(2)浮力分块设计应合理采用简单形状与复杂形状相结合的方式,通常布置在载体框架内部的浮力块应加工成较简单的块体形状,而布置在载体框架外部的浮力块外表面要满足相应部位要求的线型;

　　(3)合理考虑利用力的方向性以提高浮力块的安装可靠性,通常潜水器艉部浮力块采用对称布置,使其余载体框架、稳定翼和推进器安装设计融为一体、互相依托;

　　(4)合理转移加工难度,通常在轻外壳内部布置浮力块,将加工难度"转移"到成型较为简单的外部轻外壳上。

　　浮力块的分块应正确考虑潜水器在空气中起吊而引起的载体框架的结构变形。

　　确立了浮力块的设计思想,可借助机械设计自动化应用软件,快速按照设计思想绘制零件草图,运动各种特征和不同尺寸,创建模型、组合装配体和制作详细工程图,优化参数使其满足指标要求。

5.8.2　浮力块加工与安装

　　通常要求同一批次浮力材料由相同成分组成,并在同样条件下使用相同的设备以统一的程序进行生产。生产完成的浮力材料块毛坯每块体积为 $0.014\ \mathrm{m}^3(0.5\ \mathrm{cuft})$,如图 5.42 所示。浮力材料块经机加工修整后,可将小块毛坯粘接成较大的浮力块,以提高材料的利用率。

图 5.42　浮力块毛坯图[64-67]

在浮力块产品正式加工之前,可借助浮力块与载体框架立体装配模型检查模型之间空间和位置的干涉情况并基于此对浮力块加工和装配进行优化,如图 5.43 所示,以避免在浮力块产品加工完毕后可能出现的返工现象,提高浮力块设计效率,减少浮力块安装的修配工作量。

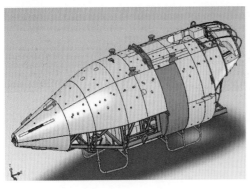
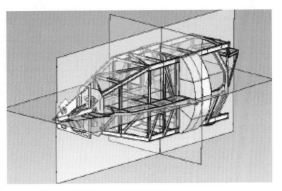

图 5.43　浮力块与载体框架立体装配模型[64-67] 　　图 5.44　浮力块的三维安装基准面[64-67]

对于布置在潜水器外部的浮力块,要求浮力块外表面保持和形成潜水器的外形。同时,为提高潜水器外部浮力块抗冲击性和耐腐蚀性,通常在浮力块外表面喷涂 3 mm 左右的聚氨酯涂层。对于布置在潜水器内部的浮力材料,一般要求浮力块外表面喷涂 0.2 mm 左右的防水层以降低浮力材料的吸水率。

浮力块的安装基准面建立在载体主框架上,由于主体框架存在焊接变形,所以首先要对主框架结构尺寸进行测量,然后根据测量结果调整确定潜水器主框架上所有浮力块的三向安装基准面,如图 5.44 所示。

外部浮力块从中间站位开始分别向潜水器的艉部和艏部依次安装;在每一个分段内,首先安装顶部浮力块,再分别安装两侧浮力块;在安装其中任一分段浮力块时,要注意本段浮力块与前、后相邻两段浮力块外部线型之间的光顺过渡。内部浮力块从中间站位开始分别向潜水器的艉部和艏部依次安装;在每一个分段内,应从左、右两侧依次向中间安装浮力块;在安装任一分段浮力块时,要注意本分段浮力块之间的间隙为 5~10 mm(必要时,浮力块之间可加装垫块)。外部浮力块和内部浮力块如图 5.45 所示。

考虑到浮力块是脆性材料和在水、空气中两种不同受力工况的特点,为确保其安全性,在安装形式上一般采用抱箍、螺栓(双头螺柱)和预埋件三种结构形配合使用的方式。

内部浮力块可利用吊架和托架来支承浮力块,采用抱箍＋预埋件的安装形式;外部浮力块可采用螺栓(双头螺柱)和预埋件安装方式,使其外表面保持潜水器的外形。

图 5.45　外部浮力块(左)和内部浮力块(右)[64-67]

5.9　结　构　试　验

5.9.1　耐压壳体的结构试验

　　潜水系统或者潜水器在建造过程中和建造完成后,应在验船师在场的情况下,按批次的试验大纲进行试验,并取得验船师认可。所有承受外压力的耐压壳体,在建成并测量其圆度后,应进行试验压力为最大工作压力 1.25 倍的外压试验。试验后,应对所有耐压壳体焊缝进行检查,并测量耐压壳体的圆度[35]。

　　耐压壳的设计方法和制造工艺必须辅助相应的试验手段来验证。例如,载人球在加工完成后,一般要吊入压力筒实施静水压力试验进行整体考核。试验过程中,可进行声发射检测和贴应变片应力检测。应变片的布置应主要分布在开口加强法兰、底座、交叉焊缝等应力集中较大的关键区域,采用同一测点,内外表面同时布片的方式。试验过程中的应力测量情况与设计计算情况的对比,确定是否存在壳体应力超标点。试验完成后,将载人球吊出压力筒,需要对舱口盖、观察窗、贯穿件开孔密封进行检查,以确定是否有泄漏发生,同时对试验后的载人球焊缝进行无损检测以确定是否存在缺陷。

　　验证设计方法是可采用缩尺比模型,如图 5.46[44]中所示的耐压壳体模型球,在模拟

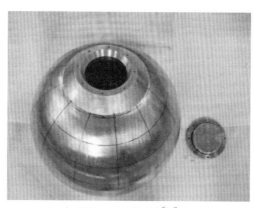

图 5.46　模型球[44]

高压环境的压力筒内进行静水压力试验,如图 5.47 所示,进筒测试其关键点的局部应力、屈曲载荷及最终失稳模式以达到验证目的。模型设计要充分考虑实际耐压壳的研制需求和设计技术特点,以及环境模拟设备的限制条件。在静水压力试验之前,需要对模型开展无损测厚试验、三维扫描试验,得出其真实厚度和轮廓;并对同批次材料进行单轴拉伸试验,获取名义应力应变曲线,依据船级社"潜水系统和潜水器入级规范"的规定进行结构试验。模型进筒前需进行缆线布置、编号、打磨、贴应变片、缆线连接密封+固化等准备工作。

图 5.47　模型吊入压力筒[44]

　　为保护压力筒设备,一般模型内部填设柔性物或者注入水。根据球壳模型试验目的,压力试验可分预压、测试和破坏试验等多次进行循环加载测试。加载分阶段逐步进行,每阶段结束后稳压进行应变测量,在高压力下升压幅值及稳压时间以及加载次数和频率视实验具体情况而定。

5.9.2　主框架的结构试验

　　框架结构的设计要求在国内外潜水器设计和建造规范中没有具体明确的规定[39]。

构件材料的缺陷、加工缺陷、焊缝工艺和质量、装配工艺和流程、残余应力等因素都对框架结构造成不同程度的影响,因此对设计好了的框架结构进行试验验收成为对框架安全性评估的最重要手段。通过框架加载试验进行的应力和位移测试,一方面可以考核框架的强度和刚度与设计过程中计算分析的吻合性,另一方面也可以提升释放部分焊接残余应力,有利于设备在框架上的精确安装。

框架的加载试验,也是框架加工质量的验收考核。对于试验过程中跟踪到的高应力区域可以在试验后进行局部优化加强,在框架使用过程中也是重点检测维护对象。

框架上布置的设备众多,对应载荷复杂,不可能逐一模拟。可通过力学分析评估各种载荷对框架的作用大小,舍弃作用可忽略的载荷,同时还可能增加一些载荷的实际重量来等效其他未施加的载荷。

潜水器有母船系固、布放、水下作业、回收四种典型工况。水下作业时,潜水器重力和浮力基本平衡,框架受力最小,在该工况下无须进行框架结构的试验验证。母船多点系固时,潜水器框架的所受载荷比单点回收时小。布放和回收工况框架的承载状态类似。潜水器回收时,受附连水的作用力,框架受到的载荷更大,因此可选取回收工况进行试验验证。

在对应设备的位置施加等效重量可有效实现对载荷的模拟,可用力来代替等效重量。施加的载荷总重应与框架设计时考虑动载荷效应的重量相对应。施载设备应能方便调节载荷的大小并保证加载点同步按比例进行,以保证安全性。加载过程可分多步逐渐完成,并快速读取每个加载点的数据以考核框架在极限载荷范围内不同载荷水平下的应力和变形状态,同时避免框架在试验过程中因施力不当引起的损坏。试验时应划定危险区域,人员轻易不要靠近,保证安全。

试验中首先要保证能正确模拟总体载荷,这要求施加的载荷总合力、纵向弯矩与实际情况一致,使测得的总体位移、应力不会产生较大误差。其次要模拟局部关键载荷,测量点要完全覆盖高应力区,以便能确保测量到局部最危险状态。在此基础上尽量减少载荷数量,并制定合理可行的加载方案。

试验后需要对框架进行后处理,如检测是否有明显永久变形、应变片等试验设备的清理、无损探伤等。然后对试验数据进行处理分析,并最终对框架进行安全性评估,确保焊缝安全、没有整体变形;具有满足设计要求的合理的强度储备和刚度。

5.9.3 观察窗试验

观察窗作为大深度载人潜水器的载人舱中的关键部件之一,其设计直接关乎潜水器的结构安全和人员生命,同时也直接影响人在潜水器内的观察视野范围。按规范规定,每块制成的窗玻璃在使用前均应进行压力试验考核,达到验证观察窗的耐压结构强度、考核润滑对观察窗的影响、考核观察窗在保持载荷条件下的变形特性、考核观察窗在反复加压后的疲劳特性等目的。压力试验可把窗玻璃安装在观察窗法兰上或者将窗玻璃安装在实际使用情况相同的特制专用装置上进行。对窗玻璃加压,一直加到最大工作压力,保持载荷,随后以低速率减压。压力试验时,要求加压介质的温度应与窗玻璃的设计温度相同,

允许的误差范围为 $0 \sim -2.5℃$。可允许有短暂的超差,但超差值不得大于 $5.5℃$,且延续时间需小于 10 min[36]。

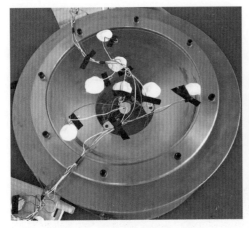
　　图 5.48　观察窗模型贴片(外部)

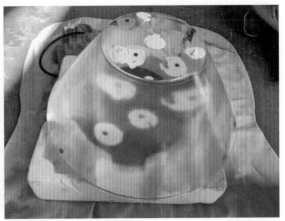
　　图 5.49　静水压力后的窗玻璃外观

　　试验需进行 1.25 倍工作压力下的耐压性静水压力试验验证其结构设计合理性和观察窗局部结构安全性,在窗玻璃上设置位移传感器测量窗玻璃内表面中心点的位移,同时在玻璃内外表面关键点进行应变测点测量,如图 5.48 所示。对于实际窗玻璃的实尺度模型可进行极限静水压力试验,验证设计方法、模型的安全储备和极限承载压力。

　　试验中如产生漏泄现象,则应更换密封重新进行试验,如继续存在漏泄现象,则终止试验,并作出密封不符合要求的试验结论。试验结束后,应对窗玻璃进行外观检验,如图 5.49 所示。如发现窗玻璃有细微裂纹、破裂或永久变形,则该窗玻璃应予报废。

5.9.4　浮力块密度测试和水压试验

　　浮力块使用前,首先应利用排水体积法对所有浮力块密度进行逐一测试,以确定浮力块的平均密度时候满足要求,如图 5.50 所示。其测试程序如下[64-67]:

　　① 测定浮力块在空气中的质量 M;

　　② 测定浮力块、试验工装和压载块三者浸没在水中的拉力 F_1;

　　③ 测定试验工装和压载块二者浸没在水中的拉力 F_2;

　　④ 计算浮力块在水中的浮力 $F_3 = F_1 - F_2$;

　　⑤ 计算浮力块在水中的排水量 $W = M + F_3/g$,式中 g 为重力加速度,$g = 9.81 \text{ m/s}^2$;

　　⑥ 计算浮力块体积 $V = W/\rho_0$,式中 ρ_0 为淡水密度,$\rho_0 = 1.0 \times 10^3 \text{ kg/m}^3$;

　　⑦ 计算浮力块的密度 $\rho = M/V$。

　　将密度测试数据整理可得浮力块平均密度,要求平均密度的变化不大于原材料平均密度的 2%。

固体浮力材料应进行耐压性能测试以考核其质量水平,如图 5.51 所示。在进行耐压性能测试之前,可依据浮力块产品所对应的浮力材料毛坯的生产批次,将具有相同(或相近)生产批次的浮力材料毛坯所组成的浮力块分类,并在每一类别中分别抽选约 1/3 数量的浮力块进行水压试验。

试验时,可对抽查的浮力块进行组合以提高水压试验效率、减少试验次数。压力筒内试验时首先从 0 缓慢加载至几项工作压力,进行极限工作压力下的保压,保压时间根据潜水器最大水下作业时间而定,试验完成后缓慢卸压。每次水压试验完毕后,应立即用干湿适度的毛巾擦措浮力块外表面,并尽快对其进行称重和记录,计算浮力块的吸水率,即浮力块吸水前、后的质量变化与初始质量之比。一般要求浮力块平均吸水率均小于 1%,以保证潜水器在大深度高水压工作条件下具有较小的浮力损失量。

图 5.50　浮力块密度测试试验[64-67]　　　　图 5.51　浮力块水压试验[64-67]

5.9.5　玻璃钢轻外壳试制样品的水压试验

玻璃钢轻外壳试制样品需进行水压试验以验证可靠性。试验前,应按 GB1446 - 2005 的规定和要求进行试板外观检查。并对不同工艺制作的试板进行分类和编号,标注纤维方向(0° 或 90°)。一般将不同工艺所提供的试板按干态和湿态分组,每一组分别对应一个试验工况(如保压时间分别为 $T = 1\,h、3\,h、5\,h、8\,h$);将不同工艺所提供的同一组试板一起放到压力筒中进行水压试验。缓慢加压,试验压力为极限工作压力,按大纲中规定的时间保压后卸载。每次试验完毕后,应立即用塑料袋对试板进行封装处理,并在 24 h 内完成玻璃钢试样的加工制作和力学性能的测试工作。

参考文献

[1]　苟鹏,刘涛,崔维成.深潜器多球交接耐压壳结构性能研究[J].舰船科学技术,2008,30(2):

54 - 59.

[2] 俞铭华,王仁华,王自力,等. 深海载人潜水器有开孔耐压球壳极限强度研究[C]. 船舶结构力学学术会议,2005.

[3] 刘涛. 大深度潜水器结构分析与设计研究[D]. 中国船舶科学研究中心,2001.

[4] Wang F, Cui W, Pan B, et al. Normalised fatigue and fracture properties of candidate titanium alloys used in the pressure hull of deep manned submersibles[J]. Ships & Offshore Structures, 2014, 9(3): 297 - 310.

[5] Bania P J, Hunt A J, Adams R E. Ultra High Strength Titanium Alloy for Fasteners[R]. PA: Titanium'92: Science and Technology, TMS, 1993: 2899 - 2906.

[6] Boyer R R. Titanium for Aerospace: Rationale and Applications[J]. Advanced Performance Material, 1995, 2(4): 349 - 368.

[7] Boyer R R, Welsch G, Colings E W. Material Properties Handbook: Titanium Alloys[M]. ASM International, Metals Park, OH, 1994.

[8] Lütjering G, Albrecht J, Gysler A. Mechanical Properties of Titanium Alloys[R]. PA: Titanium'92: Science and Technology, TMS, 1993: 1635 - 1646.

[9] 黄建城,胡勇,冷建兴. 深海载人潜水器载体框架结构设计与强度分析[J]. 中国造船,2007,48(2): 51 - 59.

[10] Kang Y T, Feng Y L, Lin J G, et al. Load spectrum for creep-fatigue life prediction of viewport used in human occupied vehicle[J]. Computer Modelling & New Technologies, 2014, 18(11), 1185 - 1190.

[11] 林景高,张文明,冯雅丽,等. 载人潜水器观察窗研究综述[J]. 船舶工程,2013,(3): 1 - 5.

[12] 遠藤倫正,等. 2 000 m 潜水調査船の外殻構造について[J]. 関西造船協会誌,1980,(178): 21 - 30.

[13] 赵俊海,侯德永,马利斌,等. 新型复合材料在深海载人潜水器上的应用[J]. 中国造船. 2008,49(3): 87 - 97.

[14] 横田公男,等. 2 000 m 潜水調査船"しんかぃ2000"[J]. 三菱重工技報. 1981,18(3): 89 - 104.

[15] Zhang J, Zuo X, Wang W, et al. Overviews of investigation on submersible pressure hulls[J]. Advances in Natural Science, 2014, 7(4): 54 - 61.

[16] Garland C. Design and Fabrication of Deep-diving Submersible Pressure Hulls[J]. SNAME Transaction, 1968, 76: 161 - 179.

[17] Leon G F. Intersecting titanium sphere for deep submersibles[C]. ASCE Proceedings, 1971, 97: 981 - 1008.

[18] Hall J C, Leon G F, Kelly J J. Deep submersible design of Intersecting composite spheres[C]. Composites-Design, Manufacture and Applications, SAMPE, 1991: 2F1 - 2F12.

[19] 伍莉,孟凡明,陈小宁,等. 藕节形大深度潜水器耐压结构优化设计[J]. 船舶力学,2008,12(1): 100 - 109.

[20] 苟鹏,崔维成. 基于 Kriging 模型的深潜器多球交接耐压壳结构优化[J]. 船舶力学,2009,13(1): 100 - 106.

[21] 李浩,李志伟,崔维成. 三艘全海深载人潜水器阻力性能初步研究(英文)[J]. 船舶力学,2013,(12): 1411 - 1425.

［22］ 张建,朱俊臣,王明禄,等.蛋形耐压壳设计与分析［J］.机械工程学报,2016,52(15)：155－161.

［23］ 张建,唐文献,王纬波.深海蛋形耐压壳仿生技术［M］.北京：科学出版社,2017.

［24］ 王明禄,张建,唐文献,等.一阶模态缺陷条件下蛋形耐压壳屈曲特性研究［J］.江苏科技大学学报,2017,31(4)：413－426.

［25］ Krenzke M A, Kiernan T J. Test of stiffened and unstiffened machined spherical shells under external hydrostatic pressure［R］. David Tayler Model Basin, 1741, S－R0110101, 1963.

［26］ 施德培,李长春.潜水器结构强度［M］.上海：上海交通大学出版社,1991.

［27］ 王仁华,俞铭华,王自力,李良碧.大深度载人潜水器耐压壳承载力分析［J］.江苏科技大学学报,2006,20(4)：1－5.

［28］ 伍莉,徐治平,张涛,等.球形大深度耐压壳体优化设计［J］.船舶力学,2005,46(4)：509－515.

［29］ 李文跃,王帅,刘涛,等.大深度潜水器耐压壳结构研究现状与最新进展［J］.中国造船,2016,57(1)：210－221.

［30］ Paliy O M. Weight characteristic, reliability and operational safety of deep-sea submersible hulls［C］. ISMS'91 Shanghai, China, September 1991：13－14.

［31］ RS. Rules for the classification and construction of manned submersibles, ship's diving systems and passenger submersibles［S］. 2004.

［32］ 陆蓓,刘涛,崔维成.深海载人潜水器耐压球壳极限强度研究［J］.船舶力学,2004,8(1)：51－58.

［33］ 王自力,王仁华,俞铭华,等.初始缺陷对不同深度载人潜水器耐压球壳极限承载力的影响［J］.中国造船,2007,48(2)：45－50.

［34］ 李良碧,王仁华,俞铭华,等.深海载人潜水器耐压球壳的非线性有限元分析［J］.中国造船,2016,57(1)：11－18.

［35］ 刘峰,韩端锋,曲文新.载人潜器耐压球壳开孔加强结构优化设计［J］.武汉理工大学学报,2013,35(9)：50－55.

［36］ 中国船级社(CCS).潜水系统与潜水器建造与入级规范［S］.2013.

［37］ ABS. Rules for building and classing-underwater vehicles, systems and hyperbaric facilities［S］. 2017.

［38］ DNVGL. Rules for classification-underwater technology［S］. 2015.

［39］ LR. Rules and Regulations for the Construction and Classification of Submersibles and Diving Systems［S］. 2016.

［40］ NK. Rules for survey and construction of steel ships-Part T Submersibles［S］. 2017.

［41］ Pan B B, Cui W C, Shen Y S, et al. Further study on the ultimate strength analysis of spherical pressure hulls［J］. Marine Structures, 2010, 23(4)：444－461.

［42］ Pan B B, Cui, W C. An overview of Buckling and ultimate strength of Spherical pressure hull under external pressure［J］. Marine Structures, 2010, 23(3)：227－240.

［43］ Pan B B, Cui W C. A Comparison of Different Rules for the Spherical Pressure Hull of Deep Manned Submersibles［J］. Journal of Ship Mechanics, 2011, 15(3)：276－285.

［44］ Pan B B, Cui W C, Sheng Y S. Experimental verification of the new ultimate strength equation of spherical pressure hull［J］. Marine Structures, 2012, 29(1)：169－176.

［45］ Li X Y, Cui W C. Contact Finite element analysis of a spherical hull in the deep manned submersible［J］. Journal of Ship Mechanics, 2004, 8(6)：85－94.

[46] 孙善萍,梁凌云,张涛. 大深度潜水器开孔耐压壳的极限强度研究[J]. 中国水运,2007,7(11)：78 – 80.

[47] 张端涛,胡勇,田常禄. 7 000 m 潜水器观察窗窗座结构优化设计与观察窗塑性变形分析[J]. 机械制造,2009,47(543)：27 – 29.

[48] 曲文新,韩端锋,刘峰. 载人潜水器耐压壳结构临界失稳压力研究[J]. 船舶,2013,24(3)：42 – 47.

[49] Pranesh S B, Kumar D, Anantha S V, et al. Structural analysis of spherical pressure hull viewport for manned submersibles using biological growth method[J]. Ship and Offshore Structures, 2018, (4)：1 – 16.

[50] Stachiw J D. Handbook of Acrylics for Submersibles, Hyperbaric Chambers and Aquaria [M]. Florida：Best Publishing Company, 2003.

[51] 雷家峰,马英杰,杨锐,等. 全海深载人潜水器球壳的选材以及制造技术[J]. 工程研究——跨学科视野的工程,2016,8(2)：179 – 184.

[52] ASME PVHO - 1. Safety Standard for Pressure Vessels for Human Occupancy[S]. New York：American Society of Mechanical Engineers, 2012.

[53] 黄建城,胡勇,冷建兴. 深海载人潜水器载体框架结构设计与强度分析[J]. 中国造船,2007,48(2)：51 – 59.

[54] 叶彬,刘涛,胡勇. 深海载人潜水器外部结构设计研究[J]. 船舶力学,2006,10(4)：105 – 114.

[55] [俄] Марков В Г, Писаренко Г К, Размихин Е М. 工作深度 6 000 m 的"俄罗斯号"潜水器[J] 杨立华,译. 江苏船舶,2004,21(1)：36 – 39.

[56] Korean Register of Shipping（KRS）. Rules for the Classification of Underwater Vehicles [S]. 2005.

[57] 中国船级社(CCS). 船舶与海上设施起重设备规范[S]. 2007.

[58] Lloyd's Register of Shipping（LR）. Code for Lifting Appliances in a Marine Environment [S]. 2003.

[59] 周尧森. 船舶耐波性[M]. 上海：上海交通大学出版社,1985.

[60] 瓦加诺夫 А М,卡尔梅奇科夫 А П,弗利德 М А. 玻璃钢船体结构的设计[M]. 北京：国防工业出版社,1977.

[61] 陈铁云,陈伯真. 船舶结构力学[M]. 上海：上海交通大学出版社,1990.

[62] 裴俊厚. 厚壳式玻璃钢船体板的刚度、挠度及应力的计算方法[J]. 舰船科学技术,1989,8(4)：14 – 45.

[63] 胡勇,赵俊海,刘涛,等. 大深度载人潜水器上的复合材料轻外壳结构设计研究[J]. 中国造船,2007,48(1)：51 – 57.

[64] Pedrsen M J. Dynamics of ship collisions[J]. Ocean Engineering, 1982, 9(4)：17 – 25.

[65] 中国民用航空局. 中国民用航空条例第 25 部[S]. 北京：国防工业出版社,1985.

[66] 赵俊海,马利斌,刘涛,等. 大深度载人潜水器浮力块的结构设计[J]. 中国造船,2008,49(4)：99 – 108.

[67] 赵俊海,刘涛,马利斌,等. 大深度载人潜水器浮力块的加工和安装[J]. 中国造船,2008, 49(s1)：113 – 123.

[68] 赵俊海,侯德永,马利斌,等. 新型复合材料在深海载人潜水器上的应用[J]. 中国造船,2008,49(3)：87 – 97.

第 6 章　潜水器的控制、推进、导航与通信

潜水器通常由机械、结构、液压、电力、传感器和执行机构等部分构成,但是如果只有这些部分,潜水器仅仅是一个身躯,还不能具有感知、判断、运动、定位以及与外界进行通信的能力。本章阐述如何构建潜水器的大脑和神经,如何产生运动,如何进行导航和定位以及如何实现与外界的通信联系。

6.1　潜水器控制系统概述

无论是载人潜水器(HOV)、无人遥控潜水器(ROV)、自治型潜水器(AUV),还是混合型潜水器(ARV),都离不开控制系统,控制系统是各类潜水器的大脑和神经,有了控制系统,潜水器才有了"智能和感知",才能完成人机交互以及各种使命[1]。通常情况不同类型的潜水器所采用的控制系统不同,即便是同一种类型的潜水器由于其功能、性能和作业目的等的不同,所采用的控制系统也不尽相同。

随着电子及计算机技术的高速发展,带来了各种硬件的集成化、小型化和高速化,为控制系统的配置带来了诸多方便,可以根据潜水器自身特点以及设计人员的偏好,灵活配置控制系统。一般情况下,微小型潜水器采用单片机作为系统的控制核心,而中大型潜水器由于控制任务较多,算法比较复杂,通常采用嵌入式计算机作为控制核心,在操作系统的选择上也是五花八门,有的采用 QNX 操作系统,有的采用 VxWorks 操作系统,也有的采用 Linux 操作系统,也有的采用 Windows 操作系统等;总之,操作系统的选取主要是根据整个潜水器的控制使命和任务要求综合来考虑。

潜水器的控制系统一般都由水面和水下两个部分构成,水面部分主要负责潜水器的操控、信息和视频显示及存储等功能,潜水器的水面部分跟其他设备的控制系统没有什么特别的地方,基本上没有空间、尺寸、重量和能源等方面的约束,实现起来也比较容易;而水下部分才是潜水器控制系统的关键,上面所讲的控制系统也基本上是指潜水器的水下部分。潜水器在水下工作,会受到海水的压力和腐蚀等诸多恶劣环境的影响,给潜水器的各个系统带来了挑战,尽管潜水器控制系统的组成部分绝大多数都放在控制舱内,但是同样也面临绝缘、耐压、空间和重量等诸多挑战,这是潜水器控制系统区别于其他工业控制系统的主要方面。由于受到体积和重量等方面的约束,这就使得控制系统中元器件的选型要受到诸多方面的限制,绝大多数比较成熟的工控设备用不上,就得靠自己研发,这无疑增加了控制系统设计的难度和风险,同时整个潜水器还暴露在海水中,并承受外界海水的压力,这使得控制系统的可靠性和稳定性受到潜在的威胁,如漏水、绝缘等问题,这是潜水器控制系统的特点,也是难点和重点。潜水器的控制系统与潜水器上其他各个部分或系统几乎都有关系,下面以载人潜水器为例,重点从载人潜水器的控制系统设计、操纵与推进系统设计、导航与定位系统设计以及通信系统设计等几个方面,阐述潜水器是如何实现控制、运动、定位及通信。

6.2　潜水器控制系统

不论是哪种类型的潜水器,控制系统都有非常多的共性问题和技术,只要掌握一种潜水器控制系统的设计思路,对其他类型潜水器控制系统的设计都有参考作用,本节以载人潜水器为例来具体阐述控制系统的设计。

控制系统是载人潜水器的大脑和神经,它与载人潜水器上的每个子系统都有或多或少的联系。如图6.1所示,与控制系统相关的子系统有观通子系统、电力与配电子系统、导航定位子系统、声学子系统、水面监控子系统、液压子系统、应急抛载子系统、浮力调节子系统、推进子系统以及生命支持子系统等,控制系统主要完成对各个子系统中的传感器进行信息采集和对执行机构的输出进行控制,实现载人潜水器的导航定位、航行控制、作业控制、报警显示、数据分析、故障诊断等功能。

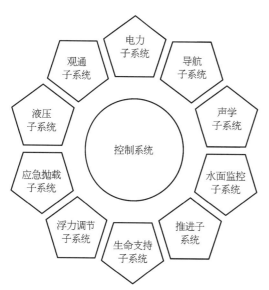

图6.1　载人潜水器控制系统与其他各子系统的关系

载人潜水器控制系统的一个主要功能就是对载人潜水器上的各个传感器进行信息采集,并对载人潜水器上的各个执行机构进行输出控制。因此,要完成载人潜水器整个系统的控制功能必须要对载人潜水器上的传感器和执行机构进行统计,然后才能根据总体控制使命及传感器和执行机构的各个接口需求等要素去设计控制系统。

6.2.1　载人潜水器上的传感器

载人潜水器上的传感器主要包括检测设备和传感器两大类,检测设备主要有深度计、高度计、罗盘、倾角仪、光纤陀螺、DVL、惯导单元、避碰声纳和成像声纳,这些检测设备用于载人潜水器的姿态、距离海底的高度、距离水面的深度、航向、对底的速度、距离障碍物的距离等的检测,通常这些检测设备均具有数字接口,可直接通过串口RS-232或RS-485由控制系统进行采集,然后由控制系统在人机界面进行显示和参与控制;潜水器上还有很多温度传感器,主要用于检测载人舱内温度、电子舱温度、配电罐温度、声学舱温度、液压系统油温、主和副蓄电池温度等,这些温度检测主要是用来监控检测点的温度是否在正常范围内,若检测点的温度超出正常范围,控制系统将给出报警(声音和指示灯),用于提醒操作者进行相关处理;潜水器上的电源和执行机构很多,对于电源和执行机构的检测主要是电压和电流,通过电压和电流的检测可以计算出电源消耗的电量,进而可以计算出剩余的电量,使操作人员根据电量的情况决定是否继续作业,由于进行了计算机采集,控制系统可以对电量的情况进行报警或预警处理,提醒操作人员观察剩余电量的情况;控制系统还要进行漏水情况的检测,检测位置主要是干式舱,如载人舱、控制系统电子舱、配电罐、声学系统电子舱等,还有一些充油接线箱,如液压系统接线箱、声学系统接线箱等,对于漏水检测,目前没有专门的检测设备,一般需要专门设计检测电路进行检测;生命支持系统需要检测的量包括载人舱氧气浓度、二氧化碳浓度、载人舱温度、湿度和载人舱气体压力等,这些检测量都在生命支持系统中自行处理,与控制系统通过 RS - 485 进行通信,将这些量传给控制系统进行显示、存储和报警;液压系统主要进行检测的量有油源压力、温度等,这些检测量也要通过控制系统进行显示、存储和报警,并可以作为控制量对液压系统进行自锁和互锁等逻辑控制,以保证液压系统安全可靠运行;控制系统还要对主蓄电池、副蓄电池、备用蓄电池和应急蓄电池进行绝缘检测,用于监视这些电源是否有绝缘不良的现象。载人潜水器检测设备和传感器配置图见图 6.2。

6.2.2　载人潜水器上的执行机构

载人潜水器上的执行机构主要包括载人潜水器上设备的供电控制、配电系统中的一些接触器上电和固态继电器的控制、载人潜水器系统中一些用电爆螺栓来进行抛载的控制,这类控制需要控制系统提供相应能力的供电,实现双路切断并带有保护功能;还有一类是液压系统中各电磁阀的控制,如开关阀、伺服阀等,这类控制主要是控制系统通过通信线将命令输出到液压系统阀箱的控制单元,由阀箱的控制单元输出控制信号,从而驱动电磁阀执行相应动作;载人潜水器上还有多台推进器、油源电机和高压海水泵电机的驱动,这类执行机构主要是采用驱动器去驱动电机,推进器使载人潜水器各种运动,液压源产生油源压力使各个电磁阀驱动各执行部件完成各种动作,高压海水泵得以工作并有相应的电磁阀配合实现注、排水,使潜水器进行微浮力调节。载人潜水器上的执行机构配置图见图 6.3 所示。

6.2.3　载人潜水器控制系统的设计

载人潜水器控制系统最主要功能就是对载人潜水器上各个传感器的信息进行采集,控制系统对采集到的信息进行加工处理,然后再进行显示、记录并参与控制,控制系统根据载人潜水器的功能、性能指标及任务使命的要求,编制控制系统软件,通过各种控制算法实现对潜水器上各执行机构的控制,从而达到载人潜水器巡航、观察和作业的目的。

图 6.4 所示为载人潜水器控制系统组成示意图。

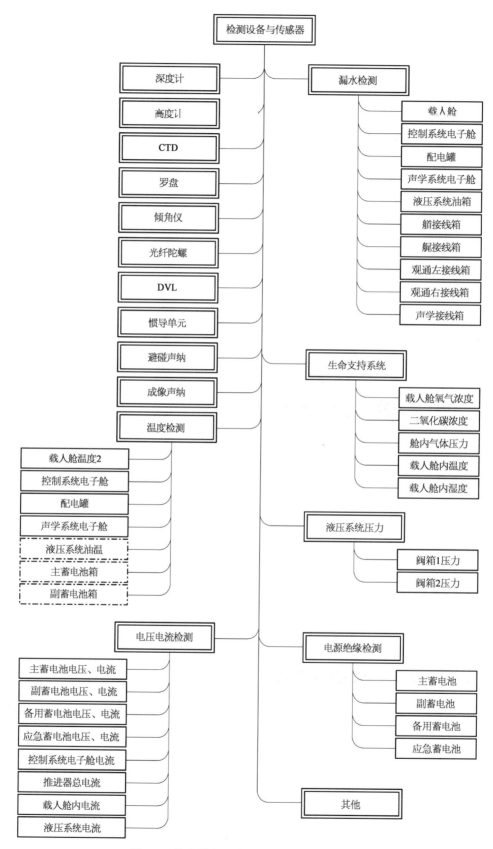

图 6.2　载人潜水器检测设备和传感器配置图

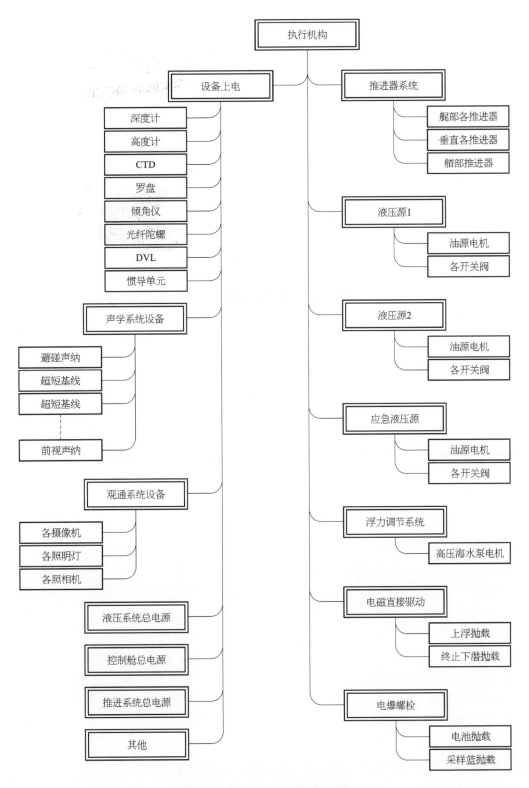

图 6.3　载人潜水器上的执行机构

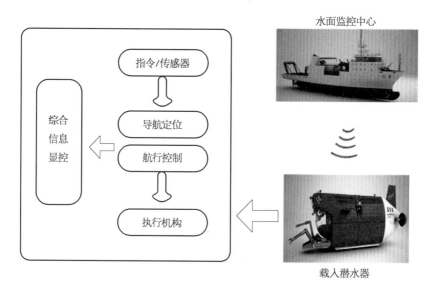

图 6.4　载人潜水器控制系统组成示意图

　　控制系统的设计主要分为两个方面：一是硬件设计，二是软件设计。在载人潜水器控制系统的设计中，对载人潜水器的传感器和执行机构统计完成后，要对各个传感器和执行机构进行信号接口类型的统计，即输入、输出信号接口形式的统计，是开关量输入还是模拟量输入，是开关量输出还是模拟量输出，是数字接口的还是其他类型的接口等。控制系统根据载人潜水器上的这些输入和输出信号以及空间、体积和重量等多方面的因素来选择合适的信号采集及输出模块，然后控制系统再根据信号类型来配置接口电路，在设计接口电路时要注意接口电路的信号电压大小、驱动能力等方面是否满足信号采集和输出模块的要求。

　　在选择控制系统输入、输出采集模块的同时也要从总体考虑整个控制系统的控制体系结构，采用何种方式来构建控制系统。得益于网络技术的飞速进步与发展，网络速度和基于网络的模块也非常成熟与稳定，在工业现场应用非常普遍，载人潜水器在控制系统设计时也采用基于工业以太网的技术来组建控制系统，这样做的好处是软件的编程、移植、调试和访问等非常便利。在现场侧采用基于以太网的采集模块对具有模拟量接口的传感器进行现场检测，并通过网络传给控制计算机，控制计算机通过编制好的程序输出控制信号也通过网络传给现场侧的输出模块，输出控制信号给执行机构，执行机构完成相应的动作；而具有数字接口的传感器或执行机构采用基于网络的串口服务器进行采集或控制输出，图 6.5 所示为载人潜水器控制系统的网络接口示意图。

　　载人潜水器的绝大多数输入指令通过数字操控面板的触摸屏输入，还有一部分是通过舱内的实体操作面板完成，但是所有信息都通过以太网传给航行控制计算机，航行控制计算机通过软件加工和处理输出控制信号给现场侧的各个节点，完成操控。航行控制计算机将采集到的传感器的信息通过网络传给综合显控计算机，综合显控计算机将采集到

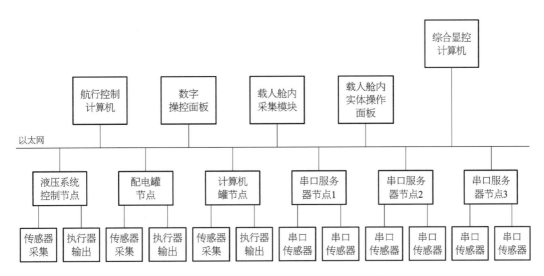

图 6.5　载人潜水器控制系统的网络接口示意图

的信息进行分析和处理,通过人机界面的形式显示出来,并将所收集到的信息进行记录和保存,通过专用的软件对这些信息进行回放、分析和显示。

在潜水器的控制中,绝大多数采用计算机控制,通过计算机控制完成潜水器的传感器数据的采集以及执行机构的输出,从而完成整个潜水器的各种控制,还有一类操作不需要进过计算机来完成正常的控制,如对一些潜水器上临时的作业工具的供电或一些简单的开关操作等。因此,对于这部分控制,控制系统只提供一些简单的硬件接口,而不需要经过计算机参与控制。另外,载人潜水器上还有一些应急系统和设备,这些应急系统和设备是保障潜水器出现故障后,能够脱离计算机对应急系统和设备进行相关控制,保证潜水器的安全。因此,要对潜水器上的系统和控制设备进行分类,既要保证潜水器在正常状态下能够工作,也要保证潜水器在应急状态下,不通过计算机能够执行或完成相关动作,使潜水器安全返回水面。图 6.6 所示是载人潜水器 3 种控制方式的示意图。

在搭建完载人潜水器控制系统的硬件平台后,需要对整个载人潜水器控制系统进行软件设计,控制系统的软件采用基于工业以太网进行通信和数据交换,这使得整个控制系统的软件设计变得统一和规范,控制系统软件的可扩展性和可移植性好。由于采用串口节点服务器,大大扩展了计算机访问串口设备的能力,以太网的结构使得对串口设备的访问变得简单,控制计算机通过以太网访问串口节点控制器,从而可以访问到多个串口设备(例如罗盘、倾角仪、光纤陀螺等)。由于采用以太网结构,也使得整个控制系统的冗余备份能力得到提升,若航行控制计算机出现故障,载人舱内的综合显控计算机也可以运行相应的控制程序来接管航行控制计算机的工作,从而保证整个潜水器控制系统的正常运行。控制系统的软件结构框图见图 6.7。

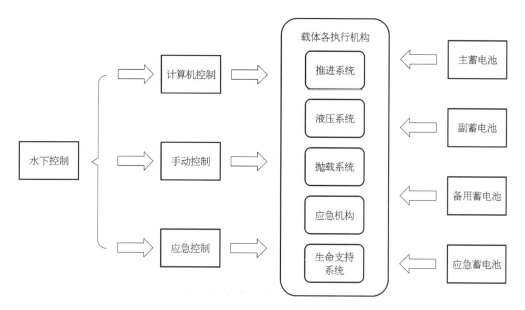

图 6.6　载人潜水器 3 种控制方式示意图

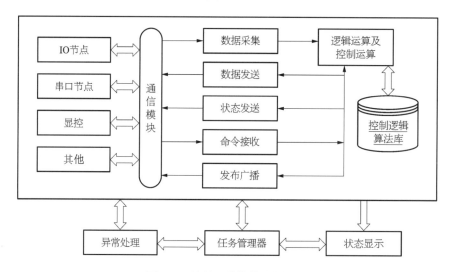

图 6.7　控制系统软件结构框图

6.3　潜水器推进系统

本节将从潜水器推进系统设计选型准则、系统组成和总体布局、单个推进器选型和设计等方面介绍潜水器推进系统设计的基本方法,并重点以载人潜水器推进系统方案选型为例予以说明。

6.3.1　推进系统设计准则

潜水器在水下主要有巡航、搜索、悬停和定点作业等运动状态,这些运动状态都需要通过合理设计和配置推进系统来完成。潜水器推进系统设计时应遵循如下原则要求。

(1) 满足任务使命的机动性要求。

推进系统设计时首先应满足潜水器机动性要求。潜水器水下运动包括三个平移运动(前进、潜浮、横移)和三个旋转运动(转艏、俯仰、横滚)。当潜水器在水下运动时必然会受到水的阻力,这就需要对潜水器上的推进器进行推力分配控制,使推进器产生推力去克服这个阻力使潜水器运动;当潜水器需要定点作业时,也需要推进系统、压载调节系统共同作用,将潜水器控制在一定范围内,保持作业稳定性。

(2) 良好的操纵性要求。

对于载人潜水器和无人遥控潜水器等以低速航行为主的潜水器,舵效应很差,再加上艇体的非流线型、较小的长宽比,导致艇体航行稳定性欠佳;然而,潜水器在水下作业时需要良好的操纵性能。如在搜索目标时,要求潜水器能灵活地改变航向;当发现目标时,能准确地保持航向;特别是当捕捉到目标时,在航速几乎为零的情况下,能自如地调整潜水器的位置和姿态。所以说,具有良好的操纵性可帮助潜水器快速完成作业任务。

(3) 高效的推进效率。

提高推进效率可以扩大潜水器的续航能力。除改进推进器自身效率外,一方面是降低推进器与艇体间的水动力干扰;另一方面,也降低推进器与推进器间的干扰,特别是ROV 推进系统一般采用矢量布置方式,应避免推进器间的干扰,甚至是力的抵消。

(4) 最小的推进系统质量。

潜水器的设计排水量一般很小,尽可能提高推进器有效推力与重量的比例,可以在相同排水量情况下,提高潜水器的有效载荷,提高工作效益。

从潜水器整个研制周期角度,推进系统设计应开展以下工作[2]。

(1) 方案设计阶段。

确定推进系统组成形式和总体布局,开展现有产品的调研(或自研),确定型号和基本参数,反馈给总体系统和配电系统。

(2) 初步和详细设计阶段。

从推进系统角度,两个阶段不是严格划分的。重点是在总体系统集成后,进一步确定推进系统参数和选型,完成推进器及其安装结构详细设计;开展推进器水动力性能试验等。

(3) 总装建造阶段。

开展推进器设备调试和推力测试;耐压部分的压力测试等工作。

(4) 潜水器水池试验、实航试验及结果分析。

潜水器推进系统方案设计阶段一般采用以下流程:

(1) 主要设计任务和功能需求;

（2）确定整个系统能源大小和推进系统能源分配、系统电压以及推进系统安装空间和干重、湿重要求等；

（3）环境条件，例如海流、深度、操作条件等；

（4）计算潜水器（含附体）各向运动阻力（若是 ROV 设计，还应考虑脐带缆阻力）；

（5）在设计环境条件下，要达到设计速度各向所需推力以及相应配置的推进器个数、单个推力和功率需求；

（6）推进器效率以及推进器总的电力输入要求；

（7）若选择成熟的商用产品，则确定产品型号及相应参数，反馈给总体系统判断是否满足总的设计要求。

6.3.2　推进系统组成与总体布局

根据 4.1 中计算得到的潜水器三向阻力以及潜水器研制任务书中的任务要求，设计环境条件以及分配给推进系统的能源，开展满足潜水器机动性要求的推进系统组成与总体布局设计。

除部分 AUV 外，潜水器推进系统一般由两台或两台以上推进器所组成。这种情况下，开展推进系统的总体布局和优化以满足潜水器总体运动要求是推进系统设计师首先要考虑的。通过各推进器的匹配，可获得包括纵向、横向、垂向、转艏、俯仰、横滚在内的六个自由度更好的机动性和稳定性。

合理的总体布局，可以降低推进系统的总体电力需求和重量，不会"过度设计"；而不合理的总体布局不仅会带来电力的不必要损耗，甚至多个推进器间会在一定范围内产生推力抵消的问题。

大部分 ROV 会通过多台推进器的矢量布置，来自动控制 ROV 在水下的姿态。图 6.8 给出了 ROV 几种典型的推进器布置形式，其中图 6.8a 所示的三推进器布置只能提供纵向/垂向/转艏三个方向运动，增加了一个推进器后可提供水平运动（图 6.8b），而图 6.8c 中五台推进器的配置不仅可提供水平力，再配合垂向推进器，通过非对称推力，还可提供俯仰和横滚力。

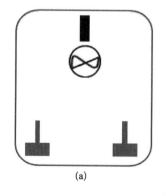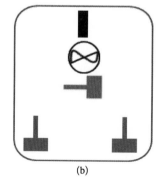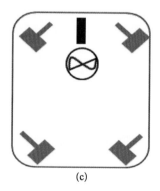

(a)　　　　　　　　　　(b)　　　　　　　　　　(c)

图 6.8　ROV 推进系统布置形式示例

（a）三推进器布置；（b）四推进器布置；（c）五推进器布置

与 ROV 相比,载人潜水器很少采用矢量化布置推进器,即主推进器主要提供纵向运动力,侧推进器提供横向力,垂向推进器提供垂向力,两个方向联合作用时可产生螺旋线运动。表 6.1 给出了现有的大深度载人潜水器推进系统布置情况。

表 6.1　大深度载人潜水器推进系统配置和布局对比

	蛟龙	深海勇士	和平	深海 6500	鹦鹉螺	阿尔文	新阿尔文
国家	中国	中国	俄罗斯	日本	法国	美国	美国
数量	7 台	6 台	5 台	5 台	4 台	7 台	7 台
主推配置	最大设计航速 2.5 kn 艉导管桨 4 台,2.2 kW 与水平夹角 22.5°	最大设计航速 2.5 kn 2 台,4.5 kW	最大可达航速 4.0 kn 艉导管桨 1 台,12 kW 水平转角为 ±60°	最大设计航速 2.5 kn 艉导管桨 1 台 初始为可摆动式(水平转角 ±80°),后改为固定式	最大设计航速 2.5 kn 艉导管桨 1 台 水平可偏转	最大设计航速 2.0 kn 艉导管桨 3 台	艉导管桨 3 台
垂推配置	最大设计航速 0.7 kn 艏垂直槽道桨 2 台,2.2 kW	艉部导管垂推 1 台,3.0 kW 中部左右各 1 台 槽道垂推,3.0 kW	导管桨 2 台,3.5 kW 转角 ±90°	艏垂直槽道桨 2 台	艏垂直槽道桨 2 台	艏部,导管桨 2 台	艏部,导管桨 2 台
侧推配置	艏部上方槽道侧推 1 台,2.2 kW	艏部上方槽道侧推 1 台,3.0 kW	初始无 后期增加了两台侧推,0.5 kW	初始艏水平槽道桨 1 台 后期增加艏、艉各 1 台	艏水平槽道桨 1 台	2 台,首尾各 1 台导管桨	2 台,首尾各 1 台导管桨

6.3.3　推进器设计

1) 推进器类型

潜水器上常用的推进器类型包括螺旋桨推进器、槽道推进器、科特导管推进器、喷水推进器以及一些新型推进器等。

(1) 螺旋桨推进器。

螺旋桨推进器是一种应用最广泛的推进器,通常分为两种:一是固定螺距螺旋桨,即桨叶同桨毂的相对位置固定不变;二是可调螺距螺旋桨,即桨叶同桨毂相对位置可改变。当转动螺旋桨时,桨叶受到水流反作用力,其推力通过桨轴和推力轴传递给艇体,推动潜水器运动。

大部分潜水器采用螺旋桨推进器作为主推,布置在艇体尾部,会产生很大的尾部振动,影响推进效率。

(2) 槽道推进器。

槽道推进器一般用作潜水器的辅助推进器,槽道推进器一般由一个贯穿于潜水器的槽道和一个置于槽道内的螺旋桨组装而成。有些情况下,为了减少槽道开孔大小,会去掉螺旋桨导流罩,直接将槽道内壁当作导流罩。

最初槽道推进器作为船舶的艏推进器应用,用于提高船舶进出港时的操纵性。此后,动力定位船也会采用艏部槽道推进器,提供侧向力。载人潜水器一般会采用槽道推进器作为侧推,例如"蛟龙"号载人潜水器采用了一台艏部槽道推进器作为侧推,日本"深海6500"号载人潜水器艏部和艉部各一台槽道推进器。

(3)科特导管推进器。

在螺旋桨外面罩一个经专门设计的套筒或导管,可以提高螺旋桨效率,是美国路德维科·科特在1936年发明,如图6.9所示。

当螺旋桨转动时,导管在螺旋桨旋转平面的前部产生一个负压区,后部产生一个正压区,从而产生推力。科特导管推进器的优点是在低进速时可以大大提高推进效率,即在高滑脱比工况运行下,其推进效率可与普通螺旋桨在低滑脱工况下运行时的效率相比。

图6.9　科特导管推进器

图6.10　五叶无轴推进器

(4)无轴推进器。

无轴推进器是近年来开发的一种新型推进器。无轴推进方式采用新颖的电机系统驱动,完全取消了推进轴,是一个革命性的技术进步。在无轴推进器中,电机的定子集成在导管结构内,转子形成环形,围绕推进器的轮缘,因此又称为轮毂推进器,在潜艇上,这种推进技术又被称为集成电机推进技术。

无轴推进器的主要优点包括提高推进效率和提高布置空间。

① 提高推进效率。

研究表明,采用无轴推进系统后船舶推进效率提高了20%～25%[3,4]。

② 提高布置空间。

目前,国内外多家公司都在研发该类产品。2004年Schilling Robotics公司开发了五叶无轴推进器(图 6.10),其主要特点是无须水密,允许海水通过电机内部,有助于降低电机温度。

2)电推进器与液压推进器

从潜水器的推进器动力来源角度,主要有电动推进器和液压推进器两种型式,绝大部分的潜水器采用这两种型式,也是推进器设计初期应选择的问题。

(1)电动推进器。

电动推进器采用电力作为动力源,一般是直流电,少数也采用交流电。相比液压推进器,电动推进器结构简单,体积和功率相对较小,采用电路控制方式,简单易用,便于潜水器的布置和集成。典型的电动推进器结构剖视图如图 6.11 所示。电动推进器广泛应用于中小型 ROV、AUV 及载人潜水器中,而大型的作业级 ROV 很少采用电动推进器。

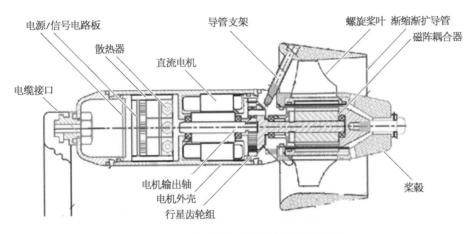

图 6.11 典型的电动推进器结构剖视图

电动式推进器需要电源供电,一般直流电较多,电动式推进器的推力大小和电机的输入功率有关,输入功率越大推力越大,额定功率大的电机相应来说体积上会比较大,功率大的对应的线径和芯的粗细也会相应要大,所以体积也相对较大。

电推进器一般有速度反馈输出这一选项,这样可以使整个系统构成一个闭环回路。电机转速一般是通过模拟输入信号或者串口输入控制(常见的是 RS232、RS485 等);转速反馈信号可以通过模拟信号或是单位时间的脉冲个数来确定具体转速。

电动推进器主要设计参数有:推力、工作水深、外壳材质、输入电机电压、速度控制方式、速度反馈输出等。

(2)液压推进器。

液压推进器采用液压作为动力源,液压源一般包括了油源、补偿器、阀箱等,因而体积相对较大。优点是推力大,效率高。采用液压控制,使用范围被限制于具有液压源的应用,一般在大型液动 ROV 上使用,而液动推进器没有速度反馈的选项。在大深度载人潜水器中,俄罗斯"和平"号采用了液压推进器,其主推进器功率达到 12 kW。

液压式推进器需要配合具有液压源系统一起使用,液压推进器的推力大小主要由液压推进器的体积(排油量决定液压推进器的体积)和液压源的功率大小(液压源的功率大小决定液压输出高低),液压源经过液压阀再到液压推进器,通过控制液压阀的出油量大小控制液压推进器的转速。

液压推进器主要设计参数包括工作水深、推力、流量和压力等。

部分 ROV 产品所使用的电动推进器和液压推进器情况如表 6.2 所示[5]。

表 6.2　部分 ROV 产品所使用的电动推进器和液压推进器

品　牌	厂　家	级别	最大深度 (m)	潜器干重 (kg)	电　力	液　压
VideoRay Pro4	VideoRay	观察级	300	6.1	100～ 240 V AC	N/A
Stingray	Teledyne Benthos	观察级	350	32	2.1 kW	N/A
Falcon	Seaeye	观察级	300	60	2.8 kW	N/A
Sea-Wolf 2	Shark Marine	观察级 少量工作	900	113	6.0 kW	N/A
Mohican	Sub-Atlantic	观察级	3 000	200	13 kW	N/A
Cougar XT	Seaeye	观察级 少量工作	2 000	409	380～ 480 V AC	可选择作业工具
Comanche	Sub-Atlantic	工作/调查	6 000	1 130	35 kW	15 kW辅助液压源
Atom	SMD	工作级	4 000	2 000		75 kW
Millennium Plus	Oceaneering	重载作业	4 000	3 600		95 kW
UHD ROV	Schilling Robotics	重载作业	4 000	5 270		150 kW

3) 推进器选型初步设计

当确定了推进系统总体布局(图 6.12)和推进器类型后,要进行各个推进器功率计算。以"蛟龙"号方案设计为例,其推进系统包括三大部分:

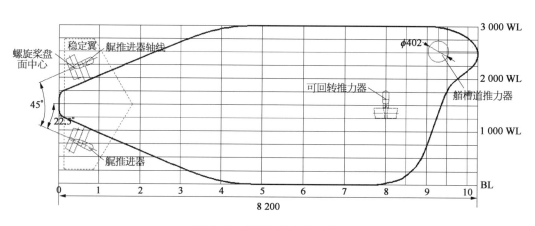

图 6.12　推进系统总体布局

① 四个成"十"字形布置的艉推进器；

② 两个垂向可回转推力器；

③ 一个横向艏推力器。

"蛟龙"号载人潜水器的推进系统应满足如下技术指标：

前进速度　　$V_a = 2.5 \text{ kn}$

垂向速度　　$V_V = 0.7 \text{ kn}$

横移速度　　$V_S = 0.7 \text{ kn}$

在上列速度时，根据阻力计算结果，潜水器在各运动方向上的有效功率见表 6.3 所示。

表 6.3　前进阻力和有效功率

方　　向	直航速度(kn)	数值阻力(N)	有效功率(kW)
前进	2.5	1 335.1	1.717
上浮	0.7	1 255.3	0.452
下潜	0.7	1 558.0	0.561
横移	0.7	1 408.0	0.507

（1）主推进器。

艉部主推进器由四个螺旋桨组成，且与载体前进方向成 22.5° 夹角布置，在满足前进速度 2.5 kn 时，每个螺旋桨需发出的推进功率应为 0.464 6 kW。取螺旋桨推进效率为 0.45，要求驱动电机能提供螺旋桨 1.032 kW 的输出功率。再考虑电机本身的效率，可选用驱动电机输入功率为 1 kW 以上的推进器。

（2）垂向可回转推力器。

由表 6.3 可见，下潜运动所需有效功率大于上浮运动，垂向可回转推力器功率估算时应以下潜所需的有效功率为基准。载体装有两个垂向可回转推力器，在满足下潜速度 0.7 kn 时，每个推力器需发出的推进功率应为 0.280 5 kW。取螺旋桨效率为 0.15 时，要求驱动电机能提供螺旋桨 1.87 kW 的输出功率。再考虑电机本身的效率，可选用驱动电机输入功率为 1.9 kW 以上的推进器。

（3）横向艏推力器。

横向艏推力器为一个槽道螺旋桨，载体侧向运动时的推力由该槽道螺旋桨和艉推进器一起提供，其中 61.5% 的侧向推力由该槽道螺旋桨承担。在满足横向速度 0.7 kn 时，槽道螺旋桨需发出的推进功率应为 0.312 kW。取螺旋桨效率为 0.10 时，要求驱动电机能提供螺旋桨 3.12 kW 的输出功率。再考虑电机本身的效率，可选用驱动电机输入功率为 3.12 kW 以上的推进器。

以上是基于计算得到的推进器功率选型，在实际项目中还应综合考虑总体布置要求、推进器可替换性、现有成熟商用产品的型号等综合因素，权衡利弊后综合做出设备选型决定。在确定了各个推进器所需电机功率、有效推力、标称电压等基本参数要求后,在国内外主要厂商中进行选型,"蛟龙"号最终推进器选型见表6.1。

在设计中还应考虑以下问题。

(1)采用一体化的推进器或是将电机驱动器单独放在耐压舱内。

如果可将驱动器与电机集成在一体,则可以降低所需布置空间。然而,对于大深度推进器的电机驱动器耐压设计仍存在问题,不得不放在单独的耐压舱内。

(2)推力分配问题。

在不同运动状态下的控制系统应采用不同的推力分配策略。

(3)推进器效率问题。

应尽可能优化设计,降低潜水器艇体与推进器间的干扰以及推进器与推进器间的干扰导致的推力损失;还应考虑随着进速增加,推进器推力降低。

6.4　潜水器的导航与定位系统

6.4.1　水下导航与定位技术简介

潜水器导航定位系统的主要作用是为潜水器提供其在地球坐标系中的实时位置、速度以及姿态信息,引导潜水器向既定目标或沿规定路径运动。电磁波在水中无法良好传播,无线电导航、卫星导航等基于外部信号的非自主导航方式,仅在潜水器处于水面或近水面能接收到信号时才发挥作用,此类导航方式通常作为辅助手段在潜水器处于水面时短暂使用。为满足潜水器长时间水下航行的需求,水下导航定位系统必须具备很强的自主性,目前水下导航定位技术主要包括:海洋地球物理导航、惯性导航、声学导航和组合导航等[6]。

1)海洋地球物理导航

海洋地球物理导航是将实时采集的地球物理参数(如重力、深度、磁场等)与先验的地球物理环境数据进行匹配从而得到潜水器在先验环境中位置的方法。这种方法要求被测量参数在地理空间分布上有足够的变化,才能通过特征值与先验数据完成匹配。根据被测物理参数的不同,海洋地球物理导航可分为海底地形导航、重力导航以及地磁导航[7]。

(1)海底地形导航。

海底地形导航是随着地形导航技术在陆地导航中的广泛应用而发展起来的,它的基本原理是将潜水器作业海域的深度、地形地貌信息预先存储在导航计算机中,然后通过潜水器本体所搭载的传感器实时采集周围海域的深度、地形地貌等相关参数,导航算法将采集到的参数值与导航计算机中的预存信息匹配后,计算出潜水器的位置。海底地形导航的定位精度与作业海域的地形特征有关,当地形特征变化明显,则定位精度高,当地形特征变化轻微,则定位精度将变得较低。理论上,只要海底地形图的分辨率足够高,海底地形导航就能达到较好的定位精度,但基于目前的海底地形测绘技术还无法获得精确的海底地形图,因此海底地形导航尚未进入实用阶段。

（2）重力导航。

重力导航的原理是利用潜水器携带的重力测量仪对周围环境的地球重力场进行测量,然后将其与导航计算机中预存的重力分布图进行匹配从而得到潜水器的位置信息。由于重力测量仪在测量过程中不向外发射任何能量,所以重力导航也被称为无源重力导航。重力导航完全自主,与潜水器工作深度和时间无关,无辐射、隐蔽性好。重力导航的精度取决于地球物理特征变化的显著程度。

美国贝尔实验室在重力导航技术的应用方面做出了重要的成果,相继研了重力敏感器系统、重力梯度仪导航系统和重力辅助惯性导航系统,并成功实现了重力地形图匹配算法。1998 年,贝尔宇航公司研制的重力仪/重力梯度仪惯性导航系统可满足战略核潜艇、攻击核潜艇和潜水器的导航要求,重力梯度仪是其中的关键部件,整个系统可安装于直径为53.34 cm(21 in)的潜水器中,1 h 的 CEP 位置精度可达 30 m,8 h 的 CEP 位置精度为 62 m。

（3）地磁导航。

地磁导航的基本原理与其他地球物理学导航方法相同,通过地磁传感器来测量潜水器周围环境地磁场的一些特征参数,然后与地磁图匹配,进行位置计算。相对于其他地球物理参数,海底地磁的变化要显著得多,并且,地磁有七个分量,每个分量均与位置有关,因此地磁导航相对于其他地球物理特征的导航具有更大的优势。随着地磁测量技术以及地磁匹配算法的快速发展,地磁导航必将得到越来越广泛的应用,鉴于其定位误差不随时间积累的特性,地磁导航可被用作惯性导航的有效辅助设备,为进一步提高潜水器的导航定位精度开辟了新的道路。

2）惯性导航

惯性导航以牛顿力学定律为基础,利用惯性测量元件、基座方向和初始位置信息来确定潜水器的位置、速度以及姿态,来指引潜水器的航行。

惯性导航是一种自主导航技术,具有隐蔽性好、短时精度高、实时输出以及输出信息比较全面等特点。按照惯性器件在载体上安装方式的不同,惯性导航分为平台式惯性导航和捷联式惯性导航。美国的德雷柏实验室在 20 世纪 30 年代开始研究惯性导航技术,并先后研制出适用于飞机、舰船的惯性导航系统样机。从 20 世纪 80 年代开始,捷联式惯性导航系统由于其体积小、功耗低、重量轻等特点得到了广泛的应用,到 20 世纪 90 年代中期以后,捷联式惯性导航系统已逐步发展成为主流惯性导航系统。

由于捷联惯性导航自身特点,通常被选用为潜水器的导航系统,便于实现导航与控制一体化。然而,将惯性导航技术应用于潜水器还面临以下主要问题:

（1）随时间推移,累计误差将变得不可接受,商用惯性导航系统位置漂移误差一般是每小时几公里的数量级,这样的导航精度难以满足实际工作的需要;

（2）初始对准比较困难,特别是由动态载体布放的潜水器尤为困难;

（3）成本较高。为解决惯性导航系统的这些问题，除了提高惯性导航单元本身的精度以外，常与其他辅助设备一起来进行组合导航，采用GPS、北斗、水声定位等对位置信息进行修正，控制累计误差，通过与其他传感器的数据融合得出导航数据的最优估计。

3）声学导航

相较于电磁波，声波能在水中传播几百公里而没有明显衰减，因此可以采用在海底安装声学信标的方式来实现水下声学导航。声学导航原理与卫星导航类似，以多个声信标、应答器或者应答器阵列组成水下位置参考系统来计算潜水器的实时位置。根据基线长度不同，声学导航主要分为：长基线（long baseline，LBL）导航、短基线（short baseline，SBL）导航以及超短基线（ultra short baseline，USBL）导航。

声学导航作为一种基本的水下导航定位方式，在海底资源勘探、海洋石油开采以及水下工程施工方面都得到了广泛的应用。然而，声学导航技术在应用过程中也存在以下缺点：需要事先在海底布设基阵，基阵的布设、校准以及回收通常需要母船的支持，且工作区域受基阵有效范围限制，当潜水器到达一个新的作业区域时，需要重新布设基阵，因此不适用于大范围的导航定位。

4）组合导航

单一的导航定位方法各有优劣，由于用途不同，在实际应用时还无法替代，因此都处于不断发展的阶段。为了提高导航定位系统的精度及可靠性，20世纪70年代，组合导航技术随着现代计算机技术的发展应运而生。组合导航系统就是将具有不同特点的导航设备与导航技术进行综合，应用计算机技术对多种导航信息进行综合处理，以提高导航系统的导航性能。组合导航系统是一种综合工程技术，涉及计算机技术、滤波技术、信息融合技术、显控技术等。

目前在潜水器上采用比较多的组合导航技术主要是捷联惯性导航系统和多普勒测速仪的组合导航，如丹麦Maridan A/S公司和美国Kearfott公司联合研制的MARPOS多普勒/惯性水下定位系统，在距离海底高度不超过200 m的条件下，其导航精度可达到航程的0.03%。美国正在研究新一代核动力潜艇导航系统，是21世纪水下导航装备发展的新动向。该系统采用模块化结构，包括惯性导航模块、重力敏感器模块、地形匹配测量模块、精密声纳导航模块等，其配置如图6.13所示。

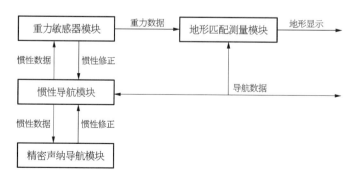

图6.13 新型水下导航系统原理图

6.4.2　潜水器组合导航关键技术

对于以捷联惯性导航为核心的潜水器组合导航系统,其关键技术主要包括:初始对准技术、滤波技术以及多传感器信息融合技术。

1) 初始对准技术

初始对准是捷联惯性导航系统进行工作的前提,初始对准的效果将直接影响到系统的导航定位精度。按照惯导系统安装基座的运动状态,初始对准可分为静基座初始对准和动基座初始对准。静基座初始对准技术的研究比较早且比较成熟,但是这些对准方法仅适合于静基座条件下的初始对准,而不管潜水器还是支持母船都处于运动状态,因此潜水器捷联惯导系统需要进行动基座初始对准。动基座对准可分为:罗经对准、传递对准以及外部辅助信息组合对准。罗经是一种完全自对准方法,但因为其对准时间较长,所以对于那些需快速完成初始对准的舰载武器等是不适用的。传递对准是在主惯导系统的基础上来实现对子惯导系统的初始对准,该方法可以有效提高初始对准精度和缩短对准时间。但是传递对准往往是针对舰载武器或机载武器的初始对准,且必须要有一个高精度的主惯导作为支撑才能实现较为精确的初始对准,传递对准的主要方法就是采用卡尔曼滤波技术来对失准角、安装误差角、杆臂矢量以及船体的变形等参数进行估计。根据匹配参数的不同来区分,有速度匹配法、姿态匹配法、速度加姿态匹配法等,其中由 Kain 和 Cloutier 提出的速度加姿态匹配是传递对准中最为常用且有效的对准方法[8]。对于舰载潜水器而言,采用传递对准是进行初始对准行之有效的方法。外部辅助信息组合对准,实际上就是传递对准的一种特例,通常的辅助设备有 GPS、多普勒计程仪以及陀螺、罗经等。对于潜水器而言,外部辅助信息组合对准是其主要的初始对准方法。

2) 滤波技术

滤波是指利用量测信息,根据一定的滤波准则来对系统状态进行估计。根据滤波准则的不同,可推导出各种滤波算法,如以误差平方和最小作为滤波准则的最小二乘估计、以验后概率密度达到最大作为滤波准则的极大验后估计以及以状态估计误差方差最小作为滤波准则的最小方差估计等。组合导航技术中最常用的是非线性滤波算法。

对于非线性滤波算法的研究始于 20 世纪 60 年代,目前应用比较广泛的非线性滤波方法多数都是在卡尔曼滤波的基础上演变而来。扩展卡尔曼滤波(Extended Kalman Filter,EKF)是通过对非线性方程在适当点处进行一阶泰勒级数展开,完成了对非线性模型的线性化处理,然后进行滤波的算法。扩展卡尔曼滤波算法在方程线性化的过程中引入了截断误差,而且对于高维复杂非线性系统,扩展卡尔曼滤波需要求解每一时刻的雅克比矩阵,增加了计算负担,不利于工程应用。1997 年,Julier 和 Uhlmann 基于"近似非线性函数概率分布统计特性要远比对非线性函数进行近似更加容易的思想"提出了无迹卡尔曼滤波(Unscented Kalman Filter,UKF)算法[9,10]。无迹卡尔曼滤波算法利用一组具有统计特征分布的采样点逼近系统的状态参数,其精度相当于扩展卡尔曼滤波泰勒级数展开的三阶或者更高,而且无须计算复杂的雅克比矩阵,减小了算法的计算量。2009 年 Ienkaran Arasaratnam 和 Simon Haykin 提出了容积卡尔曼滤波(Cubature

Kalman Filter, CKF)算法[11, 12]。该算法基于容积准则进行概率推演,并通过容积点计算状态的均值和方差。相比于 EKF、UKF 等传统的非线性滤波算法,CKF 在数值精度以及滤波稳定性等方面有着明显的优势。

3) 多传感器信息融合技术

信息融合技术这一概念是在 20 世纪 70 年代提出来的[13],当时并没有引起人们的足够重视。但随着军事 C³I(Command,Control,Communication and Information)系统研究的不断深入,人们逐渐意识到只有将各传感器的信息进行有效的融合,即获取、综合、滤波、估计、融合,才能达到完全自动化的军事指挥,从那以后,信息融合技术的研究受到广大学者的极大关注并已发展为一前沿的研究热点。

科学技术的飞速发展为潜水器提供了更多的导航设备,但是由于自身的工作原理和外界条件的限制,单一的导航设备很难满足潜水器整个作业过程中对导航系统高精度和可靠性的要求,因此需要将各种导航设备输出的有效信息进行合理融合,进而提高系统的定位精度和容错能力。信息融合技术与组合导航技术始终是同步发展的,其中最常见的信息融合方法是线性卡尔曼滤波算法。线性卡尔曼滤波算法的优点是各个误差状态数量级相近似,计算量小,并且便于单一系统与组合导航之间的转换,缺点是计算量大,实时性和容错性较差等。针对上述不足,在 20 世纪 70 年代初期 Sanders(1976)、Shah(1971)和 Hassan et al.(1978)等人先后提出了不同的分散式卡尔曼滤波算法[14-16],使得系统的容错能力得到一定程度提升。1988 年 Carlson 提出了联邦卡尔曼滤波算法[17],该滤波算法具有计算量小,容错能力强,设计简单灵活等优点,在多传感器信息融合技术领域中得到广泛应用。

6.4.3 潜水器导航传感器

1) 捷联惯性导航系统

高精度和低成本是目前捷联惯性导航系统的两个主要发展方向,根据美国 Draper 国家实验室对陀螺仪发展趋势的预测,到 2020 年世界主流的捷联惯性导航系统将主要有两种:一种是基于高精度干涉光纤陀螺仪的捷联惯性导航系统,另一种是基于低成本 MEMS 陀螺仪的捷联惯性导航系统。

世界知名的潜水器惯性导航系统研发和生产公司主要有美国 Honeywell 公司、美国 Crossbow 公司、法国 IXSEA 公司等。其中法国 IXSEA 公司于 2000 年开发的 PHINS(图 6.14),是目前世界上体积最小(160 mm × 160 mm × 160 mm)、重量最轻(水中重量 8 kg)、功耗最低(12 W)的潜水器专用水下惯性导航系统,内部原理如图 6.15 所示,其核心是光纤陀螺与卡尔曼滤波技术的结合,GPS、多普勒测速仪、超短基线、深度计等可作为外部辅

图 6.14 PHINS 惯性导航系统

助传感器接入 PHINS 系统。PHINS 能够提供潜水器在水下航行时的姿态(艏向、纵倾、横摇)、速度(北向、东向、垂向)和位置(经度、纬度)信息,艏向误差小于 $0.01°$,在外部传感器辅助的情况下位置精度可达 10 m/h 以内。

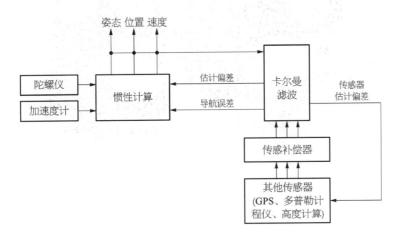

图 6.15　PHINS 内部原理图

2) 多普勒测速仪

多普勒测速仪(doppler velocity log,DVL)是一种基于多普勒效应的水声导航传感器,不但可以测得潜水器前进或者后退的平移速度,而且还可以测量潜水器向左或向右的横移速度。与惯导系统类似,多普勒测速仪是一种自主性的导航设备,允许的最浅水深 1 m 以内,最低航速约 0.005 m/s,抗干扰能力强,测量精度较高,目前已广泛应用于水下导航系统中。

多普勒测速仪通常采用声波方式固定的四波束系统,声波发射方向与多普勒测速仪保持固定角度。根据被测对象的不同,测量潜水器相对水流速度的功能叫作水跟踪,测量潜水器相对水底速度的功能叫作底跟踪。图 6.16 所示为美国 Teledyne RD Instruments 公司研制的 Workhorse DVL。

多普勒效应是指声波的发射源与接收点沿两者的连线方向存在相对速度时,接收频率与发射频率并不相同,这一频率差称为多普勒频移。多普勒频移与发射源和接收点的相对速度成正比,因此根据声波发射频率和多普勒频移求出声波发射源和接收点的相对速度,然后对速度积分便能获得相对位置信息。多普勒测速仪的工作原理如图 6.17 所示。

P 为多普勒测速仪的位置,潜水器以速度 v 水平运动,测速仪发射信号的频率为 f_0,当声波传至反射点后,其反射点接收到的频率为 f_1,当声波经反射点再次穿至测速仪后,其接受频率为 f_2,声波的传播速度为 v_0,根据多普勒效应可得:

$$f_1 = \frac{v_0}{v_0 - v\cos\theta} \tag{6.1}$$

图 6.16　Workhorse DVL

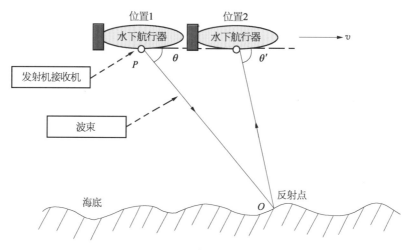

图 6.17　多普勒测速仪工作原理

$$f_2 = \frac{v_0 + v\cos\theta'}{v_0} f_1 = \frac{v_0 + v\cos\theta'}{v_0 - v\cos\theta} f_0 \tag{6.2}$$

多普勒频移记为 f_d，则有：

$$f_d = f_2 - f_0 = \frac{v\cos\theta + v\cos\theta'}{v_0 - v\cos\theta} f_0 \tag{6.3}$$

在水中 $v \ll v_0$，所以可近似得到 $\theta = \theta'$，则式 6.3 可简化为：

$$f_d = \frac{2v\cos\theta}{v_0} f_0 \tag{6.4}$$

式 6.4 中，f_0、v_0、θ 已知，测出多普勒频移 f_d，即可得到潜水器的航速：

$$v = \frac{v_0}{2f_0\cos\theta} f_d \tag{6.5}$$

3）电子罗盘

电子罗盘也叫数字罗盘,是利用磁敏感元件测量地磁场的方向以获得载体方位的一种设备。过去,由于电子罗盘体积大且造价高,主要被用于飞机、坦克和舰船的姿态测量。随着微电子技术和计算机技术的发展,电子罗盘可以做到兼顾体积和成本,目前已经得到了广泛应用。

电子罗盘通常由三轴磁阻传感器、倾角传感器和微控制单元组成。三轴磁阻传感器测量地球磁场,倾角传感器测量电子罗盘的姿态角,微控制单元处理磁阻传感器和倾角传感器的信号,对测量数据进行软件补偿,输出三轴姿态信息。潜水器通常会搭载电子罗盘,进行三轴姿态测量,图 6.18 为美国 Honeywell 公司的 HMR3300 电子罗盘。

图 6.18　HMR3300 电子罗盘

电子罗盘的测量原理如图 6.19 所示。Ox 和 Oy 为两个互相垂直的轴,分别沿这两个轴安装两个测量磁场分量的磁传感器 S_x 和 S_y,磁北方向为 ON,磁航向角定义为从 ON 到 Ox 顺时针转过的角度,用 ψ 表示。地磁场水平分量设为 H_0,则磁传感器测出的磁场分量为:

$$H_x = H_0 \cos\psi \tag{6.6}$$

$$H_y = H_0 \sin\psi \tag{6.7}$$

那么,可求出 ψ:

$$\psi = -\arctan\left(\frac{H_y}{H_x}\right) \tag{6.8}$$

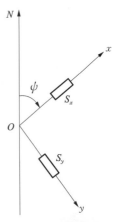

图 6.19　磁航向角测量原理

地球北极与地磁北极存在一个偏差角，被称为地磁偏角。在地球不同位置，磁偏角是不同的，因此，电子罗盘测得的磁航向角加上或减去当地的磁偏角才能得到最终的地理航向角。

4）超短基线定位系统

超短基线定位系统由发射器、应答器、接收基阵组成，发射器和接收基阵布置在支持母船上，应答器搭载在潜水器上。发射器发出一个声脉冲，应答器收到后回发声脉冲信号，接收基阵收到应答信号后，测量出水平方向的相位差，并根据声波的到达时间计算出应答器到基阵的距离，从而得到潜水器的空间位置。超短基线所测得是母船和水下载体的相对位置，需要和其他导航系统结合起来，如 GPS、IMU 等，进行坐标变换得到载体的大地坐标。

相较于长基线定位系统和短基线定位系统，超短基线定位系统的显著特点是基线长度小，发射换能器和接收基阵可以组成一个收发换能器，布置于船底或舷侧，整个系统构成如图 6.20 所示，不需要组建水下基阵，安装方便，成本较低，因而非常适用于 ROV、AUV、HOV 等潜水器的水下声学导航。

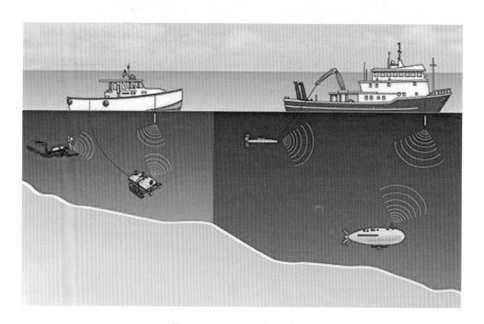

图 6.20　USBL 工作示意图

国际上比较知名的从事超短基线定位系统研究的主要有澳大利亚 Nautronix 公司、挪威 Simard 公司、法国 OCEANO Technology 公司、英国 Sonardyne 公司等。由法国 OCEANO Technology 公司研制的 Posidonia 6000 长程超短基线定位系统，工作深度可达 6 000 m，最大作用距离 8 000 m，在 6 000 m 水深 30°角范围内，测距精度可达 0.3%，发射频率为 8~18 kHz，应答频率为 14~18 kHz。Posidonia 从 1997 年开始装备在法国 IFREMER 水下机器人和深拖系统以及德国的 GEOMAR 深拖系统，我国的"大洋一号"

综合海洋科考船也装备了 Posidonia 6000 超短基线定位系统[18]。

关于潜水器导航系统中的其他传感器,感兴趣的读者可到相关网站或书籍中查找,此处不做介绍。

6.4.4　载人潜水器导航定位系统技术方案

载人潜水器导航定位系统主要负责潜水器下潜、上浮以及深海作业过程中的导航定位,测量三个正交轴方向的角运动以及线运动,实时输出潜水器的绝对位置、相对位置、速度、航向角、横摇角、纵摇角、角速率以及线加速度等信息,并对整个下潜、上浮以及海底作业过程的数据进行一系列后处理的工作,显示整个工作过程的运动轨迹。

载人潜水器导航定位系统主要由惯性导航系统、GPS、DVL、USBL、深度计、高度计以及显控装置等部分组成。惯性导航系统主要由光纤陀螺、石英挠性加速度计、I/F 转换电路、导航计算机等部分组成,用于敏感载体运动和导航参数解算以及深海作业的授时。GPS 主要用于提供海面初始时刻位置信息以及导航系统的授时,辅助惯导实现高精度对准。DVL 用于测量潜水器的横向和纵向速度,惯性/DVL 组合利用 DVL 的速度信息抑制惯性导航系统的误差累积。USBL 用于测量潜水器相对于母船的位置,利用 USBL 的高精度位置信息对惯导系统进行误差修正,提高惯性导航系统的位置精度。深度计主要用于测量潜水器相对于海面的距离,利用深度信息辅助惯导系统进行阻尼解算,得到潜水器连续深度。显控装置主要由显控电路和显控软件组成,实现导航系统的供电控制、信息显示、人机交互和故障报警等功能。总体技术方案如图 6.21 所示。

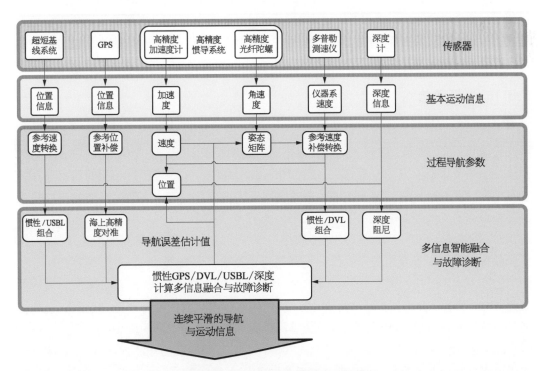

图 6.21　导航与定位系统技术方案

　　导航与定位系统可充分发挥惯性导航系统高自主性、高隐蔽性、高更新率和能获得运载体完备运动信息以及声学导航系统测速、测距精度不随时间发散的优点，实现两者的优势互补，从而实现载人潜水器自主、可靠、精确、连续的水下导航定位与运动测量。

6.5　潜水器的通信系统

　　无论是哪种类型的潜水器，潜水器的水面单元与水下潜水器本体部分都需要进行各种形式的通信联系。潜水器本体在水面或甲板工作时与潜水器水面控制系统单元通常采用无线网络通信、无线电台通信、铱星通信和脐带缆等多种方式进行通信；而潜水器在水下工作时，ROV 或 ARV 采用铜线或光纤介质进行通信，而对于 AUV 或载人潜水器 HOV，只能采用水声通信的方式。这几种不同的通信方式有不同的侧重点，光纤通信适合于 ROV 和 ARV 等采用光纤通信为主通信类型的潜水器，该种通信方式传输的信息最为丰富，有视频、数据和网络信号等；无线电通信主要是当潜水器处于水面时，与支持母船相距几公里或十几公里以内时使用，通过无线电通信可控制潜水器的运动和接收 GPS 定位信息等；无线网络通信具有传输数据量大、速度快等优点，但是由于它通信的距离短，因此，适合在潜水器回到母船后，与水面单元建立网络联系，调试和下载程序以及视频的导出等使用。铱星通信适合于潜水器返回水面，通过铱星定位装置将潜水器的位置信息传给水面控制单元，通过监控界面直接显示潜水器在水面的位置，这样便于发现和回收潜水器，铱星定位和无线电定位互为备用又互相补充。潜水器各种通信方式的组成示意图见图 6.22。

6.5.1　光纤通信

　　光纤通信是以光波作为信息传输载体，以光纤作为传输媒介的一种通信方式。光纤以其传输频带宽、抗干扰性高和信号衰减小而广泛应用于 ROV 和 ARV 这两种潜水器的主通信中。潜水器上安装有摄像机、带有 RS‐232 或 RS‐485 等接口类型的传感器和控制板，以及网络接口设备，因此在潜水器的应用中采用专门用于水下使用类型的光端机来满足于潜水器的应用需求。水下光端机不但要有丰富类型的接口，而且由于光纤在水下应用时，受到海水压力的影响以及光纤的接头非常多，这就使得光通路的损耗比较大，因此光端机要采用水下专用的光端机。光纤选择也要采用特殊类型的光纤，普通陆地上应用的光纤不能满足应用需求，因为光纤在受到海水的压力作用下，光损耗会随压力增大而快速增加，不能应用于水下潜水器中，因此应用于水下潜水器的光纤要经过定制。光纤需要采用单模光纤，该种光纤传输的距离比较远，适合于水下潜水器的应用。光端机上也要采用波分复用技术，即在同一条光纤上同时传输多个不同波长的光波技术，这种应用对于水下潜水器来说非常有用，可以减少光纤缆中使用光纤的芯线数量，只用一根就可以了，

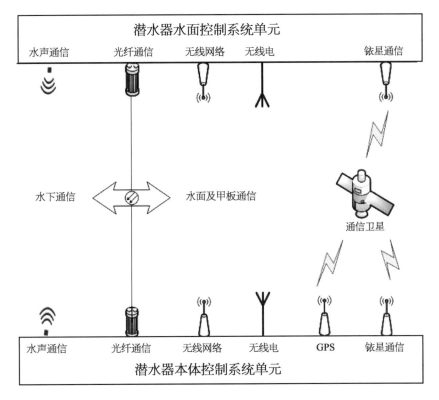

图 6.22　潜水器各种通信方式的组成示意图

其余芯都可以作为备用,而且还可以减少整个光纤传输通路各个环节的压力,比如光滑环的环数可以减少,光纤缆直径可适当减少等,减少接头的数量一定程度上提高了光纤通信的可靠性。潜水器光纤通信示意图见图 6.23。

6.5.2　无线通信

潜水器的无线通信主要应用在 ROV、AUV 和 HOV 这三种类型的潜水器中,采用无线通信的目的之一是潜水器在水面调试时可不用脐带缆,这样可以大大减少脐带缆水密接插件插拔的次数。在潜水器工作时,无论是潜水器施放阶段还是作业返回到水面,特别是潜水器返回至水面,由于出水点不确定,因此可以通过无线电台和铱星定位发现潜水器,并对潜水器进行航行控制操作,这点对于 AUV 或 ARV 尤其重要。下面就无线网络交换机、无线电台和铱星定位通信三种通信方式的作用进行简要介绍。

无线网络通信是在潜水器和水面甲板控制系统单元之间各配置一台无线网络交换机模块(成对),这样潜水器本体在甲板时,潜水器本体和潜水器水面控制单元之间可以通过无线网络进行通信,实现潜水器水面控制单元和水下控制单元进行数据、使命任务等的上传与下载,以及设备调试等任务。该无线网络既可以与脐带电缆互为备份使用,也可以同时提供给其他各分系统接入网络,为整个潜水器系统在甲板时的相关工作带来极大方便。

无线电通信主要用于潜水器处于水面时,实现几公里到十几公里的数据或语音通信。

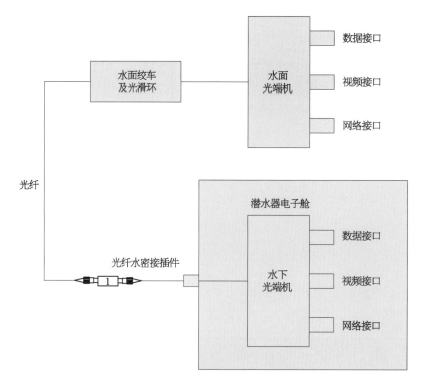

图 6.23　潜水器光纤通信示意图

对于 AUV 或 ARV 等类型的潜水器,无线电通信主要用于该种类型潜水器的水面示位功能以及操控潜水器,即潜水器从水下返回水面时,潜水器通过无线通信将潜水器的位置发送给支持母船,支持母船接收到该信息后,可以操控潜水器向支持母船靠近,节约成本和节省回收时间。对于 HOV 这种类型的潜水器,无线电通信主要用于语音通话功能,即当 HOV 位于水面时,载人舱内的操作人员可以与支持母船上的指挥人员进行实时通话。

铱星定位通信主要用于潜水器在返回水面时,潜水器的实时位置或其他相关信息可以通过铱星装置发送到支持母船,支持母船接收到定位信息后可以通过人机界面实时确定出潜水器在海面的具体位置,支持母船靠近并回收潜水器。采用铱星定位通信的主要目的是铱星系统是全球覆盖的卫星通信系统,全球覆盖范围广,当潜水器的出水点比较远,超出无线电通信的作用距离时,只能利用铱星系统来定位潜水器,同时也是无线电定位的一个补充和备用,可进一步增加潜水器回收的安全性。

6.5.3　水声通信

上面讲述了潜水器上的光纤通信和无线通信,这两类通信要么通过光纤介质,要么是无线通信仅限于潜水器返回水面或位于甲板才能进行通信,如果潜水器没有电缆或光纤与支持母船连接进行水下作业时,潜水器与水面支持母船的通信只能靠水声通信进行。

水声通信是利用声波在水下的传播进行信息的传送,是目前实现水下目标之间进行水下无线中、远距离通信的最常规的手段。水声通信的工作原理是将数据、语音、文字或图像等信息转换成电信号,再由编码器进行数字化处理,然后通过水声换能器将数字化电信号转换为声信号。声信号通过海水介质传输,将携带的信息传递到接收端的水声换能器,换能器再将声信号转换为电信号,解码器再将数字信息解译后,还原出数据、声音、文字及图片信息。

水声信道是一多途、频散和时变的信道,声波在其中的传播行为十分复杂。由于声波的吸收大体上与频率的平方成正比,通信可用的带宽很窄。声速传播很慢,大约为 1 500 m/s,这就给水声通信网技术带来很多困难。国际上于 20 世纪 80 年代中期开始研究非相干通信技术,认为信道的主要特征为多途效应。采用多频移键控信号(MFSK)克服信道多途效应,再用卷积码和维特比译码等技术,进一步减少误码率。非相干通信技术达到的指标一般为传输速率数百比特,误码率可达 10^{-4},作用距离从几百米到数公里。为了进一步提高通信速率,20 世纪 90 年代以美国伍兹霍尔海洋研究所为代表,进行水声相干通信技术研究。在多路判决反馈自适应均衡器中加入了用二阶锁相环构成的相位跟踪器,并在冰下实验中获得了良好效果。用多路自最佳判决反馈自适应均衡器和自最佳自适应相位跟踪器构成的接收机处理了大量的湖试数据,达到传输率与作用距离之积为 40 KB·km,误码率 $10^{-4}\sim$ 10^{-5}。目前,水声通信技术发展的已经较为成熟,国内外都已研制出不同用途、不同深度和不同工作距离的水声通信机产品,并在各个应用领域发挥非常重要的作用。

在我国,水声通信较为成功的典型应用为"蛟龙"号载人潜水器上使用的高速水声通信机。这套水声通信机就相当于在载人潜水器和支持母船之间安装了无线电台,两者之间通过水声通信机进行各种数据、语音、文字和图片的传递,增强了载人潜水器和支持母船之间的信息交互功能,使得支持母船的指挥室能够实时、准确地了解和掌握整个载人潜水器设备本身的工作状态,更重要的是能够实现与舱内下潜人员的互动,这极大地缓解了载人潜水器舱内人员以及支持母船上的指挥人员的紧张情绪,有利于更好和更高效地完成下潜任务。这套水声通信机系统经过了 7 000 米级的海试验证以及后续的试验性应用,并在此过程中又进行了升级、改进和提高,水声通信机的性能已经非常稳定和可靠,这也为载人潜水器走向常规应用奠定了非常好的基础。图 6.24 为"蛟龙"号 2013 年试验性应用航次中"蛟龙"号由水声通信机传回水面支持母船的现场图像[19]。

(a)　　　　　　　　　　(b)　　　　　　　　　　(c)

图 6.24　"蛟龙"号 2013 年试验性应用航次中由水声通信机传回的现场图像

(a) 潜航员与记者;(b) 冷泉区碳酸盐岩;(c) 冷泉区生物群落

参考文献

［1］ 蒋新松,封锡盛,王棣棠.水下机器人[M].沈阳：辽宁科学技术出版社,2000.

［2］ 张铁栋.潜水器设计原理［M].哈尔滨：哈尔滨工程大学出版社,2011.

［3］ Yakovlev A Y，Sokolov M A，Marinich N Y．Numerical design and experimental verification of a rim-driven thruster ［C］//Proceedings of Second International Symposium on Marine Propulsors．Hamburg，2011.

［4］ 徐筱欣.船舶动力装置[M].上海：上海交通大学出版社,2007.

［5］ Christ R D，Wernli Sr R L．The ROV Manual：A User Guide for Remotely Operated Vehicles ［M］．Oxford：Butterworth-Heinemamn，2014.

［6］ 张红梅.水下导航定位技术[M].武汉：武汉大学出版社,2010.

［7］ 彭富清,霍立业.海洋地球物理导航[J].地球物理学进展,2007,22(3)：759－764.

［8］ Kain J，Cloutier J．Rapid transfer alignment for tactical weapon applications［C］//Guidance，Navigation and Control Conference，1989.

［9］ Julier S，Uhlmann J，Durrantwhyte H F．A new method for nonlinear transformation of means and covariances in filters and estimates［J］．IEEE Transactions on Automatic Control，2000，45(3)：477－482.

［10］ Julier S J，Uhlmann J K．Unscented filtering and nonlinear estimation［J］．Proceedings of the IEEE，2004，92(3)：401－422.

［11］ Arasaratnam I，Haykin S．Cubature KalmanFilters［J］．IEEE Transactions on Automatic Control，2009，54(6)：1254－1269.

［12］ Arasaratnam I，Haykin S，Hurd T R．Cubature kalman filtering for continuous-discrete systems：theory and simulations［M］．IEEE Press，2010.

［13］ 卞鸿巍.现代信息融合技术在组合导航中的应用[M].北京：国防工业出版社,2010.

［14］ Sanders C W，Tacker E C，Linton T D．Stability and performance of a class of decentralized filter ［J］．International Journal of Control，1976，23(2)：197－206.

［15］ Shah M M．Sub-optimal filtering theory for interacting control systems［D］．Cambridge：University of Cambridge，1971.

［16］ Hassan M，Salut G，Singh M，et al．A decentralized computational algorithm for the global Kalmanfilter[J]．IEEE Transactions on Automatic Control，1978，23(2)：262－268.

［17］ Carlson N A．Federated Filter for Fault-Tolerance Navigation Systems［C］//IEEE Position Location and Navigation Symposium，1988：110－119.

［18］ 孙玉山,万磊,庞永杰.潜水器导航技术研究现状与展望[J].机器人技术与应用,2010(1)：31－42.

［19］ 朱敏,张同伟,杨波,等.蛟龙号载人潜水器声学系统[J].科学通报,2014,59(35)：3462－3470.

第7章 潜水器的动力与配电

任何类型的潜水器都需要动力,有的是使用自身携带蓄电池来实现能源的供给,有的是由外部提供的交流电或直流电来实现能源的供给,这两种供电模式在潜水器的设计和工作中有较大的不同。供电模式的不同导致配电方式的差异,对于蓄电池供电的潜水器配电只能在潜水器本体进行,而对于采用外部供电的潜水器的配电是在水面供电单元和潜水器本体上分别进行。本章对潜水器如何进行动力供给和动力分配进行阐述。

7.1　潜水器的动力系统概述

潜水器的动力系统负责整个潜水器的能量来源及供给,是潜水器完成各种作业和使命的前提条件[1, 2]。本书前面章节所提及的 4 种类型的潜水器(ROV、HOV、ARV 和 AUV),动力的来源不尽相同,ROV 通常是由支持母船通过电缆进行供电,而其他 3 种类型的潜水器都由蓄电池进行供电。因此,从供电的角度来说,ROV 具有连续不间断作业的能力,而其他 3 种类型的潜水器由于采用蓄电池供电,无论采用一次电池还是二次电池,作业时间都将受到电池的限制,在蓄电池电量用完之前必须回到支持母船进行充电或替换蓄电池,才能进行下一次的作业[3]。由支持母船通过电缆供电的 ROV 和由蓄电池供电的潜水器在系统的设计和工作时有较明显的区别。

对于采用蓄电池进行供电的潜水器,由于蓄电池的能源有限,因此在这类潜水器的设计中,要充分考虑用电设备的功耗,在设计中尽量采用低功耗的元器件和执行机构,减少不必要的能量消耗,从而尽可能延长潜水器的工作时间,提高潜水器的作业效率。采用蓄电池供电的潜水器,根据潜水器自身的特点,选择不同类型的蓄电池,如铅酸、镍镉、锌银和锂离子蓄电池等[3],同时,也根据总体的技术要求以及所使用的深度等方面的考虑,可采用耐压和非耐压两种形式,有关潜水器用蓄电池的选择和设计等方面的内容将在7.2 节进行详细介绍。

由支持母船供电的潜水器通常由支持母船直接供给潜水器的配电单元,有些大功率的潜水器由于自身所需的功率比较大,支持母船不足以提供足够的电力给潜水器,在这种情况下,采用单独的发电机组发电来给潜水器供电,供潜水器工作。相比于蓄电池供电的潜水器,由支持母船供电的潜水器虽没有充电、放电和电池维护保养等方面的工作,但是配电相对复杂,有关配电方面内容将在 7.3 节中进行介绍。

7.2　潜水器用蓄电池的选择与设计

对于能源自持的潜水器,蓄电池的选型与设计直接决定了潜水器的水下工作时间,并与潜水器的总体布置、应急与潜浮抛载系统、推进系统等的设计发生交互,进而影响潜水器的作业效率、可维护性和寿命周期总费用[3]。下文将从蓄电池的类型、国内外知名潜水器电池系统以及“彩虹鱼”号万米载人潜水器电池系统设计几方面予以介绍。

7.2.1　潜水器用蓄电池类型

潜水器通常选用的蓄电池类型主要有铅酸蓄电池、镍镉蓄电池、锌银蓄电池、锂离子蓄电池等,其中铅酸、镍镉、锌银蓄电池属于富液电池,锂离子电池属于贫液电池。富液电池技术本身发展较早,随着它在潜水器上的广泛搭载,现在已经是比较成熟的技术[4]。锂离子电池技术直到 20 世纪末才开始面向商业应用进行推广,因此锂离子电池多搭载于近期或在研的潜水器,以及已服役潜水器能源系统的升级改造[5]。

图 7.1　11 000 m 铅酸蓄电池

(http://www.deepsea.com/portfolio-items/seabattery-power-module/)

铅酸蓄电池的电极主要成分是铅及其氧化物,电解液为硫酸溶液。铅酸蓄电池成本较低,使用方便,应用广泛,技术成熟,可靠性高,没有复杂的辅助系统,但其能量密度低、有气体析出等固有缺陷是阻碍铅酸蓄电池进一步发展的阻力。铅酸蓄电池单体的标称电压为 2 V,多节单元电池串联或并联后可组成不同电压及容量的蓄电池组。图 7.1 所示为 DEEPSEA POWER & LIGHT 公司研发的 11 000 m 充油式铅酸蓄电池。电池箱体为聚乙烯材料,铅酸电池通过膜补偿结构与外部隔绝,箱体内的补偿油确保内外压力平衡,箱体上设置有专门的放气阀门用以排出电池使用过程中产生的气体。

镍镉蓄电池正极活性物质的主要成分是镍,负极活性物质的主要成分是镉,电解液为氢氧化钾溶液,属于碱性富液电池。镍镉电池的主要优点是轻便、抗震、寿命长,其最大的缺点是存在记忆效应,在充放电过程中如果处理不当,会使得电池寿命大大缩短。如果镍镉电池在放出 80% 的电量后就进行充电,那么在充满电后,该电池也只能放出 80% 的电量,这种现象称为记忆效应。此外,镍镉蓄电池在使用过程中也存在气体析出问题,虽然其析气量小于铅酸蓄电池,但对于水下应用,气体析出仍然是设计阶段和使用过程中必须考虑的问题。图7.2所示为法国SAFT公司为俄罗斯"和平Ⅱ"号载人潜水器定制的面向深水环境应用的特殊型号镍镉蓄电池[6]。每个电池单体标称电压1.2 V,采用串联方式达到潜水器所需的仪表电压和工作电压。

图7.2　"和平Ⅱ"号载人潜水器镍镉电池单体[6]

锌银蓄电池一般使用银的氧化物作为正极活性物质,锌为负极活性物质,电解液是以氢氧化钾为主,并配以锌酸盐的饱和水溶液。锌银电池是能量密度最高的一种富液电池,体积小、重量轻、容量大、放电电压平稳、自放电小。锌银蓄电池的主要缺点是循环寿命次数少(约几十次),容易产生内部短路故障,由于电极含有大量贵金属因而造价较高。大容量锌银电池的应用常见于航天、导弹、鱼雷等军事领域。同样,锌银电池在使用过程中也存在气体析出问题。图7.3为河南新太行电源有限公司为"蛟龙"号载人潜水器研发的7 000 m深水蓄电池[7]。依不同容量,各电池分别为动力、仪表、应急系统供电。电池在使用时才进行激活,激活后循环寿命约30~35次。

锂离子电池的正极材料由锂合金金属氧化物制成,负极材料由石墨制成,使用非水电解质,根据所使用正极材料的

图7.3　7 000 m锌银蓄电池单体

不同,锂离子电池可分为三元锂电池、磷酸铁锂电池、钴酸锂电池等。锂离子电池的常见外形有钢壳、铝壳、圆柱、软包等,其均由正极、负极、隔膜、电解质和外壳构成。锂离子电池的优点是额定电压高、能量密度大、循环寿命长、自放电率低、充电快,并且使用过程中无记忆效应且几乎无气体析出。锂离子电池的缺点是不耐受过充及过放,需要专门的保护电路监控电池的使用。图 7.4 中分别为美国 SWE 公司研制的 6 000 m 压力平衡型充油锂离子电池以及德国 SubCtech 研制的常压型锂离子电池。前者通过充油方式保持与外界环境压力一致,除电池以外,电源管理电路也要耐受相当于工作水深的压力,电池以及电源管理电路的耐压能力是此类型锂离子电池应用过程中需要解决的难点;后者将整个电池系统置于耐压舱内,电池工作于常压环境,增加漏水与绝缘值检测传感器对电池舱进行监测。

(a)　　　　　　　　　　　　　　　　　(b)

图 7.4　深水锂离子电池

(a) 6 000 m 充油锂离子电池
(https：//www. swe. com/seasafe-subsea-modules/);
(b) 6 000 m 常压型锂离子电池
(http：//subctech. com/li-ion-batteries/li-ion-powerpacks/)

此外,依据电池组与海洋环境的压力是否平衡,潜水器用蓄电池可被分为非耐压型和耐压型,二者的主要区别是封装壳体是否耐压。

非耐压型蓄电池的典型结构如图 7.5 所示。蓄电池的构成主要包括单个或多个串联或并联的电池单元、封装电池的壳体、在壳体内安装电池的固定件或填充物、一个或多个安装于壳体上用于充放电的水密电缆插座、连接电池和水密电缆插座的导线及端子、压力平衡装置。封装电池的壳体是非耐压密闭容器,在容器内充满绝缘性液体介质,压力平衡装置负责传递壳体内外的压力,壳体上设置有用于导入或排出绝缘介质的孔道,对于有气体析出的电池还需要在壳体上设计气体排放机构。压力平衡装置可以是橡胶皮囊、带活塞或柱塞的腔体,或在壳体上安装的柔性膜片。绝缘介质需满足高压力下性能稳定，无腐蚀性且不与电池或壳体以及附件发生反应。

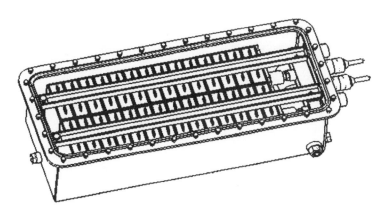

图 7.5　非耐压型蓄电池示意图

耐压型蓄电池的典型结构如图 7.6 所示。为兼顾蓄电池罐的耐压能力和蓄电池组的安装容积，耐压型蓄电池罐一般采用球形或球面柱形的外形设计，整个蓄电池置于耐压壳体内，工作于常压环境，电池通过固定件贴合于壳体，壳体的端盖上有水密接插件用于充放电。

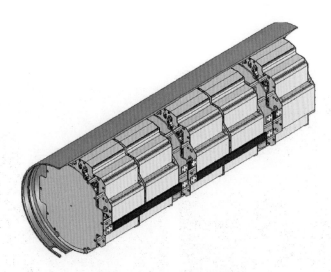

图 7.6　耐压型蓄电池示意图

各类潜水器用蓄电池的性能指标和技术特点总结如表 7.1 所示。

表 7.1 潜水器常用蓄电池对比表

电池种类	重量比能量 (W·h/kg)	体积比能量 (W·h/dm³)	价格[元/ (W·h)]	非耐压 应用	循环次数 (次)	技术特点
铅酸蓄电池	35	100	2	是	100	体积大、重量重,大电流放电能力较差,价格便宜,有气体析出
镍镉蓄电池	38	62	25	是	500	体积大、重量重,性价比差,有记忆效应,有气体析出
锌银蓄电池	140	280	30	是	30	体积小、重量轻、电压稳、寿命短,使用成本高,有气体析出
锂离子电池	130	300	10	是	>500	性价比高、循环寿命长,需与电池管理系统配合使用,不耐过充或过放

7.2.2 国内外知名潜水器电池系统

美国的伍兹霍尔海洋研究所(Woods Hole Oceanographic Institution,WHOI)研制的新型全海深潜水器 Nereus,如图 7.7 所示,并于 2009 年完成深海试验,成功下潜到 10 903 m[8,9]。Nereus 可工作于 ROV 和 AUV 两种模式,继承了两种潜水器的优点,既具备深海大范围调查的能力又可执行定点作业任务[10]。Nereus 是一次解决传统的大深度 ROV 系统受制于脐带缆的制约以及传统的 AUV 受制于作业能力弱的制约的初步尝

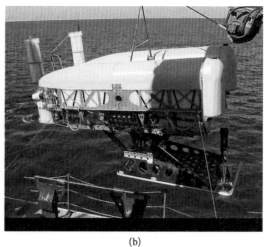

(a)　　　　　　　　　　　　　　(b)

图 7.7 Nereus 混合型潜水器[11]

(a) AUV 模式;(b) ROV 模式

试,这种潜水器被命名为 HROV(hybrid remotely operated vehicle)。2014 年 5 月 10 日,WHOI 官方证实了 Nereus 潜水器在新西兰东北部的克马德克海沟失事的消息。

Nereus 选用耐压型锂离子电池为能量供给单元,如图 7.8 所示。耐压舱主材质选用陶瓷材料,两侧端盖和挡圈为钛合金材料,通过此种技术手段减轻耐压壳体的重量,降低重量与浮力之比。整个电池系统由 2 352 节圆柱形锂离子电池组成,每节电池容量 2.2 A・h,电池单元先经并联和串联后组成如图 7.8 所示 2.6 kW・h 的模组,7 个模组并联组成最终的电池系统,系统总功率 18.6 kW・h,工作电压范围 42～58 V,峰值放电电流 72 A[11]。

(a)　　　　　　　　　　　　　(b)

图 7.8　Nereus 潜水器电池系统

(a) 耐压壳体;(b) 2.6 kW・h 电池模组

美国 GENERAL DYNAMICS 公司研制的 Bluefin - 21 自主式水下航行器如图 7.9 所示,其最大工作深度 4 500 m,3 kn 航速下的续航时间为 25 h,该潜水器在世界范围内有大量应用,并参与了马航失事客机的搜救工作[12]。

图 7.9　Bluefin - 21 自主式水下航行器

Bluefin - 21 潜水器的能源由非耐压型锂离子电池提供,总能量 13.5 kW・h,包括 9 个如图 7.10 所示的标准单元。标准单元额定电压 30 V,能量 1.5 kW・h,空气中重 14.3 kg,最大工作深度 6 000 m,通过充油补偿方式与外界环境保持压力平衡,300～500 次循环后剩余容量不小于 80%。

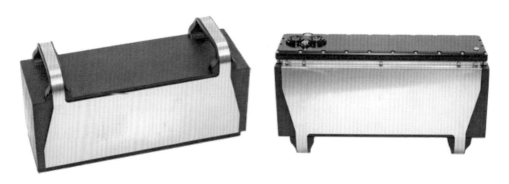

图 7.10   1.5 kW·h 深海锂离子电池

"阿尔文"号载人潜水器(图 7.11)是目前世界上最著名的深海考察工具,最大下潜深度 4 500 m,隶属于美国海军,由 WHOI 负责运营[13]。"阿尔文"号并不是第一艘载人潜水器,但却第一个证明了载人潜水器在科学研究中的价值,改变了人们关于海洋的思考和研究观念的改变。"阿尔文"目前已下潜 4 800 余次,海底停留时间累计超过 16 000 h,平均每年下潜 175 次,过去 20 年中,其可靠下潜超过 95%,另 5%是由于恶劣天气造成的[14]。"阿尔文"号的能源由两组非耐压充油铅酸蓄电池提供,每组电压 120 V,容量 140 A·h。2004 年 WHOI 收到了来自美国国家科学基金的支持,用以建造新的"阿尔文"号,下一代潜水器最大工作深度将达到 6 500 m,使用锂离子电池进行能量供给,以减轻电池系统重量,同时提高能量增加水下作业时间[13]。

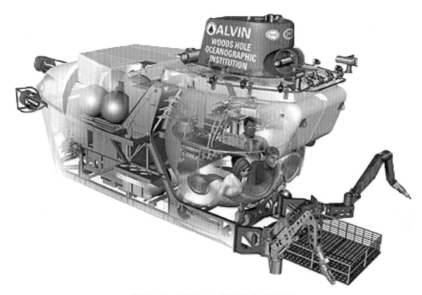

图 7.11   "阿尔文"号载人潜水器

"蛟龙"号是我国自主研制的 7 000 米级载人潜水器,于 2009—2012 年间分别完成了 1 000、3 000、5 000、7 000(米级)海上试验,最大下潜深度达到 7 062 m。2013 年交付给中国大洋矿产资源研究开发协会,委托国家深海基地管理中心负责运营,2013—2017 年是"蛟龙"号的试验性应用阶段,取得了很多重要的发现[15]。现在已经进入正式的使用阶段了。

图 7.12　"蛟龙"号载人潜水器

图 7.13　锌银蓄电池组

"蛟龙"号选用锌银蓄电池为供电单元,依功能分为主电池、副电池和备用电池三组,根据各电池组供电需求的不同分别选用了 800 A·h、1 100 A·h 和 230 A·h 的电池单元,每组电池由对应容量的单体串联而成,电池组置于充油壳体内,工作过程中与外界压力保持平衡,电池箱上设计有排气阀门,释放电池使用过程中析出的气体。图 7.13 所示为其中一组电池。

表 7.2 是国际上现有的知名深潜器使用的蓄电池组的有关技术参数。从表 7.2 可以看出,当今世界上主要的潜水器中,20 世纪 80 年代末之前主要采用铅酸蓄电池组,如"阿尔文"号和"鹦鹉螺"号载人潜水器,其缺点很明显,就是电池能量密度较低,从而电池组总电容量也低,不能支持载人潜水器上大功率设备在水下进行长时间作业。从 20 世纪后期至 21 世纪初,随着锌银蓄电池技术的发展成熟,其能量密度高、电压稳定、析气量少等优点令其逐步成为载人潜水器的优选动力源,如"蛟龙"号、建造初期的"深海 6500"号和"深海 2000"号,但由于锌银蓄电池的寿命短、价格高,比如"阿尔文"号,每次下潜铅酸蓄电池组的使用成本是约 40 美元,而电池改造之前的"深海 6500"号,每次下潜锌银蓄电池组的使用成本达惊人的 35 000 美元,相差近一千倍。因此,为降低使用成本,近年来,电池技术的发展,锂离子电池逐步在潜水器上得到应用[16]。对于耐压型电池舱以及非耐压型电池舱的选择方面,可以发现对于大容量的电池系统,多采用充油非耐压的安装方式,此种技术手段主要是为了减轻整个电池系统的重量。

7.2.3　"彩虹鱼"号 11 000 米级载人潜水器电池系统设计

"彩虹鱼"号 11 000 米级载人潜水器是一个自带能源,水下不需母船供电的自持式潜水器[17-20],电池系统担负着为整个潜器航行和作业供电的任务,必须具备如下功能:

表 7.2 部分潜水器蓄电池组技术参数

潜水器	深度(m)	电池组类型	电池组数量	电池组参数	安装方式
蛟龙	7 000	锌银	3	88 kW·h@110 V 26.4 kW·h@24 V 5.52 kW·h@24 V	充油蓄电池箱
阿尔文	4 500	铅酸	2	16.8 kW·h@120 V	充油蓄电池箱
和平Ⅰ和和平Ⅱ	6 000	镍铁(1987—1993) 镍镉(1994—)	3	15.7 kW·h@24 V 38.9 kW·h@60 V(2)	充油蓄电池箱
深海 6500	6 500	锌银(1989—2003) 锂离子(2004—)	2 2	43.2 kW·h@108 V 43.2 kW·h@108 V	充油蓄电池箱
深海 2000	2 000	锌银	2	48.6 kW·h@108 V	充油蓄电池箱
鹦鹉螺	6 000	铅酸	2	37 kW·h@230 V 6.5 kW·h@28 V	充油蓄电池箱
海神	11 000	锂离子	1	18.6 kW·h@50 V	耐压干式舱
蓝鳍金枪鱼-21	4 500	锂离子	9	1.5 kW·h@30 V	充油蓄电池箱
雷姆斯 6000	6 000	锂离子	2	6 kW·h	耐压干式舱

（1）为推进系统、液压及作业系统提供 110 V 直流电源；

（2）为导航定位系统、声学系统、观通系统、潜浮与抛载系统、控制系统、生命支持系统及潜器舱内外的各种仪表设备提供 24 V 直流电源；

（3）为备用和应急工况提供相应 24 V 直流电源，完成安全回收或应急返航；

（4）根据潜水器上所有设备的功率消耗及典型航次的时间历程配备充足电量；

（5）配备电池管理系统实现电池状态采集、监控信息输出、充放电及均衡控制和紧急处置功能。

根据"彩虹鱼"号总体技术指标和设计要求，整个电池系统由主电池、副电池、备用电池和应急电池四个独立供电模块构成，参考"彩虹鱼"号的作业流程，各供电模块需求如表 7.3 所列。其中应急电池布置于载人舱内，此处不专门展开论述。

表 7.3 "彩虹鱼"号 11 000 米级载人潜水器蓄电池组供电需求

电 池	电量(kW·h)	额定电压(V)	额定电流(A)
主蓄电池	85	110	200
副蓄电池	25	24	200
备用电池	10	24	200
应急电池	0.3	24	50

为满足"彩虹鱼"号总体设计指标中对电池系统重量的要求,主、副、备用三组电池都将采用充油式锂离子电池,同时为了保持一致性,三组电池选用了相同的电池单体,参数如表 7.4 所示。

表 7.4　"彩虹鱼"号全海深载人潜水器用充油式锂离子电池单体电池性能

型　号	标称电压	标称容量	内　阻	单体重量	尺　寸	型　式
磷酸铁锂	3.2 V	60 A·h	≤1.0 mΩ	1.8 kg	270 mm×185 mm * 21 mm	软装

由以上单体组合而成的各蓄电池组参数如表 7.5 所示。

表 7.5　蓄电池组参数

电　池　组	主蓄电池	副蓄电池	备用蓄电池
连接方式	13P35S	8P8S * 2	7P8S
总标称容量(A·h)	780	960	420
箱数	1	1	1
标称电压(V)	112	25.6	25.6
电压范围(V)	98~126	20~29.2	20~29.2
持续放电电流(A)	≤200	≤200	≤200
总容量(kW·h)	87.36	24.5	10.7
电池组总重(不充油)(kg)	1 000	300	150
电池箱体积(mm×mm×mm)	1 215×990×560	770×770×350	685×390×330

各蓄电池组布局如图 7.14 所示。

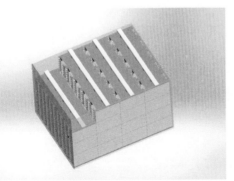
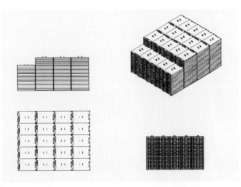

(a)

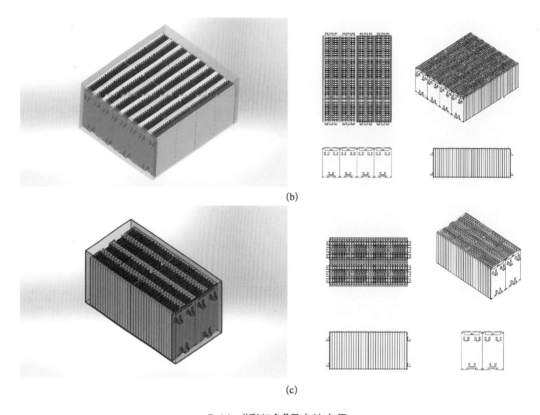

(b)

(c)

7.14 "彩虹鱼"号电池布局

(a) 主电池布局图；(b) 副电池布局图；(c) 备用电池布局图

7.3 潜水器的配电

潜水器的配电主要是对潜水器上的电源进行电源分配，并提供必要的电气保护，满足潜水器对电力系统的使用要求。由于潜水器的供电形式不同，要对这两种供电的潜水器的配电系统进行分别介绍。

7.3.1 母船供电潜水器的配电

采用由母船进行供电的潜水器如 ROV，外部输入电源通常都为三相交流 380 V 电压，通过动力分配单元（PDU）进行电源分配，满足 ROV 系统各个部分的电力需求。下面以一个典型的重载 ROV 系统来说明该种类型的潜水器的配电。

动力分配单元（PDU）是 ROV 的动力分配中心，分别给水面部分和水下部分供电见

图 7.15。水面部分用电主要包括收放系统、控制间和维修间，水下部分用电包括中继器系统和载体系统。水面部分为常规的电源需求，电源通常为 380 V AC 和 220 V AC；水下部分较为特殊，由于 ROV 的作业深度较深，功率又大，电源的传输距离较长，如果采用通常的 380 V AC 进行传输，那么在传输线路的功耗较大，严重时 ROV 将不能工作，因此，采用升压的办法，对中继器系统和载体系统进行供电，这就要求 PDU 单元要有升压变压器，将输入的普通 380 V AC 升压到几千伏的电压再进行电力的传输，从而减少输电线路上的损耗。

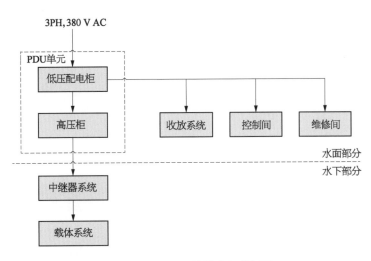

图 7.15 ROV 系统供电组成框图

PUD 单元由低压配电柜和高压柜构成，主要完成 ROV 系统各个部分的配电需求，主要具有接地保护、绝缘监视、漏电保护、相序保护、联动互锁，以及电压、电流、功率的检测与监视等功能。如前所述，PDU 单元的动力来源是由母船提供，对船电的容量要求是三相 380 V AC，考虑到船上的用电安全，进入 PDU 单元的电源采用中线不接地系统。

如图 7.15 所示，船电首先进入低压配电柜进行电力分配，低压配电柜主要由断路器、接触器、继电器、电压表、电流表、相序继电器、绝缘监测仪、接地故障继电器、按钮、指示灯和中央控制单元等构成。每个用电回路都有断路器进行继电保护，通过接触器进行电源的开、关。对于各个用电部分的控制，首先是将控制信号输入到低压配电柜内中央控制单元，由中央控制单元统一处理来完成各个回路的上电与下电，采用中央控制单元的好处是容易实现供电系统的逻辑互锁与保护，以及供电回路的远程和本地控制。远程控制主要是来自于 ROV 操作控制台上的控制按钮，对各个用电回路在控制台上进行上电和下电控制，而不是到低压柜上进行相应的操作。系统的电压检测放在船电的输入端，通过电压传感器由中央控制单元进行采集，电流表根据需要对各个供电回路进行检测并将信号送到中央控制单元进行采集。相序继电器防止输入的动力线接错相序，若接错会有故障指示灯进行显示，并将故障信号送到中央控制单元，中央控制单元对该信号进行处理，保证用电回路不上电。使用相序继电器的好处是保护已经配完线或调试好的 ROV 各个部分不再因为外部输入电源的相序接错而再重新调线,这点对于大功率 ROV 非常重要,因为大功率 ROV 的动力线都非常粗,重新调换非常不容易,而且有些设备相序接反会导致设备的损坏。

高压柜中不含低压电子设备,主要包括升压变压器和与高压部分对应的一些检测传感器及附件,比如绝缘监视仪的电压耦合器以及对变压器进行温度检测的传感器等。如前所述,大功率 ROV 在水下部分有中继器系统和载体系统,由于这两部分与水面 PDU 单元的供电传输距离较长,故采用升压传输。因此高压柜中就有 4 台升压变压器,其中 2 台为三相变压器,另 2 台为二相变压器。2 台三相变压器分别用于给中继器和载体的大功率设备供电,如水下电机。2 台二相控制变压器用于给中继器和载体上的降压变压器供电,再由降压变压器的次级输出给中继器和载体上的控制设备和传感器供电。所有变压器的原、副边都带有多个抽头,用来补偿不同的电缆长度和不同的输入电压所带来的差异,从而满足水下中继器和潜水器的电源需求。所有的变压器内部配有热敏电阻,用于检测各个变压器温度,当温度超过保护值时中央控制单元会发出报警指示,严重时切断电源。

高压柜内的高压耦合器主要是为了扩展绝缘监视仪的应用范围,绝缘监视仪正常的测量范围为几百伏,而升压变压器的次级电压通常为交流 3 000 V,为了能用绝缘监视仪进行测量,需要将变压器的被检测端与高压耦合器相连,高压耦合器的输出再与绝缘监视仪相接。每个变压器都设有绝缘检测,绝缘监视仪有两路输出:一路为模拟量输出,接兆欧表,直接在本地进行指示;另一路通过 RS-485 接口将绝缘监测值传给控制计算机,通过计算机对各个水下设备供电的回路进行实时在线监测,当绝缘电阻值低于设定值的下限时,控制计算机将控制信号传给 PDU 的中央控制单元,中央控制单元输出控制信号,使这条供电回路的低压部分上的断路器动作,从而将这条线路上的电源切断。由于绝缘值实时显示在控制计算机的监控界面上,因此,供电回路的绝缘可以实时进行监视,还可以设定预报警值,提前让操作人员进行相应的判断。图 7.16 为典型的绝缘监测电路。

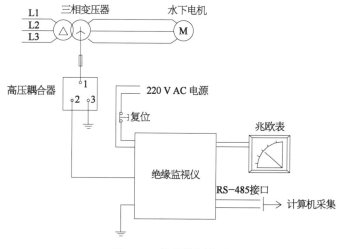

图 7.16　绝缘检测电路

电力传到 ROV 水下部分(中继器和载体)还要对电力进行进一步的分配,以载体上的电源分配为例。主电源传到水下后通常不再进行电源转换,直接给载体上的电机进行供电(参见图 7.16),而控制电源是从载体控制变压器获得的。控制变压器为降压变压器,将从水面高压柜中相应升压变压器的高压控制电源转换为低压控制电源,在降压变压器的次级,根据潜水器上各用电设备的用电使用要求,可以有多路次级,有给电子舱供电的,有给水下灯供电的,有给电磁阀供电的。由于各用电设备对电源的质量要求不尽相同,因此不是所有电源都需要经过 AC/DC 开关电源模块进行整流,而是直接通过半导体整流模块直接进行整流去给用电设备进行供电,例如电磁阀就可以使用这样的电源,这样做的目的是半导体整流模块可以放在充油的接线箱内直接承受油压,而无需将电源送到电子舱内经过 AC/DC 开关电源进行整流再使用,好处是节约了耐压电子舱的空间,降低了整个系统的重量,而且没有影响任何使用及控制效果,具体见图 7.17 所示。

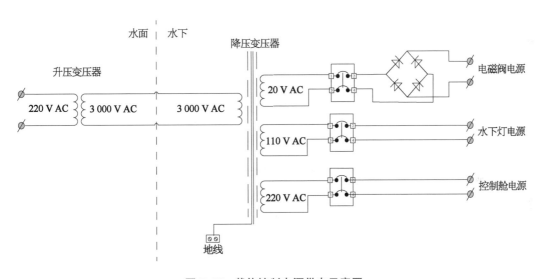

图 7.17 载体控制电源供电示意图

经过降压后的各路电源,由水下控制单元的继电器开关电路对电源进行开关控制,给高度计、深度计、水下灯、摄像机等等各个用电设备供电,并达到控制的目的。

7.3.2 蓄电池供电的潜水器配电

除了 ROV 采用由母船进行供电,其他类型的潜水器基本上都采用蓄电池进行供电,对于采用蓄电池进行供电的潜水器,除功率较小的潜水器采用单一的蓄电池进行供电,而其他的通常采用两路、三路或四路进行供电。两路供电的为主蓄电池和副蓄电池,三路的为主蓄电池、副蓄电池和应急蓄电池,而四路的通常在载人潜水器上使用,为主蓄电池、副蓄电池、备用蓄电池和应急蓄电池。本节主要介绍载人潜水器的配电[21]。

载人潜水器的配电主要负责如何将电力合理分配给各个用电设备,并为传感器、摄像、控制提供信息传输与控制通道,整个系统的走线、接插件的选型、充油接线箱的设置、布局等。

载人潜水器配电系统主要由主蓄电池箱、副蓄电池箱、备用蓄电池箱、应急蓄电池、配电罐、各种接线箱、水密接插件、水密电缆和载人舱内配电箱构成,满足载人潜水器上各执行机构、传感器等的电源需求,以及载人潜水器上对于网线、双绞线、同轴线以及光纤等不同信息传输介质的需求。

载人潜水器上的用电设备主要有两种类型:一类是功率较大的设备如推进器、液压源电机、高压海水泵电机等;一类是功率较小如深度计、高度计等传感器,摄像机、照相机等舱外设备以及载人舱内的各个电气设备。对于功率较大的设备采用主蓄电池进行供电,主蓄电池的电压较高,一般选为 110 V DC,而其他的设备采用副蓄电池、备用蓄电池以及应急蓄电池进行供电,这三种蓄电池一般均为 24 V DC。

1) 主蓄电池供电回路

载人潜水器上的主蓄电池放在充油的主蓄电池箱中,供电输出电压通常为 110 V DC,为了供电安全,在主蓄电池的输出正极端串接有熔断器作为主电源的输出短路保护,然后再将这正极输入到配电罐内进行配电,供给推进器、液压源电机、高压海水泵以及水下灯等用电设备,若这些用电设备本身有用电保护开关控制,则主蓄电池的输出可直接到相应的用电设备。但绝大多数用电设备没有自身没有开关控制及用电保护,这就需要主电源在配电罐内进行配电,配电罐在主回路上设有电压和电流传感器,进行主蓄电池上电压和电流的采集,并传给控制系统的采集单元进行采集。对于推进器、液压源电机和高压海水泵等大功率设备采用接触器来上、下电源,并在各个支路上串联有熔断器进行短路保护。对于水下灯等小功率设备可采用固态继电器实现开关控制,各个回路上可使用保险丝来作为短路保护。配电罐内的接触器和固态继电器都由控制系统输出控制信号进行控制,由于接触器的控制端比固态继电器的控制端需要的电流大,因此,控制系统输出的控制信号输出的能力要强,才能驱动接触器线圈。

2) 24 V 蓄电池供电回路

24 V 蓄电池供电回路有三个独立的电池组,分别为副蓄电池组、备用蓄电池组合应急蓄电池组。副蓄电池组和备用蓄电池组放在载人舱外的副蓄电池和备用蓄电池箱中,这两个电池箱均为充油电池箱,应急蓄电池组放在载人舱内。载人潜水器上的控制电和仪表电都由副蓄电池供电,满足潜水器上传感器和低压用电设备的供电需求,而备用蓄电池是当副蓄电池组出现故障,维持生命支持系统等舱内最小系统的供电需求,正常情况下备用蓄电池组只处于备用状态,不输出电能。应急蓄电池是专门给应急抛载机构使用的电源,如应急液压源及各应急抛载执行机构,应急蓄电池只在载人潜水器在应急情况下需要使用应急抛载机构时才使用,通常情况下禁止使用。三个 24 V DC 蓄电池组的供电示意图见图 7.18。

副蓄电池和备用蓄电池的电压电流需要采集,采集到的信号输入到载人舱内的计算机进行显示,由于副蓄电池的电力还有一路直接输出到计算机罐,因此在计算机罐内也要对这路副蓄电池的电流进行采集,载人舱内的计算机对副蓄电池的这两路电流进行累加,

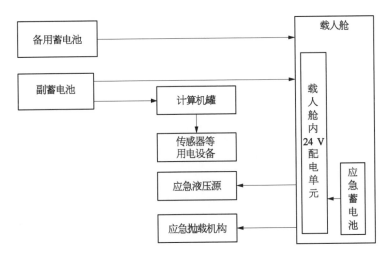

图 7.18　24 V 蓄电池供电示意图

得到副蓄电池的总的电流值。副蓄电池和备用蓄电池进入到载人舱后首先进入舱内 24 V 配电单元进行电力分配,并进行相应的继电保护,再输出到相应的用电设备。应急蓄电池也根据用电设备的需求进行动力分配,相应的配电电路也集中在舱内 24 V 配电单元中。值得一提的是由于备用蓄电池只在副蓄电池出现故障等的情况下才使用,因此需要对副蓄电池和备用蓄电池进行在线切换,保证供电不间断,才能给各个设备使用。

　　为了保证副蓄电池在有故障情况下可以在线不间断的切换到备用蓄电池,需要采用双电源自动切换电路来保证。由于备用蓄电池的电量没有副蓄电池的容量大,因此需要对载人舱内的用电设备进行分类,将在副蓄电池故障状态下必须使用备用蓄电池的设备如生命支持系统、舱内控制系统、舱内声学最小系统、舱内观通系统等,接入到双电源自动切换电路的输出端,而一些不是必须使用的用电设备如作业系统等接在双电源切换电路的前端,由副蓄电池直接进行供电,具体参见图 7.19。这样做的好处是在副蓄电池故障的情况下,能保障载人潜水器舱内各最小系统的正常运行的时间延长,为载人潜水器安全返回水面赢得宝贵的时间。

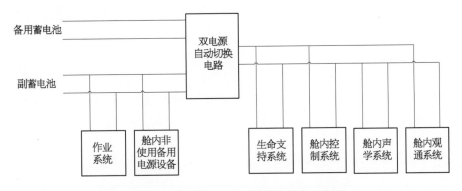

图 7.19　载人舱内 24 V 蓄电池供电示意图

7.3.3 漏水和绝缘监测

无论是 ROV 还是电池供电的潜水器,配电系统除了要检测载体上使用的各种电源的电压和电流,设置相应的传感器并由控制系统的采集模块进行采集,由控制系统进行计算和显示,还要对载体上的电源进行绝缘检测,这就需要配电系统设置相应的检测电路,检测各种电源是否绝缘完好[21]。配电系统中有多个蓄电池组箱、配电罐以及各种接线箱,因此需要对这些地方进行漏水检测,这些箱或罐有的充油有的不充油,不论是充油还是不充油,都在这些箱或罐的最低点设置漏水检测极片作为漏水检测点,来检测箱或罐的漏水情况,由控制系统采用检测电路对检测点进行实时检测,保证电源本身或传输线路的汇聚点的地方若有漏水的情况能及时被发现,以免因此造成故障或事故。由于潜水器在水中运动,会有纵倾或横摇的情况,因此对于充油的电池箱或接线箱尽量设置多个检测点,这样不论潜水器处于何种姿态,若有漏水,系统都能检测到;对于未充油的罐体(如配电罐),可在配电罐的两端设置有半圆弧型的漏水检测电路板,电路板上布有两个同心圆弧的导线,注意印刷电路板上的这两根导线不能有绝缘层,这样可以保证潜水器在何种姿态下,配电罐漏水都能检测到。值得注意的是像配电罐这样的罐体在密封前一定要装些干燥剂,由干燥剂来吸收密封后罐体内的水蒸气,避免由于罐体在下潜后由于罐体温度降低,罐体内的水蒸气遇冷凝结成小水滴流到漏水检测极片上造成误报警,而引起不必要的恐慌甚至回收潜水器,从而付出不必要的代价。

7.3.4 水密电缆及水密接插件

水密电缆和水密接插件是潜水器的电力和信息通道,相当于人体的血管和神经。首先要确定载人潜水器的电池供电的干路走向,这是动力的源头,根据各个用电节点的用电需求(电压和电流的情况),从选型样本中选出适合的水密接插件和水密电缆的型号及规格,并适当留有备用芯线。然后再分析各个执行机构和传感器等的芯线需求,统计出所对应的水密电缆和水密接插件的型号,这些与执行机构和传感器所对应出来的水密电缆和水密接插件的规格和型号是比较确定的,只要根据布置的需求再给出相应的长度即可。由于传感器和执行机构的电缆要在各个接线箱内还需进一步的汇合与集中,再连接到各个的源头位置,如计算机罐、载人舱和配电罐等位置,因此,从接线箱连接到这些位置的水密电缆和水密接插件的信号类型就比较多,有电源线、双绞线、同轴线等,所以要对这些芯线进行优化配置,再结合水密电缆和水密接插件的选型样本进行系统的考虑,选出所需要的水密接插件,注意水密接插件芯数不宜选择芯数过多的接插件,这样不利于布置和维护。在设计时会遇到所需的水密接插件芯线型谱在接插件的选型样本中没有,因此要进行重新调整和优化配置,若仍然在样本中没有符合要求的,这就需要和接插件的生产厂家沟通和联系进行定制。对于各种类型信号如大电流电源信号、高电压信号、小电流控制信号、视频信号和各种通信信号等比较集中的水密电缆,在进行芯线分配时要根据安全性和可靠性最大化的原则,尽量将故障和电磁干扰可能发生的可能性降至最低,芯线排布尽量有规则,这样便于检查和维护等。

7.3.5　充油接线箱

不论是哪种类型的潜水器,由于潜水器的设备和传感器较多,而潜水器上各耐压罐上的水密插座又非常有限,因此在系统的设计中通常不会将每根水密电缆都直接接到相应的耐压罐上,而是根据需要设置充油接线箱来对潜水器上的水密电缆中的芯线进行集中消化和转接,设置接线箱内充油的目的是平衡海水的压力,使得接线箱做得比较薄,重量较轻,而且可以在接线箱上开很多孔,供水密接插件使用。

在大型的潜水器(如载人潜水器)中,要设置多个接线箱,各个接线箱要么根据位置,要么根据系统的功能来设置,如艏部接线箱、艉部接线箱、观通系统左接线箱、观通系统右接线箱和声学系统接线箱等。接线箱内设有接线端子,用来消化和转接各个水密电缆中的信号。接线箱通常都是竖直安装在框架上的,水密插座布置在其上、下两侧,其正视面为可拆卸面,采用耐油、可伸展、有一定强度的有机塑料膜作为接线箱的压力补偿面。将充/放油孔设置于接线箱底面,并将放气孔设置于接线箱顶端,充/放油时只要将放气阀打开即可,接线箱可参见图 7.20 和图 7.21。

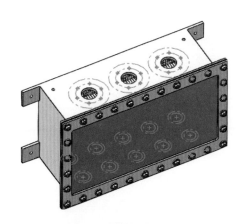

7.20　接线箱整体示意图

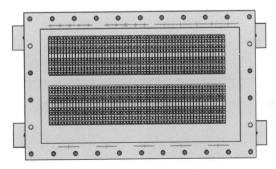

7.21　接线箱内端子布置示意图

充油接线箱中还有一点非常重要,就是接线箱位置的选择,这对布线非常重要,设置接线箱的原则是尽量在设备集中的位置设置接线箱,而且接线箱的位置一定要便于维修和保养,接线箱的充/放油、电气检修、维护更换和故障排查,都需要人来对接线箱进行不同的操作;因此,接线箱要放置在利于人员操作的地方;同时,还要考虑各种电缆交叉和集中较多的地方,并尽量靠近设备端,这样可以减少电缆的交叉和电缆的长度,也降低了布线的难度和减轻了整个潜水器的重量。

7.3.6　潜水器的布线

潜水器的布线在各种类型的潜水器都会涉及,本小节以载人潜水器为例简要介绍一下载人潜水器的布线。载人潜水器上有主蓄电池箱、副蓄电池箱、备用蓄电池箱、配电罐、计算机罐、载人舱、艏部接线箱、艉部接线箱、观通系统接线箱、声学系统接线箱等,以及潜水器上各种传感器和执行机构,潜水器的布线就是通过水密电缆将以上这些电池箱、接线箱、各种罐体、载人舱以及传感器和执行机构等连接起来,也就是说通过"血管和神经"将潜水器的"眼、耳、鼻、四肢和大脑等"连接起来,这样潜水器的整个机体才能正常工作。

潜水器的布线就是合理对这些"血管和神经"进行布局。在布线之前需要做好一些前期准备工作,首先根据载人潜水器上的各传感器、执行机构、电池箱、接线箱、配电罐、计算机罐和载人舱等的位置进行布线规划,设计合理的走线路径,绘制电缆布线图,给出每个水密接插件和水密电缆的编号,这样便于操作和维护。其次根据电缆布线图,给出水密接插件的信号统计表,并优化芯线的布局和水密接插件和水密电缆的选型。编制水密接插件和水密电缆的统计表,该表要包含水密接插件和水密电缆的型号、重量和长度等信息。第三要对各个接线箱的各个接插件的芯线进行规划,形成各个接线箱的接线表,这样才能便于人员进行操作和施工。

由于载人潜水器上的水密电缆较多,对于这类潜水器的布线最好先在1:1的模型上进行预布线,这样可以预先发现问题。布线时一定要保证电缆的弯曲半径不小于其静曲率半径,以免造成电缆内部芯线因电缆的过度弯曲而折断。电池箱、接线箱、计算机罐等部分有非常多的接插件,水密接插件的插座由于与相应的水密电缆连接,而水密电缆有时需要在离与水密接插件结合点不远处就得弯曲才能完成该位置的布线,这种情况很容易造成水密接插件插座与底座之间以及水密电缆插头与水密接插件插座结合处受力,这种情况很容易造成多种隐患,一是由于结合点受力影响水密,二是由于电缆弯曲且长期受力会造成电缆的外皮出现裂纹而出现漏水等隐患,影响整个潜水器系统的安全。遇到这种情况一定要增加机械辅助结构把电缆的力消化在机械结构上。另外电缆的布线一定要布置整齐,线路清楚,尤其在拐角处避免出现交叉抱团的现象;在布线的过程中也可能出现某些电缆较长,对于这种情况尽量不要在靠近电缆的两端来消化多余的长度,这样容易出现"拥挤"的现象,既不美观又影响施工和维修,应尽量消化在中间的空余位置。水密电缆和水密接插件在布线时一定要做好标识,特别是水密电缆要在两端进行标识,防止出现差错。对于动力电缆和信号电缆要分开进行布线,减少不必要的干扰,对于有特殊要求的电缆要按照要求来进行单独布线。

参考文献

[1] 朱继懋主编. 潜水器设计[M]. 上海:上海交通大学出版社,1992.

[2] 张铁栋. 潜水器设计原理[M]. 哈尔滨:哈尔滨工程大学出版社,2011.

[3] Hasvold O. Submersibles:Batteries[M]. Elsevier B V,2009.

[4] Garche J,Karden E,Moseley P T,et al. Lead-acid batteries for future automobiles[M]. Elsevier B V,2017.

[5] White D A. Modular design of Li-ion and Li-Polymer batteries for underwater environments [J]. Marine Technology Society Journal,2009,43(5):115-122.

[6]　Sagalevitch A M. From the Bathyscaph Trieste to the Submersibles Mir[J]. Marine Technology Society Journal，2009，43(5)：79 - 86.

[7]　Cui W C. Development of the Jiaolong Deep Manned Submersible[J]. Marine Technology Society Journal，2013，47(3)：37 - 54.

[8]　Bowen A D，Yoerger D R，Whitcomb L L，et al. The Nereus hybrid underwater robotic vehicle [J]. Underwater Technology，2009，28(3)：79 - 89.

[9]　Fletcher B，Bowen A，Yoerger D R，et al. Journey to the Challenger Deep：50 Years Later With the Nereus Hybrid Remotely Operated Vehicle[J]. Marine Technology Society Journal，2009，43(5)：65 - 76.

[10]　Bowen A D，Yoerger D R，Whitcomb L L，et al. Exploring the deepest depths：preliminary design of a novel light-tethered hybrid ROV for global science in extreme environments[J]. Marine Technology Society Journal，2004，38(2)：92 - 101.

[11]　Gomez-IbáÑez D，Taylor C L，Heintz M C，et al. Energy management for the Nereus hybrid underwater vehicle[J]. Oceans，2010，52(4)：1 - 9.

[12]　曹秋生."蓝鳍金枪鱼 - 21"自主水下航行器技术特点分析[J]. 电光系统，2014(2)：1 - 6.

[13]　Strickrott W B. The Deep Submergence Vehicle Alvin an advanced platform for direct deep sea observation and research[J]. The Journal of Ocean Technology，2017，12(1)：34 - 44.

[14]　Woods Hole Oceanographic Institution. ALVIN：The Nation's deepest diving research submarine，PAST，PRESENT，and FUTURE[R/OL]. [2017 - 05 - 27]. http：//www.whoi. edu/.

[15]　刘保华，丁忠军，史先鹏，等. 载人潜水器在深海科学考察中的应用研究进展[J]. 海洋学报，2015，37(10)：1 - 10.

[16]　Ogura S，Kawama I，Sakurai T，et al. Development of oil filled pressure compensated lithium-ion secondary battery for DSV Shinkai 6500[J]. Oceans，2008，3：1720 - 1726.

[17]　Cui W C，Liu F，Hu Z，et al. On 7 000 m Sea Trials of the Manned Submersible "JIAOLONG" [J]. Marine Technology Society Journal，2013：47(1)：67 - 82(16).

[18]　Cui W C，Hu Y，Guo W，et al. A preliminary design of a movable laboratory for hadal trenches [J]. Methods in Oceanography，2014，9：1 - 16.

[19]　Cui W C. On the development strategy of a full ocean depth manned submersible and its current progress[J]. Journal of Jiangsu University of Science and Technology (Natural Science Edition)，2015，29(1)：1 - 9.

[20]　Cui W C，Hu Y，Guo W. Chinese Journey to the Challenger Deep：The Development and First Phase of Sea Trial of an 11,000 - m Rainbowfish ARV[J]. Marine Technology Society Journal，2017，51(3)：23 - 35.

[21]　崔维成. 蛟龙号载人潜水器的故障及处理方法[M]. 上海：上海交通大学出版社，2016.

第8章 潜水器的液压与作业工具系统

液压系统是作业型无人潜水器或者载人潜水器中广泛应用的一种动力传递系统[1, 2]。利用交流或直流水下电机驱动液压泵,以液压油作为传动介质传递能量和控制,带动液压马达或液压油缸等执行器完成旋转、往复或摆动等形式的运动[3-5]。潜水器液压系统主要用来驱动搭载在潜水器上各种液压设备,如液压推进器、液压机械手、液压作业工具等。

潜水器作业工具系统是搭载在潜水器上的终端探测器或特殊的执行器,根据潜水器的具体设计任务进行配置,主要包括:机械手、常规作业工具和非常规作业工具[6-9]等。其中,常规作业工具主要包括各种温度、盐度传感器、水体保真采样装置和水体物理化学传感器等;非常规作业工具主要包括钻结壳取芯装置(或称潜钻)、微生物取样装置和宏生物捕获装置等。为了确保潜水器在深海环境下具备有效的作业能力,潜水器上通常需配置液压机械手作业工具、热液保真取样器、沉积物取样器和钻结壳取芯器等,以满足对热液硫化物、悬浮微生物和海底沉积物的原位保真取样以及对钻结壳的钻探取样等复杂的海底作业需求。

8.1 潜水器的液压系统

8.1.1 潜水器液压系统的特点

潜水器液压系统通常布置在潜水器耐压壳体之外,直接与海水接触,持续承受海水压力和腐蚀作用。因此其元器件的设计和制造都有一些特殊的考虑[10-13]。

(1) 液压泵。

潜水器液压泵在设计时需要考虑振动、噪声和海水腐蚀问题。如果液压泵振动和噪声较大将会影响潜水器上其他设备(特别是声学设备)的正常工作。一般而言,陆上液压系统在满足了噪声和振动性能要求的基础上,进行必要的防腐蚀处理后,均可满足深海作业的需要。

(2) 水下电机。

驱动潜水器液压泵的电机工作在深海环境下,电机一般都采用内部充油抗压设计。采用压力补偿原理,将外界海水压力引入到电机壳体内的空腔中,这样电机的外壳可采用耐腐蚀的金属材料(如钛合金、表面阳极氧化处理的高强度铝等)而不需要进行抗压设计。典型水下电机结构见图8.1所示。

(3) 控制阀。

潜水器液压系统工作在高压环境下,因此液压系统的流量或压力控制阀一般必须用电控方式实现遥控控制。控制阀内部一般都进行了压力补偿,阀体无需进行特别的抗压

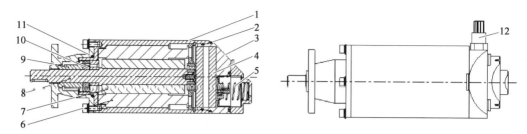

图 8.1　水下电机的结构原理图

1—壳体;2—尾端盖静密封;3—尾端盖;4—驱动电路板;5—集成补偿器;6—定子;7—转子;8—输出轴;
9—机械密封动环;10—机械密封静环;11—前端盖静密封;12—水密接插件

设计,但电磁阀的线圈必须是湿式电磁阀线圈。

(4) 补偿系统。

潜水器液压系统的执行器同样受到环境海水压力的作用。为了抵消海水压力的作用,采用压力补偿器将环境海水压力引入到液压泵的输入口,将液压泵吸入口的压力提高到工作环境海水的压力,整个液压系统的绝对压力均提高至环境压力,执行器的相对压力与常压下执行器相对压力相同,即可按照常规液压系统的设计方式进行系统设计,降低了设计难度。典型的补偿器见图 8.2 所示。

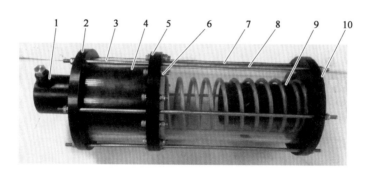

图 8.2　补偿器的结构原理图

1—液位传感器;2—上盖;3—上筒;4—膜片;5—中盖;6—活塞;7—下筒;8—拉杆;9—弹簧;10—下盖

(5) 电气元件。

一般来说,潜水器液压系统的电气元件(包括压力传感器、液位传感器、漏水传感器等)都要求能够在压力补偿的环境下工作,因此这些电气元件需要能在浸油环境中正常工作,并能承受潜水器工作水深环境的巨大压力。

(6) 采用低密度抗腐蚀材料,油箱、阀箱、油缸等使用钛合金或者经表面阳极氧化处理的高强度铝合金,以降低系统的重量。

(7) 液压油。

液压油用于传递动力和润滑各个液压元件。潜水器工作环境的温度和压力对液压油黏度有较大的影响[14,15]。潜水器在母船时,其处于环境为常温和 1 个大气压的环境下,而在额定工作深度下,潜水器工作的环境温度通常为 1～4℃ 左右而环境压力为潜水器的工作水深。液压油的黏度随着温度的降低而增大,典型的液压油的黏温曲线如图 8.3 所示。因此,潜水器使用时,一定要选择合适的液压油,通常选用航空液压油,在低温时的黏度越小越好。

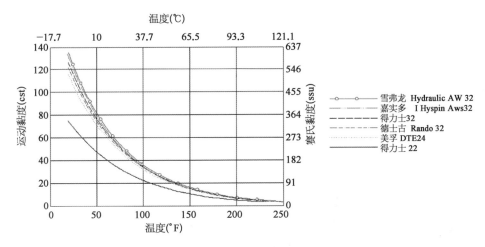

图 8.3　典型液压油的黏度-温度曲线

经过压力补偿后的潜水器液压系统,其系统输出绝对压力为泵的额定工作压力再叠加上潜水器工作水深的环境压力。深海作业的潜水器,其工作水深环境压力一般远大于泵的额定工作压力,因此深水作业的潜水必须考虑潜水器工作的环境压力对液压油的影响。液压油的黏度随着工作压力的增高而增大,当工作压力 $p > 50\,\mathrm{MPa}$ 时,工作压力的影响渐趋明显;当 $p > 70\,\mathrm{MPa}$ 时,液压油的黏度比常压下增加了 4～10 倍,工作压力对液压油黏度的影响见图 8.4[14] 所示。液压油黏度与工作压力的关系可用式 8.1 近似表示:

$$\upsilon_p = \upsilon_0 \mathrm{e}^{bp} \approx \upsilon_0(1+bp) \quad (8.1)$$

式中　υ_0——大气压下液体的运动黏度 $(\mathrm{mm}^2/\mathrm{s})$;

　　　υ_p——工作压力为 $p(\mathrm{MPa})$ 时的运动黏度 $(\mathrm{mm}^2/\mathrm{s})$;

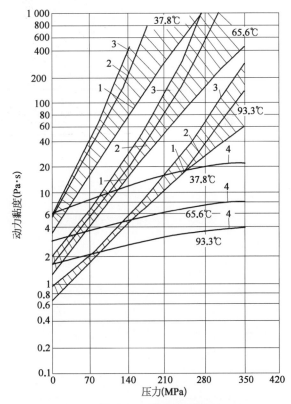

图 8.4　在恒温下压力对黏度的影响[14]

1—石油型液压油;2—磷酸酯液;3—磷酸酯为基础的液体;
4—水-乙二醇液

b——系数,石油型液压油为 $0.015 \sim 0.035 (\mathrm{MPa}^{-1})$。

8.1.2 潜水器液压系统的组成

潜水器液压系统通常由以下几部分组成[16-18]。

（1）液压泵源。

一般由水下直流电机驱动液压泵,把电能转换为液压介质的液压能。为了保证液压系统工作的可靠性,大多数潜水器都采用两套功率相同的液压泵组成即主、副液压泵源,并联或者单独使用。可根据负荷大小运转一台或两台,以减少功率损失,提高电能使用效率和系统的可靠性。典型的潜水器液压泵源结构示意图见图 8.5 所示。

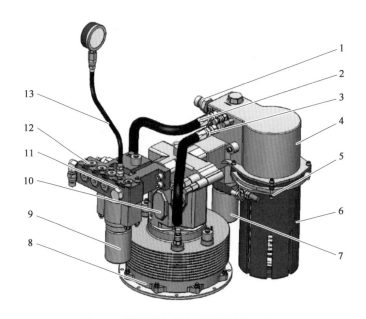

图 8.5 典型潜水器液压泵源结构示意图

1—外接供油回油快速接头;2—回油管;3—电机补偿油管;4—油箱;5—补偿器液位报警传感器;
6—集成式补偿器;7—回油过滤器;8—水下电机;9—高压油过滤器;10—液压泵;
11—高压油输出口;12—外部供油高压快速接头;13—压力检测口

（2）控制阀系统。

潜水器液压系统中的控制阀系统一般包括压力控制阀、流量控制阀、方向控制阀以及控制电路板等,用于向不同的液压执行器用户提供受控流量和压力的液压油。典型的潜水器液压控制阀系统结构示意图如图 8.6 所示。

（3）执行元件。

包括油缸、液压马达等,分别用于潜水器的液压执行系统,例如主/副机械手、液压推进系统、作业系统等。

（4）压力补偿器。

典型的压力补偿器如图 8.2 所示。当潜水器在下潜过程中,环境海水压力作用于补

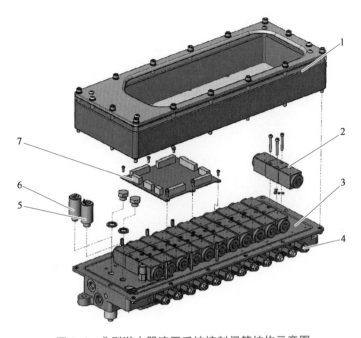

图 8.6　典型潜水器液压系统控制阀箱结构示意图

1—罩壳；2—电磁阀；3—阀块；4—手动调节阀；5—高压油压力传感器；6—回油压力传感器；
7—控制电路板 ECU

偿器的活塞上，通过活塞将环境海水压力传递至压力补偿器内部，使压力补偿器内部油液压力与海水压力相平衡。液压系统中的压力补偿器有油箱压力补偿器和阀箱压力补偿器两种类型，油箱压力补偿器用于系统工作油液压力补偿，属于动态补偿器；阀箱压力补偿器，用于阀箱内设备压力补偿，属于静态补偿器。

（5）辅件。

包括油管、管接头、滤油器以及液压油等。为了使液压系统具备良好的防腐特性，与海水直接接触的油箱、管路、管接头均采用耐海水腐蚀的材料，比如钛合金、316 不锈钢和双目不锈钢等材料。

（6）传感器。

包括潜水器液压系统中常见的传感器有温度、压力、液位以及漏水报警传感器等，它们的作用分别如下：

① 高压传感器——位于泵出口处，用于监测液压系统的输出压力；

② 低压传感器——与油箱相连，用于监测液压系统的油箱压力；

③ 油箱压力补偿器液位传感器——油箱压力补偿器内设置液位连续监测，当液位超过允许极限，补偿器报警；

④ 海水漏水报警传感器——测量两个设置点间的阻抗值，当有海水渗入时，其检测到的阻抗值下降，当阻抗值低于设定阈值时，海水漏水报警传感器发出报警信号；

⑤ 液压油温度传感器——监测液压系统油箱内的油温度值。

这些传感器的电信号统一由水密接插件引出，通过水密电缆连接到耐压壳体中的控制和采集信号电路上,用于潜水器中控台液压系统的控制、显示和报警信号源。

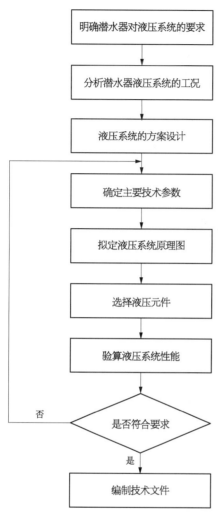

图 8.7　潜水器液压系统的设计流程图

8.1.3　潜水器液压系统的设计

潜水器液压系统的设计内容和流程大致如图8.7所示,各步骤并不严格限定。

1)潜水器液压系统使用要求和负载特性分析

(1)潜水器对液压系统的使用要求。

潜水器对液压系统的使用要求是潜水器液压系统的设计依据,在实施具体的设计流程之前,必须明确以下内容:

① 潜水器的用途、总体布局、主要结构尺寸、技术参数与性能要求;

② 潜水器液压系统在潜水器上的空间布置、尺寸约束以及液压系统总体重量的限制;

③ 潜水器液压系统驱动对象的工作循环、动作顺序等;

④ 潜水器液压系统的驱动对象和它的动作要求,驱动对象的负载大小、负载性质、运动速度及其变化范围;

⑤ 潜水器液压系统的工作方式及控制的要求等。

(2)负载特性分析。

确定潜水器液压系统方案前需要分析系统中执行器所驱动的负载特性,以获得液压执行器的计算依据。液压系统的负载可由驱动对象根据计算给出或者根据选定的执行器规格给出。典型的潜水器对液压系统的液压系统需求见表8.1,其主要工况表见表8.2。

表 8.1　典型的潜水器液压系统用户需求表

名　　称	流量(L/min)	压力(MPa)	数　量
主机械手	19	21	1
副机械手	18	21	1
纵倾调节马达	12	18	1
压载水箱低压液控截止阀	1	10	1
压载水箱高压液控截止阀	1	10	1
下潜抛载	1	10	1

（续表）

名　　称	流量（L/min）	压力（MPa）	数　量
上浮抛载	1	10	1
可变压载高压液控截止阀 1	1	10	1
可变压载高压液控截止阀 2	1	10	1
可变压载高压液控截止阀 3	1	10	1
电缆切割机构油缸	1	21	1
水银释放油缸	1	8	3

表 8.2　典型的潜水器液压系统用户工况表

液压用户	甲板与检查	水面布放与检查	下潜	巡航	作业	应急抛载	上浮
主液压源	@(10 MPa)	@(10 MPa)	@(10 MPa)	@(21 MPa)	@(21 MPa)		@(10 MPa)
副液压源	O(10 MPa)				O(21 MPa)		
应急液压	O(21 MPa)					@(21 MPa)	
主机械手	O(10 MPa)				O(21 MPa)		
副机械手	O(10 MPa)				O(21 MPa)		
纵倾调节马达	O(10 MPa)	O(10 MPa)		O(21 MPa)	O(21 MPa)		
压载水箱低压液控截止阀	O(10 MPa)		O(10 MPa)				
压载水箱高压液控截止阀	O(10 MPa)						O(10 MPa)
下潜抛载	O(10 MPa)		O(10 MPa)				
上浮抛载	O(10 MPa)						O(10 MPa)
高压海水泵	开启	开启			开启		
可变压载高压液控截止阀 1	O(10 MPa)				@(10 MPa)		
可变压载高压液控截止阀 2	O(10 MPa)	@ (10 MPa)			@(10 MPa)		
可变压载高压液控截止阀 3	O(10 MPa)	O(10 MPa)			@(10 MPa)		
主蓄电池电缆切割结构油缸	外观检查					O(21 MPa)	
水银释放油缸	外观检查					O(21 MPa)	

注：O—单独执行；@—同时动作。

2）潜水器液压系统方案设计

潜水器液压系统方案设计是根据潜水器对液压系统工况要求以及潜水器的工作环境

进行的综合设计,从而拟定出较合理、可实现的液压系统方案。其内容主要包括:潜水器执行元件运动形式的分析与选择、潜水器液压回路的分析与选择、所使用的油源类型分析与选择、补偿系统的分析与选择等。

(1) 执行元件的形式的分析与选择。

根据驱动对象的运动种类和性质以确定执行器的形式:对于旋转运动可以选择摆线马达、柱塞马达、叶片马达、齿轮马达等形式;对于直线运动可以选择液压缸、柱塞缸、液压马达与丝杆螺母的驱动等形式。

(2) 潜水器液压回路的选择与分析。

根据潜水器液压系统的设计和应用要求,可根据下列步骤选择合适的液压回路:

① 选择常用的液压系统回路,如调压、调速、换向、卸荷及安全回路等;

② 根据负载性质选择基本回路,当液压元件存在外负载对液压系统做功时(比如重力对液压系统做功)时,需要设置平衡回路,以防止外负载使液压执行元件超速或者失速运动;当外负载惯性较大时,为防止产生液压冲击,需要设置制动回路和缓冲回路;

③ 根据潜水器液压系统的特殊要求选择基本回路,如设置互锁回路、增压回路等。

(3) 油源类型的选择和分析。

潜水器油源类型的选择与常压下的液压系统的选择原则一致,主要由以下几点决定:

① 根据系统工作负载的压力,选择液压泵的压力等级和结构形式;

② 根据油源输出流量大小的变化和系统的节能要求,选择定量泵或者是变量泵;

③ 根据系统对油源的综合性能要求,选择泵的控制方式,比如恒压变量方式、恒功率方式还是恒流量方式等。

(4) 补偿系统的分析与选择。

根据潜水器作业环境以及液压系统执行器的作业工况和性质决定液压系统总体的补偿量,需要综合计算执行器运动时的最大补偿量、潜器存储和运行的温度变化范围造成的液压油温度变化、潜器运行深度下油液的压缩量以及补偿系统的裕度等因素来决定最终的补偿系统的选择[19]。

3) 潜水器液压系统参数设计

潜水器液压系统参数设计主要是确定液压系统的执行器工作压力和最大流量。执行器工作的最大压力可以从表8.1中的潜水器液压系统用户需求表中选取;最大流量则由表8.1和表8.2结合确定。

4) 潜水器液压元件的计算和选用

(1) 液压执行元件的设计计算与选用。

① 液压缸的设计计算。

双作用单出杆油缸受力图如图8.8所示的情况,油缸的几何参数为:

$$p_1 = \frac{F + p_2 A_2 + p_{\min} A_1}{A_1} \tag{8.2}$$

$$A_2 = \frac{F + p_2 A_2 + p_{\min} A_1}{(p_1 - p_{\min})\varphi - p_2} \tag{8.3}$$

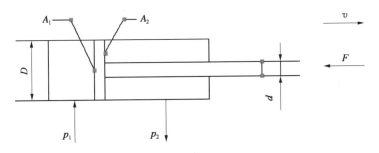

图 8.8　油缸受力简图

$$p_1 = \frac{\dfrac{F}{\eta_m} + p_2 A_2}{A_1} \tag{8.4}$$

$$A_1 = \varphi A_2 \tag{8.5}$$

$$q_{max} = A_1 V_{max} \tag{8.6}$$

式中　F——油缸的最大外负载(N);

　　　p_1——油缸的最大工作压力(MPa);

　　　p_2——油缸的背压,包括补偿器的相对压力和油缸出口到油箱之间的总管路沿程
　　　　　损失和阀的总压力损失(MPa);

　　P_{min}——油缸的空载启动压力(MPa);

　　　η_m——油缸的机械效率;

　　　φ——油缸无杆腔有效面积和有杆腔有效面积之比;

　　　A_1——油缸无杆腔有效面积(m^2);

　　　A_2——油缸有杆腔有效面积(m^2);

　V_{max}——油缸最大运动速度(m^2/s);

　q_{max}——油缸最大流量(L/min)。

根据计算得到的液压杆活塞直径 D、活塞杆直径 d 以及活塞行程选择或者订制适当
的液压缸。

② 液压马达的计算与选用。

液压马达主要涉及到排量和最大流量的计算,它们的计算方法见式 8.7 和式 8.8。

$$V = \frac{2\pi T}{(p_1 - p_2)\eta_m} \tag{8.7}$$

$$q_{max} = V n_{max} \tag{8.8}$$

式中　V——液压马达的排量(L/r);

　　　T——液压马达的最大外负载转矩(N·m);

　　　p_1——液压马达的最大工作压力(MPa);

　　　p_2——液压马达的背压,包括补偿器的相对压力和马达出口到油箱之间的总管路

沿程损失和阀的总压力损失(MPa)；

η_m——液压马达的机械效率；

q_{max}——液压马达最大理论流量(L/min)；

n_{max}——液压马达的最高转速(r/min)。

根据计算得到的马达的排量 V，结合马达的实际转速范围选择适当的液压马达产品。

(2) 液压泵和电机功率计算与选用。

① 确定液压泵的最大工作压力和流量。

液压泵的最大工作压力 p_p 可按照式 8.9 计算得到：

$$p_p = p + \sum \Delta p \tag{8.9}$$

$$\sum \Delta p = \sum \Delta p_\lambda + \sum \Delta p_\xi + \sum \Delta p_v \tag{8.10}$$

式中　p——液压执行元件工作腔的最大工作压力(MPa)；

$\sum \Delta p$——从液压泵出口到液压执行元件入口处的总管路损失(MPa)；

$\sum \Delta p_\lambda$——从液压泵出口到液压执行元件入口处的总沿程压力损失(MPa)；

$\sum \Delta p_\xi$——从液压泵出口到液压执行元件入口处的总局部压力损失(MPa)；

$\sum \Delta p_v$——从液压泵出口到液压执行元件入口处的阀的总压力损失(MPa)。

液压泵流量 q_p 可按照式 8.11 计算得到：

$$q_p \geqslant K_L (\sum q_i)_{max} \tag{8.11}$$

式中　K_L——考虑系统泄漏和执行器容积效率的系数；

$(\sum q_i)_{max}$——多个执行器同时工作时所需要的最大流量(L/min)，该值可以从潜水器液压系统作业工况表 8.2 查到。

根据液压泵的最大工作压力 p_p 和泵的流量 q_p 选择液压泵的类别和规格。在利用产品样本或者技术手册选取液压泵时，备选泵的额定压力应该比上述最大工作压力 p_p 高20%～60%，以留有一定的压力储备[15]；额定流量可根据计算精确度按照 q_p 来选用或者适当放大。

② 确定液压泵驱动电机功率。

液压泵驱动电机驱动功率 P_M 可以可按照式 8.12 计算得到：

$$P_M = \frac{p_p q_p}{\eta_M \eta_p} \tag{8.12}$$

式中　η_M——水下电机的总效率，一般选用 0.60～0.75，且当电机规格大时取小值，小时取大值；

η_p——液压泵的总效率，柱塞泵可以选择 0.8～0.85，齿轮泵选择 0.6～0.7。

5）液压控制元件的选用和设计

潜水器液压系统的液压控制元件的选用原则可依照常规液压系统的液压元件选用原则进行,最大的区别是电磁铁应该为湿式电磁铁。如果控制阀件需要暴露在海水中还需要注意防腐或选择耐腐蚀的阀件。

8.1.4　液压系统的系统集成、实验室测试和联调

潜水器液压系统设计建造完毕后先进行陆上调试,主要是检查泵源的启动、关闭是否正常,阀件的开启、关闭以及系统通信、参数监测性能是否正常,执行器动作和加载过程是否正常等。陆上性能合格后进行模拟压力环境试验考核,主要检查压力环境下泵源的启闭、阀件的启闭以及系统通信、各参数监测情况,可选取典型的一路或两路执行机构进行模拟动作考核。通过陆上和高压舱模量测试,确认系统各项性能一切正常后,方可投入潜水器总装和最终的联调、水池试验和海试,总体流程见图 8.9 所示。

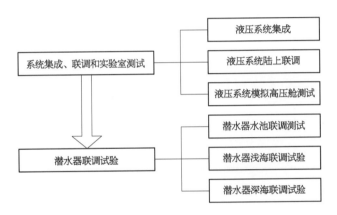

图 8.9　潜水器液压系统测试和联调

8.1.5　典型潜水器液压系统简介

1)"海马"号无人遥控潜水器液压系统简介[20-22]

"海马"号无人遥控潜水器是一台最大作业水深为 4 500 m 的作业级无人遥控潜水器,其载体最大功率为 96 kW,可在最大 4 级海况下作业。"海马"号具有矢量分布的 4 只水平液压推进器和 4 只垂向液压推进器,有效载荷为 200 kg,带有一只五功能开关液压机械手和一只七功能主从闭环控制液压机械手,配有作业工具阀箱供外接作业工具使用,参见图 8.10。

"海马"号液压系统包括液压泵站、控制阀箱(包括推进器控制阀箱、机械手控制阀箱、作业系统控制阀箱)、液压螺旋桨推进器、机械手、云台等,液压原理图见图8.11 所示。

"海马"号水下液压泵站是液压系统的动力来源,"海马"号液压泵站采用 2 台 48 kW

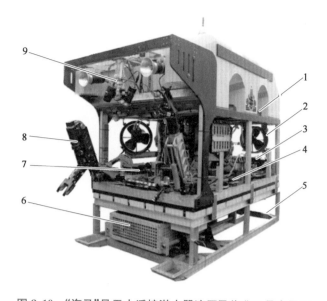

图 8.10　"海马"号无人遥控潜水器液压及作业工具布置图

1—垂直液压推进器；2—水平液压推进器；3—液压泵源；4—补偿系统；5—扩展作业底盘；
6—采样篮；7—阀箱；8—七功能机械手；9—云台

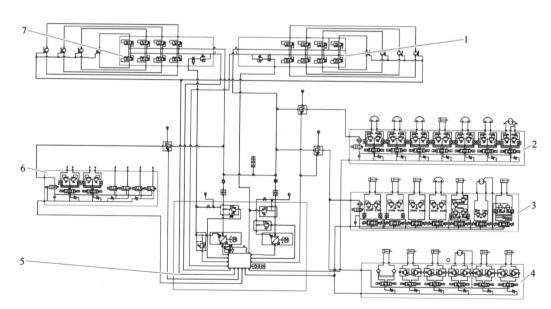

图 8.11　"海马"号无人遥控潜水器液压原理图

1—艏垂直和水平液压推进器控制阀箱；2—作业工具阀箱；3—七功能机械手控制阀箱；4—五功能机械手控制阀箱；
5—液压泵源；6—作业工具备用阀箱；7—艉垂直和水平推进器控制阀箱

(65 hp)，3 000 V AC 机泵一体化的液压源并联使用的方式，最大总流量达 260 L/min，参见图 8.12 和图 8.13。采取双电机双泵互为备份的技术不仅可以提高系统的可靠性，而且可以调节配电变压器负载以防止过热。考虑节能需要，液压泵选用力士乐 A10SO 系列恒压变量泵，其远程控制口 X 并联 2 只溢流阀，系统通过 B 型半桥的方式调节液压泵排量。其中低压阀设置约为 5 MPa,高压阀设置约为 19 MPa,高低压切换通过原理图见图 8.14 所示。低压模式主要应用于电机启动瞬间和甲板调试,高压模式适用于一般水下大功率输出工况。液压泵站电机选用澳大利亚 SME 公司的 ROV102 型水下充油电机,额定功率 50 kW,输入电压 3 000 V AC,额定功率下转速 2 900 r/min,内置温度传感器和漏水传感器。

图 8.12　"海马"号无人遥控潜水器双电机双泵组油源
1—副液压泵水下电机;2—主液压泵水下电机;3—副液压泵;4—主液压泵

图 8.13　"海马"号液压泵站
1—主电机泵组;2—液压油源补偿器;3—共用油箱;4—副电机泵组

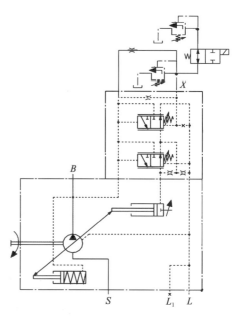

变量
控制阀

图 8.14　"海马"号液压泵节能控制回路

　　"海马"号液压控制回路主要由液压推进器阀箱、五功能机械手阀箱、七功能阀箱和作业工具阀箱，见图 8.15 所示，它们是液压控制阀的集成单元，主要由控制阀、阀块、罩壳和电路控制单元组成。与常规的液压阀箱主要不同点在于需要设计充油密封容腔，让阀类元件的薄弱易损进行充油补偿，与海水隔离。此外，阀的电气连接和控制部件需要耐油和耐压。

图 8.15　"海马"号控制阀箱

1—艏垂直和水平液压推进器控制阀箱；2—作业工具阀箱；3—五功能机械手阀箱；
4—七功能机械手阀箱

"海马"号无人遥控潜水器液压系统设置了压力补偿系统以适应不同作业水深的要求，压力补偿系统使液压系统油箱压力或是静态充油设备内部压力与海水压力相等或者稍大一点，补偿器容腔会随潜水器工作水深变化从而自动进行压力补偿。"海马"号液压系统的压力补偿系统主要由压力补偿器(图 8.16)和自补偿油箱构成(图 8.13)，实现对因温度、压力、泄漏等因素造成的容积变化进行实时补偿。

图 8.16　"海马"号压力补偿器

2)"蛟龙"号载人潜水器液压系统简介[23-25]

"蛟龙"号载人潜水器液压系统由一台主泵油源、一台副油源构成了双油源互为备用液压系统并通过两个八功能通用阀箱外接到作业执行器或者专用控制阀箱，分别用于控制机械手和潜钻等作业系统、可调压载系统、压载水箱注排水系统、纵倾调节系统、导管桨回转机构、下潜抛载机构和上浮抛载机构、抛载和蓄电池电缆切割等系统。主、副泵油源总功率约为 12 kW，可提供 21 MPa、25 L/min 的流量；主、副泵驱动电机的工作电压为 110 V DC，液压系统的电磁控制电压为 24 V DC。"蛟龙"号同时还配置了一套应急液压系统，用于突发应急情况下电缆切割和纵倾调节系统的水银释放。应急液压系统可提供 21 MPa、1.2 L/min 的流量，它由一台工作电压为 24 V DC 的电机驱动。"蛟龙"号的主、副液压系统原理图见图 8.17 所示，应急液压系统原理图见图 8.18 所示。

"蛟龙"号液压系统的压力补偿系统的补偿器分别集成到主副油源、阀箱和应急泵源上，这些补偿器实现对因温度、压力、泄漏等因素造成的容积变化进行实时补偿。

"蛟龙"号液压系统集成到一个撬块上，最终将液压系统撬块安装到潜水器泵体上，液压系统实物图见图 8.19，油箱液压系统撬块的最上层为油箱，中间层分别为主油源和副油源，最下层分别为主阀箱、应急泵源以及副阀箱。

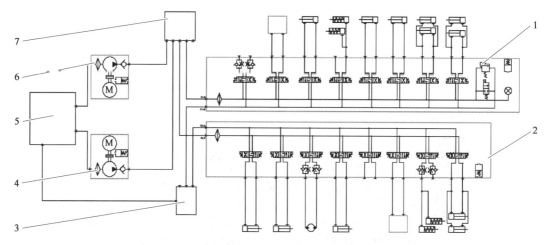

图 8.17　"蛟龙"号载人潜水器液压系统原理图

1—主阀箱；2—副阀箱；3—副油源集成转接块；4—副油源；5—共用油源油箱；6—主油源；7—主油源集成转接块

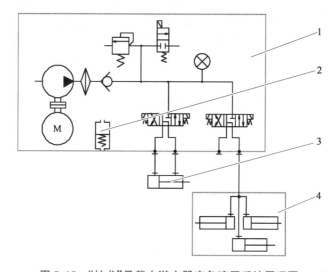

图 8.18　"蛟龙"号载人潜水器应急液压系统原理图

1—集成应急油源和应急阀箱；2—补偿器；3—电缆切割机构执行器；4—水银释放结构执行器

3)"彩虹鱼"号载人潜水器液压系统简介

"彩虹鱼"号载人潜水器的液压系统为潜水器的各种液压执行器提供液压动力能源，为潜水器上的浮力调节系统、下潜和上浮抛载系统、可变浮力系统、潜水器纵倾调节系统、应急系统以及水下采样作业工具等液压执行器提供液压动力和控制。"彩虹鱼"号载人潜水器使用的液压系统采用压力补偿和密封技术，使一般的常规液压系统能够工作于深海中，液压系统采用常规的非耐压结构方式设计。

"彩虹鱼"号载人潜水器的液压系统主要包括液压动力源和作业阀箱两个主要的部分；液压动力源包括油箱、泵、驱动电机及驱动器、辅助模块等，用于产生油液压力和流量

图 8.19　"蛟龙"号载人潜水器应急液压系统实物图

1—共用油箱；2—主油源；3—副阀箱；4—应急油源；5—主阀箱；6—副油源

的动力；作业阀箱用来分配和控制油液，为各种液压执行器用户提供能所需的油液压力和流量，控制液压执行器的动作。

"彩虹鱼"号载人潜水器液压泵站采用两台 7.5 kW,110 V DC 机泵一体化的液压源，两套油源可独立工作或者合流工作，合流后的最大流量可接近 30 L/min,两套油源互为备用提高系统的可靠性，"彩虹鱼"号液压系统原理图见图 8.20。系统考虑了节能需求，

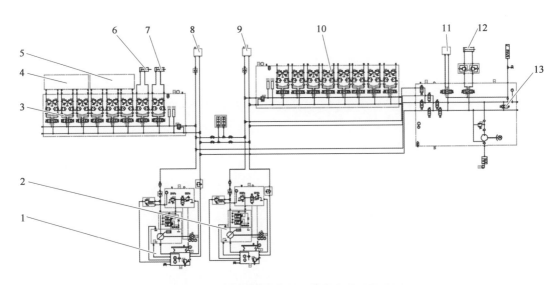

图 8.20　"彩虹鱼"载人潜水器液压系统原理图

1—主油源；2—副油源；3—主阀箱；4—压载调节系统；5—纵倾调节系统；6—下潜抛载；7—上浮抛载；
8—主机械手；9—副机械手；10—副阀箱；11—水银释放执行装置；12—电缆切割执行装置；13—应急油源

选用力士乐 A10SO 系列恒压变量泵,通过远程控制口 X 并联两只溢流阀来远程控制系统的工作压力为 10 MPa 或者 21 MPa。泵源在恒压变量的基础上进一步根据工作需要可选择高低压的工作压力方式,提高了液压系统的节能效果。

8.2　潜水器的作业工具

潜水器在海洋科考、勘探和作业过程中,通常需要根据作业任务的不同配置不同的作业设备和工具[26, 27]。根据不同的作业类别,表 8.3 统计了国内外典型潜水器搭载作业工具。

表 8.3　国外载人潜水器搭载作业工具统计表

潜水器名称	作业工具类别	作 业 工 具 名 称
阿尔文	矿物取样器	Push Corer 取样器
		地质勘探管
		抓斗采样器
		小型潜钻
		结壳铲
		硫化物采集器
	水体取样器	真空吸取采样器
		原位取水器
		尼斯金采水瓶
	生物取样器	生物采样箱
		多室旋转收集采样器
		小容量吸入取样器
		单腔吸入取样器
		大容量鱼类吸入取样器
		捞网
	环境测量工具	剖面声纳 Imagenex 881
		探索声纳 Sunwest SS300
		便携式 CTD
		激光测距仪

（续表）

潜水器名称	作业工具类别	作业工具名称
阿尔文	环境测量工具	磁力仪
		高度计 Benthos PSA - 900D
		深度计
		高温探头
		低温探头
		耦合式温度探头
		地热探针
		化学取样器
	摄影照相工具	水下照明灯
		高清摄像机
		高清照相机
	采样篮	定制装备搭载篮
鹦鹉螺	水体取样器	水质取样器
	矿物取样器	沉积物取芯器
		岩石取芯器
		液压锤
	生物取样器	真空取样器
	环境测量工具	温盐测定器
	摄影摄像工具	水下照明灯
		高清摄像机
		高清照相机
Johnson-Sea-Link（JSL）Ⅰ/Ⅱ	生物取样器	胶质浮游动物采样器
		真空吸取装置
		震击器
	环境测量工具	主动声纳
		保温隔热采样篮
	摄影摄像工具	水下照明灯
		高清摄像机
		高清照相机
南鱼座Ⅳ/Ⅴ	生物取样器	尼斯金瓶采样系统
		真空吸取装置

潜水器名称	作业工具类别	作业工具名称
南鱼座Ⅳ/Ⅴ	环境探测工具	外部温度探针
	矿物取样器	激光剥离系统
		液压刀
	摄影摄像工具	水下照明灯
		高清摄像机
		高清照相机
和平Ⅰ/Ⅱ	生物取样器	Slurp 枪
		生物捕网器
	矿物取样器	地质勘探管
	水体取样器	采水瓶
	摄像/照相工具	水下照明灯
		高清摄像机
		高清照相机
深海工人	摄像/照相工具	水下照明灯
		高清摄像机
		高清照相机
蛟龙	生物取样器	生物存放箱
		生物网兜采样器
		宏生物诱捕器
	水体取样器	热液保压取样器
		8 L 采水器
		Gas-tight 采水器
	矿物取样器	沉积物取样器
		钻结壳取芯器
		液压驱动深海取芯小型钻机
		自容式电驱动深海取芯小型钻机
		沉积物短柱取样器
		矿物存放箱
		矿物铲
	环境测量工具	SBE53 压力记录仪
		SBE37 温盐深仪
		深海温度溶解氧测量仪 SDOT6000D

（续表）

潜水器名称	作业工具类别	作业工具名称
蛟龙	环境测量工具	深海高温探头 S2T6000
		低温多功能化学探头
		热液自动探测仪
		声学多普勒流速剖面仪

8.2.1　潜水器的机械手

根据潜水器的作业任务要求，往往配置不同种类的机械手。国内外典型潜水器搭载机械手见表 8.4，图 8.21～图 8.23。

表 8.4　世界上主要海洋调查机构拥有的潜水器及其搭载的机械手

生产机构/厂家	潜水器	最大下潜深度(m)	机械手
日本海洋-地球科学和技术研究中心(JAMSTEC)	Kaiko	11 000	2 只七功能机械手,均为主从式
法国(海洋开发研究所)(IFREMER)	Victor 6000	6 000	1 只主从式七功能机械手：Maestro；1 只开关式五功能机械手：Sherpa
美国伍兹霍尔海洋学研究所(WHOI)	Jason 2 /Medea	6 000	2 只七功能机械手：Schilling Orion, Kraft Predator II
加拿大海洋科学研究所	ROPOS	5 000	1 只七功能机械手：Kodiak；1 只五功能机械手：Magnum
美国伍兹霍尔海洋学研究所(WHOI)	阿尔文	4 500	2 只七功能机械手：Kraft, Predetor
美国蒙特利海湾研究所(MBARI)	Tiburon	4 000	2 只力反馈型七功能机械手：Schilling Conan, Kraft Raptor
日本海洋-地球科学和技术研究中心(JAMSTEC)	Dolphin 3K	3 300	1 只主从式七功能机械手；1 只开关式五功能机械手
日本海洋-地球科学和技术研究中心(JAMSTEC)	Hyper-Dolphin	3 000	2 只七功能机械手,均为主从式
中国广州海洋地质调查局	海狮	4 500	1 只七功能机械手和 1 只五功能机械手 ISE Magnum
中国广州海洋地质调查局	海马	4 500	1 只七功能主从式机械手和 1 只五功能机械手(浙江大学研制)
中船重工集团第七〇二研究所	蛟龙	7 000	2 只 Schilling 七功能机械手
中船重工集团第七〇二研究所	4 500 m HOV	4 500	2 只七功能主从式机械手(中科院沈阳自动化研究所)

图 8.21 "阿尔文"号载人潜水器上搭载的机械手

图 8.22 "蛟龙"号载人潜水器上搭载的机械手

图 8.23 "海神"号无人潜水器上搭载的机械手

1) 潜水器机械手分类

目前作业型载人潜水器配置的机械手一般都以液压驱动为主[28, 29]，按照机械手抓取能力的不同进行分类时可分为轻载型、中载型和重载型机械手。轻载型机械手一般搭载在观测型无人遥控潜水器(ROV)或者自治性无人潜水器(AUV)上，机械手所抓取重量一般不会大于 20 kg，功能数也相对较少，用于一些简单抓取作业。中载型机械手一般搭载在作业型载人潜水器或者作业型无人遥控潜水器上，机械手能抓取的重量一般小于 150 kg，这种类型的机械手能够满足大部分水下作业的需要，如采水、沉积物取样、水下挖沟、布缆、埋缆及剪缆作业等。重载型机械手抓举能力一般超过 300 kg，这种机械手可以搭载在重载无人遥控潜水器上，可以执行水下油气田生产系统撬块的安装固定、移动等任务，在水下油气管道的焊接、水下油气田的维护中比较常用。

机械手按照灵活性来分类时，主要是根据其功能数，即机械手拥有的自由度数量来区分的。目前比较常见的机械手有 3+1 功能、4+1 功能和 6+1 功能，其中的数字"1"代表 1 个功能，为其末端执行器的执行动作功能。末端执行器主要是用于抓取作业工具时所需要具有的额外功能。

2) 潜水器机械手系统

(1) 液压作业机械手的系统组成。

潜水器液压作业机械手系统主要包括机械手从手、液压和补偿系统、电气通信系统和控制系统以及主手操纵系统[28-30]等，其系统组成见图 8.24 所示，其作业指标要求见表 8.5 所示。

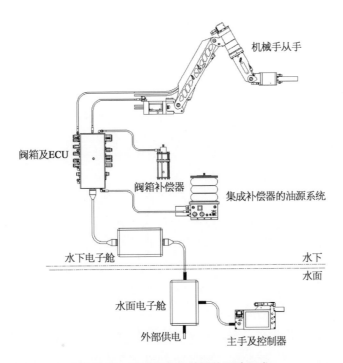

图 8.24　液压作业机械手的系统组成

表 8.5　液压机械手系统指标要求

参　数	说　明
最大伸距	根据最佳的作业空间进行设计和布置
全伸距最大持重	应满足水下作业的载重要求
本体总重量	可搭载在大多数的潜水器上
工作水深	满足潜水器作业水深要求
本体材料	防腐蚀,重量轻,满足潜水器搭载的要求
功能数	满足绝大多数定位和定姿要求
角度传感器	采用充油油压传感器,满足大深度深海作业要求
压力传感器	能够监测液压系统相对环境水深的压力
控制方式	适合于非结构性未知海底环境
水面主控计算机系统	性能可靠,编程相对简单的实时控制系统,以及方便开发的交互界面等优点
下位机系统	充油抗压控制单元,有助于减少水密接插件数量,增加可靠性,降低成本
液压系统	选用满足机械手运动控制性能要求的伺服系统

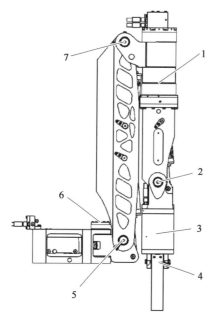

图 8.25　七功能机械手从手关节配置

1—肘关节;2—手腕摆动关节;
3—手腕旋转关节;4—手爪开合;
5—大臂关节;6—肩关节;7—小臂关节

（2）潜水器机械手的从手。

典型潜水器的七功能机械手从手关节自由度的布置方式[31],如图 8.25 所示,有 6 个关节和 1 个手爪共七个功能,6 个关节可以为机械手手爪提供空间定位和定姿所需的六个自由度。图 8.26 所示为七功能液压机械手从手末端执行器在空间的运动范围。

机械手从手的各关节还配置了关节角度传感器,用于机械手运动控制的反馈和关节角度监控等,见图 8.27。机械手关节角度传感器类型包括直接测量关节摆动角度的磁敏角度传感器和测量油缸位移以间接获得关节摆动角的磁致伸缩传感器。磁敏角度传感器内嵌于机械手从手各个关节内;磁致伸缩传感器内嵌于油缸内部,检测油缸的位移并换算成关节角。

（3）潜水器机械手的液压控制系统。

作为液压驱动的机械手,液压控制阀是机械手运动控制不可或缺的部分,潜水器机械手的控制阀箱上集成了控制机械手各关节的控制阀,如溢流阀、比例电磁阀或者伺服阀、换向阀、液压锁等。根据机械手的控制精度要求可以是电磁换向阀、电磁比例换向阀或者伺服阀,这些阀的性能差异很大,成本也差别很大,可以根据潜水器的作业要求进行选配。典型的潜水器机械手液压阀箱原理图见 8.28 所示。

阀箱上集成了控制机械手的运动控制器和电磁阀的驱动放大板,控制器通过总线接

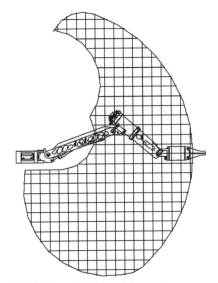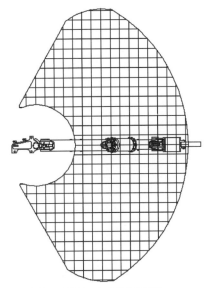

竖直方向运动范围，每个单位间隔为100 mm　　　水平方向运动范围，每个单位间隔为100 mm

图 8.26　七功能机械手从手的作业范围

收上位机的控制指令信号，比如 RS485、RS232 和 CAN 等总线，并将接收到的指令信号转换为放大板的电压控制输入信号，同时返回机械手从手各关节执行器关节角度和压力传感器的信号。

（4）潜水器机械手的主手操纵系统。

在未知深海环境中，潜水器机械手的控制方式与传统机械手的控制方式是不同的。在深海环境的多变性、作业目标多样性、作业环境的复杂性等多重条件下，机械手的控制方式通常采用主从控制方式。主从式机械手的主要特点是具有主手和从手，见图 8.30 所示。主手给机械手从手发送相应的关节控制信号，而从手则跟踪主手的关节控制信号。由于主从控制方式的指令发送者是操作员，因此当出现错误操作时，操作员就可以随时通过改变主手的关节位置来修正错误，及时避免事故发生。同时操作员也可以很容易通过主手引导机械手避开作业障碍物，对于不规则结构、未知水下环境及位置操作任务来说，具有很好的适应性和优越性。

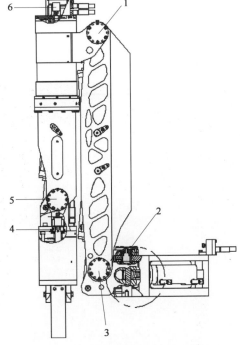

图 8.27　机械手从手关节内置式角度传感器示意图

1—小臂关节角度传感器；2—肩关节角度传感器；
3—大臂关节角度传感器；
4—手腕旋转关节角度传感器；
5—手腕摆动关节角度传感器；6—肘关节角度传感器

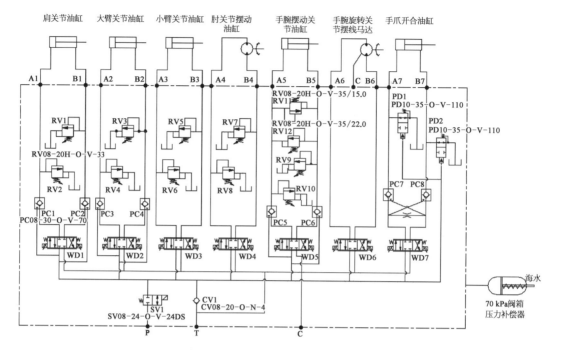

图 8.28　典型潜水器机械手液压原理图

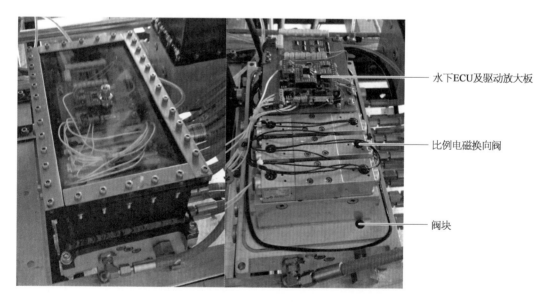

图 8.29　典型潜水器机械手控制阀箱及其抗压充油 ECU 控制器

机械手主手应具有以下特征：

① 完全按照机械手从手的关节布置。

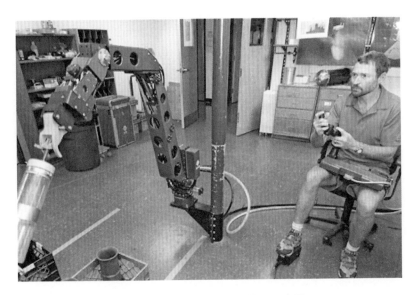

图 8.30　主从机械手主手操作示意图

　　主、从手之间的所有关节都需要一一对应,这样就可以非常方便地用一个主手对整个从手进行操作控制,典型的主手示意图如图 8.31 所示。

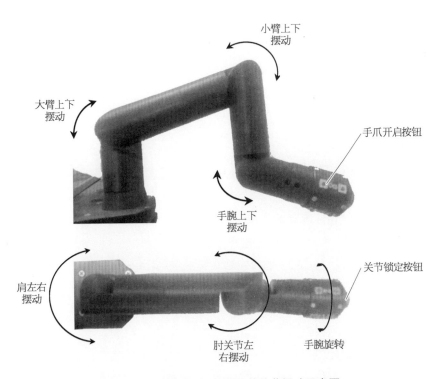

图 8.31　机械手主手关节及其关节摆动示意图

② 主手结构紧凑、可靠性高且美观。

所有主手的布线均从主手内部通过,主手手腕内部还配置有电滑环,使得主手的手腕关节可以和机械手从手手腕旋转关节一样进行360°连续旋转。

③ 具有自锁功能。

当主手具有自锁功能时,主手的操作者松开主手后,主手仍然维持在当前位置。典型的主手结构示意图如图8.32所示。

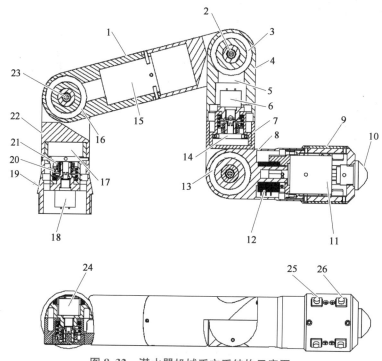

图8.32 潜水器机械手主手结构示意图

1—大臂;2—小臂关节角度传感器;3,5,13,14,15,16,17—穿线通道;4—小臂;6—肘关节传感器;
7—肘;8—手腕;9—手爪;10—主手总锁定按钮;11—手腕旋转关节角度传感器;12—电滑环;
18—肩关节角度传感器;19—基座;20—压紧弹簧;21—调节螺母;22—肩关节;23,24—大臂关节角度传感器;
25—手爪关按钮;26—手爪开按钮

④ 采用重复精度和线性度高的微型关节角度传感器,提高主手信号的精确度。

(5)潜水器机械手电气通信系统和控制系统。

无人遥控潜水器主从液压机械手的控制系统配置如图8.33示,主手的控制信号通过主控盒上的控制器经R485或者R232总线发送到水下ECU,通过水下ECU控制比例电磁阀或者伺服阀的放大器来控制执行器的动作,从而控制液压机械手从手末端执行的位置和状态。触摸屏用于监控控制系统的各个变量状态和告警信息。

(6)潜水器机械手的控制。

机械手末端执行器的位置和状态控制有许多种方法,常规的控制方法有PID控制[31-33]、前馈力矩补偿控制+PD控制[34,35]、计算力矩控制。当机械手需要更快响应

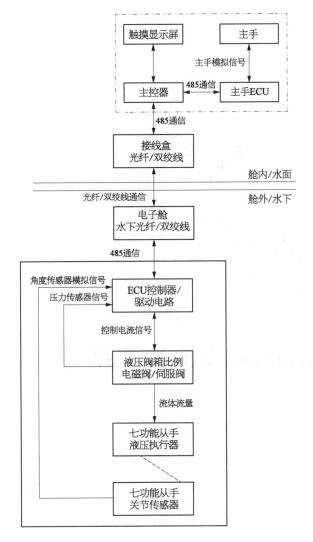

图 8.33　典型的潜水器机械手硬件组成示意图

性、更高控制精度时,可以采用更复杂的控制方法,如变结构滑模控制、自适应和 Backstepping 控制方法[36-38]、基于状态观测器的输出反馈控制方法[39-42]等。图 8.34 所示为典型的潜水器机械手主控盒;潜水器机械手控制系统设计开发流程如图 8.35 所示。

① 潜水器机械手从手运动学建模。

通过利用 Denavit-Hartenberg(D-H)运动学建模方法[31,43,44],将机械手的每个组成关节按照连杆连接方式简化,见图 8.36,其连杆参数的定义如下。

● 连杆长度 a_{i-1},它是两轴线之间公共垂线的长度。当两轴线相交于一点时,$a_i = 0$;两轴线平行时,则有无穷多相等的公共垂线。对于机座及末端杆件,为了简化坐标运算的复杂性,可以选择将基座或者末端连杆的坐标系建立在关节参数尽量为 0 的地方,即连杆长度 $a_0 = a_n = 0$。

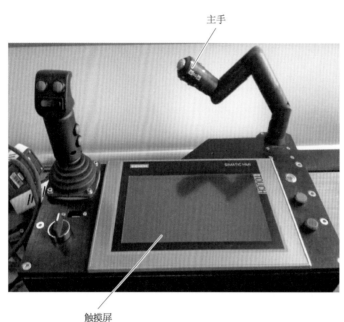

图 8.34　典型的潜水器机械手主控盒

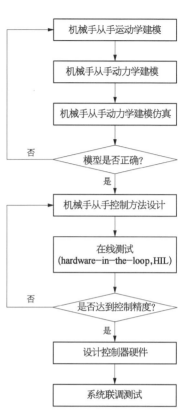

图 8.35　潜水器机械手控制系统
设计开发流程图

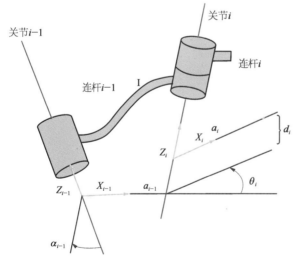

图 8.36　D-H 机械手关节连杆参数描述方法

● 连杆扭角 α_{i-1}，它是由同一杆件的两旋转轴线沿着他们的公垂线移动使之相交。沿公垂线方向按照右手定形成的两轴线的夹角，称为连杆的扭转角。两旋转轴线决定一个与杆件长度 a_i 垂直的平面，定义这些两轴线的平面交角就是该杆件的扭角。

● 关节变量 θ_i，它是连杆之间的关系量，是将 a_{i-1} 沿关节旋转轴线 i 的方向移动并与 a_i 相交，沿着关节旋转轴线 i 方向按照右手定则形成的关节夹角。

● 偏置量 d_i，它是连杆之间的关系的量，是将 a_{i-1} 沿关节旋转轴线 i 的方向移动并与 a_i 共面时所移动的位移。

按照 D-H 建立连杆坐标系时，沿着关节 i 的方向建立笛卡儿坐标系的 $\hat{z}_i$ 方向，$\hat{x}_i$

方向是沿着公垂线方向指向$\hat{z}_{i+1}$，坐标系$\{i\}$的原点位于$\hat{z}_i$上。潜水器机械手从手利用 D‐H 运动学建模方法建立各个连杆的机体坐标系见图 8.37，典型的潜水器机械手连杆参描述表见表 8.6。

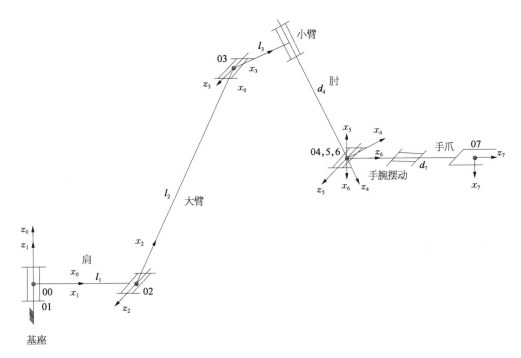

图 8.37　典型潜水器七功能机械手从手简化结构及其 D‐H 坐标系描述

表 8.6　典型潜水器七功能机械手从手连杆参数表

i	$\alpha_{i-1}(\mathrm{rad})$	$a_{i-1}(\mathrm{m})$	$d_i(\mathrm{m})$	$\theta_i(\mathrm{rad})$
1	0	0	0	q_1^*
2	$\dfrac{\pi}{2}$	$L_1 = 0.087$	0	q_2^*
3	0	$L_2 = 0.73$	0	q_3^*
4	$\dfrac{\pi}{2}$	$L_3 = 0.13$	$d_4 = 0.515$	q_4^*
5	$-\dfrac{\pi}{2}$	0	0	q_5^*
6	$\dfrac{\pi}{2}$	0	0	q_6^*
7	0	0	$d_7 = 0.38$	$0°$

注：＊表示随时间变化的量。

根据潜水器机械手从手的连杆参数表建立从手的关节其次变换矩阵$_i^{i-1}\boldsymbol{T}$，见式 8.13：

$$\,_{i}^{i-1}\boldsymbol{T} = \begin{bmatrix} c\boldsymbol{q}_i & -s\boldsymbol{q}_i & 0 & a_{i-1} \\ s\boldsymbol{q}_i c\alpha_{i-1} & c\boldsymbol{q}_i c\alpha_{i-1} & -s\alpha_{i-1} & -s\alpha_{i-1}d_i \\ s\boldsymbol{q}_i s\alpha_{i-1} & c\boldsymbol{q}_i s\alpha_{i-1} & c\alpha_{i-1} & c\alpha_{i-1}d_i \\ 0 & 0 & 0 & 1 \end{bmatrix} \tag{8.13}$$

其中，c_i，s_i 是 $\cos q_i$，$\sin q_i$ 的简写。

② 潜水器机械手从手运动学建模。

从手动力学建模需要获得从手的总动能 K 和总重力势能 U、控制阀的动力学模型[45,46]以及油缸的力学模型等。

根据从手的坐标变化矩阵 $\,_{i}^{i-1}\boldsymbol{T}$ 计算的到从手的角速度雅克比矩阵 $\boldsymbol{J}w_i$（式8.14）和各关节质心的线速度雅克比矩阵 $\boldsymbol{J}v_i$（式8.15）：

$$\boldsymbol{J}w_i = [\hat{z}_1, \cdots, \hat{z}_i, 0\cdots], \boldsymbol{J}w_i \in \boldsymbol{R}^{3\times6}, i=1, \cdots, 6 \tag{8.14}$$

$$\boldsymbol{J}v_i = \left[\frac{\partial Pc_i}{\partial q_1}, \cdots, \frac{\partial Pc_i}{\partial q_i}, 0\cdots \right], \boldsymbol{J}v_i \in \boldsymbol{R}^{3\times6}, i=1, \cdots, 6 \tag{8.15}$$

其中，$\hat{z}_i$ 可以由从手的奇次坐标变换矩阵 $\,_{i}^{i-1}\boldsymbol{T}$ 中得到，即 $\,_{i}^{0}\boldsymbol{T}$ 奇次坐标变化矩阵中的第三列中的前三个元素；Pc_i 是关节 i 的质心坐标描述。

从手的总动能 K 是各个关节动能的总和：

$$K = \sum_{i=1}^{6} \frac{1}{2} (m_i \,^0 v c_i^{\mathrm{T}0} v_i + \,^c w_i \,^c \boldsymbol{I}_i \,^c w_i) \tag{8.16}$$

其中，m_i 是从手关节 i 的质量，v_i 是关节 i 的线速度和 w_i 是关节 i 的角度。

利用线速度和角速度与关节的广义坐标关系，将线速度转换为用广义坐标的速度表述：

$$\,^0 v_i = \,^0 \boldsymbol{J} v_i \dot{\boldsymbol{q}} \tag{8.17}$$

$$\,^0 w_i = \,^0 \boldsymbol{J} w_i \dot{\boldsymbol{q}} \tag{8.18}$$

角速度应该描述在手臂连杆的质心坐标系上，即：

$$\,^c w_i = (\,_{i}^{0}\boldsymbol{R})^{\mathrm{T}0} w_i = (\,_{i}^{0}\boldsymbol{R})^{\mathrm{T}0} \boldsymbol{J} w_i \dot{\boldsymbol{q}} \tag{8.19}$$

因此总动能为：

$$K = \frac{1}{2}\dot{\boldsymbol{q}}^{\mathrm{T}} (\sum_{i=1}^{6} (m_i \,^0 \boldsymbol{J} v_i^{\mathrm{T}0} \boldsymbol{J} v_i + \,^0 \boldsymbol{J}_i^{\mathrm{T}0} \boldsymbol{R}^c \boldsymbol{I}_i (\,_{i}^{0}\boldsymbol{R})^{\mathrm{T}0} \boldsymbol{J} w_i) \dot{\boldsymbol{q}} = \frac{1}{2}\dot{\boldsymbol{q}}^{\mathrm{T}} \boldsymbol{M}(\boldsymbol{q})\dot{\boldsymbol{q}}) \tag{8.20}$$

$$\boldsymbol{M}(\boldsymbol{q}) = \sum_{i=1}^{6} (m_i \,^0 \boldsymbol{J} v_i^{\mathrm{T}0} \boldsymbol{J} v_i + \,^0 \boldsymbol{J}_i^{\mathrm{T}0} \boldsymbol{R}^c \boldsymbol{I}_i (\,_{i}^{0}\boldsymbol{R})^{\mathrm{T}0} \boldsymbol{J} w_i) \tag{8.21}$$

其中，$\boldsymbol{M}(\boldsymbol{q}) \in R^{6\times6}$ 为质量矩阵。

重力势能 U 为所有手臂连杆的总势能之和，由于海水环境的影响，需要对重量加速度进行修正[44]，即：

$$U = -\sum_{i=1}^{6} m_i \,^0 g^{\mathrm{T}0} Pc_i \tag{8.22}$$

其中，g 为重力加速度。

重力势能的等效的重力势能力 G 为：

$$G = \frac{\partial U}{\partial \boldsymbol{q}} = -\sum_{i=1}^{6} m^0 g^{\mathrm{T}} \frac{\partial^0 P c_i}{\partial \boldsymbol{q}} - \sum_{i=1}^{6} m_i \boldsymbol{J}_{vi}{}^0 g$$

$$= \begin{bmatrix} \boldsymbol{J} v_1^{\mathrm{T}} & \boldsymbol{J} v_2^{\mathrm{T}} & \boldsymbol{J} v_3^{\mathrm{T}} & \boldsymbol{J} v_4^{\mathrm{T}} & \boldsymbol{J} v_5^{\mathrm{T}} & \boldsymbol{J} v_6^{\mathrm{T}} \end{bmatrix} \begin{bmatrix} m_1{}^0 g \\ m_2{}^0 g \\ m_3{}^0 g \\ m_4{}^0 g \\ m_5{}^0 g \\ m_6{}^0 g \end{bmatrix} \tag{8.23}$$

其中，按照基座坐标系的定义，$^0 g = \mid g \mid \begin{bmatrix} 0 \\ 0 \\ -1 \end{bmatrix}$

潜水器机械手的从手的工作环境为海水，一般情况下机械手在作业的时候它的载体是基本保持水平状态的，因此机械手本体所受到浮力方向不变，基本上可以近似为重力加速度的反方向；而机械手的结构可以近似认为是材质均匀的，这样其各个臂的重心和浮心位于相同位置，因此可以将机械手的势能力补偿为：

$$^0 g_c = \mid g - \rho \mid \begin{bmatrix} 0 \\ 0 \\ -1 \end{bmatrix} \tag{8.24}$$

其中，ρ 为海水的密度。

按照拉格朗日动力学方程[46]建立潜水器机械手的动力学方程：

$$\frac{\mathrm{d}}{\mathrm{d}t}\left(\frac{\partial K}{\partial \dot{\boldsymbol{q}}}\right) - \frac{\partial K}{\partial \boldsymbol{q}} = \tau - G \tag{8.25}$$

其中：

$$\frac{\partial K}{\partial \dot{\boldsymbol{q}}} = \frac{\partial}{\partial \dot{\boldsymbol{q}}}\left[\frac{1}{2}\dot{\boldsymbol{q}}^{\mathrm{T}} M(\boldsymbol{q})\dot{\boldsymbol{q}}\right] \tag{8.26}$$

$$\frac{\mathrm{d}}{\mathrm{d}t}\left(\frac{\partial K}{\partial \dot{\boldsymbol{q}}}\right) = \frac{\mathrm{d}}{\mathrm{d}t}(M\dot{\boldsymbol{q}}) = M\ddot{\boldsymbol{q}} + \dot{M}\dot{\boldsymbol{q}} \tag{8.27}$$

因此，潜水器机械手的动力学方程为：

$$\frac{\mathrm{d}}{\mathrm{d}t}\left(\frac{\partial K}{\partial \dot{\boldsymbol{q}}}\right) - \frac{\partial K}{\partial \boldsymbol{q}} = M\ddot{\boldsymbol{q}} + \dot{M}\dot{\boldsymbol{q}} - \frac{1}{2}\begin{bmatrix} \dot{\boldsymbol{q}}^{\mathrm{T}} \dfrac{\partial M}{\partial \boldsymbol{q}_1}\dot{\boldsymbol{q}} \\ \cdots \\ \cdots \\ \dot{\boldsymbol{q}}^{\mathrm{T}} \dfrac{\partial M}{\boldsymbol{q}_n}\dot{\boldsymbol{q}} \end{bmatrix} = M\ddot{\boldsymbol{q}} + V(\boldsymbol{q}, \dot{\boldsymbol{q}}) = M\ddot{\boldsymbol{q}} + C(\boldsymbol{q}, \dot{\boldsymbol{q}})\dot{\boldsymbol{q}}$$

$$\tag{8.28}$$

其中,$V(\boldsymbol{q}, \dot{\boldsymbol{q}})$ 和 $C(\boldsymbol{q}, \dot{\boldsymbol{q}})\dot{\boldsymbol{q}}$ 为 6×1 的离心力和哥氏力矢量。

③ 潜水器机械手从手的动力学仿真模型。

按照②建立的动力学模型,可以建立机械手从手机械系统动力学方程的仿真模型,如图 8.38 所示。为了验证该模型的有效性,需要对仿真模型施加简单的控制,观察其从手关节跟踪性能验证所建立模型的准确性。图 8.39 是带重力补偿的从手的 PD 控制模型,仿真获得了各关节的跟踪曲线和跟踪误差见图 8.40 和图 8.41 所示,从仿真结果可以看出机械手从手系统对于控制输入曲线的跟踪效果较好,系统是全局渐进稳定的,由此可知所建立的机械手模型是准确的。

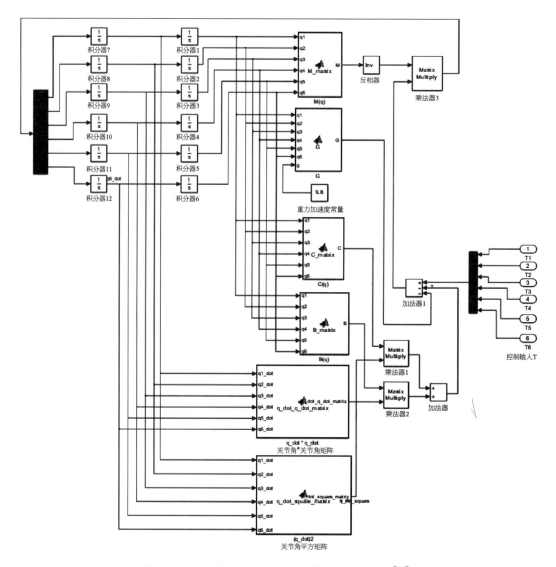

图 8.38　潜水器机械手从手动力学方程仿真模型[44]

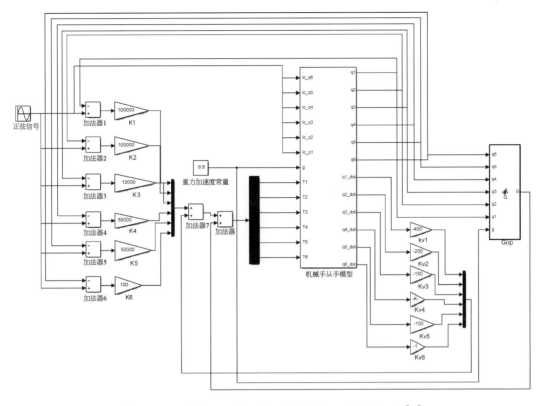

图 8.39 深海液压机械手从手重力补偿 PD 控制原理图[44]

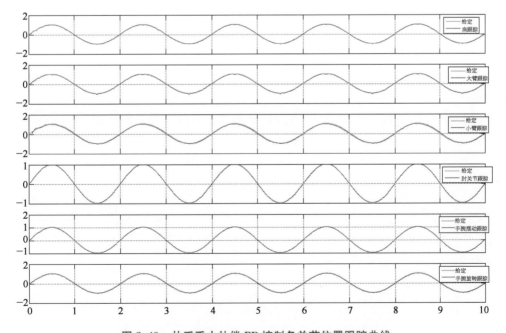

图 8.40 从手重力补偿 PD 控制各关节位置跟踪曲线

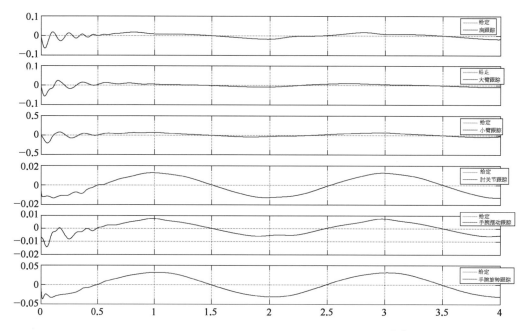

图 8.41　从手重力补偿 PD 控制各关节位置跟踪误差[44]

④ 潜水器机械手从手控制方法设计。

首先,要建立从手液压执行器模型。在不考虑液压缸的内漏和外漏时,则油缸压力腔和回油腔的动态方程[47]分别为:

$$\frac{V_1(x)}{\beta_e}\dot{P}_1 = -A_1\dot{x} + Q_1 = -A_1\frac{\partial x}{\partial q}\dot{q} + Q_1 \tag{8.29}$$

$$\frac{V_2(x)}{\beta_e}\dot{P}_2 = A_2\dot{x} - Q_2 = A_2\frac{\partial x}{\partial q}\dot{q} - Q_2 \tag{8.30}$$

其中,$x \in R^{6\times 1}$,为油缸活塞位移。油缸活塞位移与关节角度的关系为:

$$x(q) = [x_i(q_i)] \in R^{6\times 1}, \ i = 1, \cdots, 6, \text{且}\frac{\partial x}{\partial q} = \text{diag}\left[\frac{\partial x_i}{\partial q_i}\right] \in R^{6\times 6}; \ V_1(x), V_2(x) \in$$

$R^{6\times 6}$ 为电液比例阀到液压缸活塞两侧容腔的有效容积,分别为 $V_1(x) = V_{h1} + A_1\text{diag}[x_i]$,$V_2(x) = V_{h2} + A_2\text{diag}[x_i]$,其中 $V_{h1} = \text{diag}[V_{h1i}] \in R^{6\times 6}$,$V_{h2} = \text{diag}[V_{h2i}] \in R^{6\times 6}$,$i = 1, \cdots, 6$,它们是油缸的压力腔和回油腔的初始容积;$Q_1, Q_2 \in R^{6\times 1}$ 为流入和流出油缸腔体的流量。

其次,在不考虑电液比例阀的死区时其各关节伺服阀模型[47]为:

$$Q_1 = K_{q1}g_1(P_1, \text{sgn}(x_v))x_v \tag{8.31}$$

$$Q_2 = K_{q2}g_2(P_2, \text{sgn}(x_v))x_v \tag{8.32}$$

其中，$x_v \in R^{6\times 1}$ 为阀芯的位移；K_{q1}，$K_{q2} \in R^{6\times 6}$，$K_{q1} = \text{diag}[K_{q1i}]$，$K_{q2} = \text{diag}[K_{q2i}]$，$g_1(P_1,\ \text{sgn}(x_v))$，$g_2(P_2,\ \text{sgn}(x_v)) \in R^{6\times 6}$，$g_1(P_1,\ \text{sgn}(x_v)) = \text{diag}[g_{1i}(P_{1i},\ \text{sgn}(x_{vi}))]$；$g_2(P_2,\ \text{sgn}(x_v)) = \text{diag}[g_{2i}(P_{2i},\ \text{sgn}(x_{vi}))]$，$i = 1,\ \cdots,\ 6$。

$$g_{1i}(P_{1i},\ \text{sgn}(x_{vi})) = \begin{cases} \sqrt{P_s - P_{1i}} & x_{vi} \geqslant 0 \\ \sqrt{P_{1i} - P_r} & x_{vi} < 0 \end{cases} \quad i = 1,\ \cdots,\ 6 \quad (8.33)$$

$$g_{2i}(P_{2i},\ \text{sgn}(x_{vi})) = \begin{cases} \sqrt{P_{2i} - P_r} & x_{vi} \geqslant 0 \\ \sqrt{P_s - P_{2i}} & x_{vi} < 0 \end{cases} \quad i = 1,\ \cdots,\ 6 \quad (8.34)$$

其中，P_s 为液压系统的供油压力；P_r 为液压系统的回油压力。

比例阀阀芯位移与其线圈输入电压之间的关系为：

$$x_v = \mathbf{K}_u \mathbf{u} \quad (8.35)$$

其中，$\mathbf{K}_u = \text{diag}[\mathbf{K}_{ui}] \in R^{6\times 6}$，$\mathbf{K}_u$ 为正定对称的对角矩阵，$\mathbf{u} \in R^{6\times 1}$ 为控制电压输入矢量。

最后获得潜水器七功能液压机械手的总系统动态方程为：

$$M(\mathbf{q})\ddot{\mathbf{q}} + C(\mathbf{q},\ \dot{\mathbf{q}})\dot{\mathbf{q}} = \tau - G(\mathbf{q}) + \Delta = \text{d}(\mathbf{q})(A_1 P_1 - A_2 P_2) - G + \Delta \quad (8.36)$$

$$\frac{V_1(\mathbf{x})}{\beta_e}\dot{\mathbf{P}}_1 = -A_1\dot{\mathbf{x}} + Q_1 = -A_1\frac{\partial \mathbf{x}}{\partial \mathbf{q}}\dot{\mathbf{q}} + Q_1 \quad (8.37)$$

$$\frac{V_2(\mathbf{x})}{\beta_e}\dot{\mathbf{P}}_2 = A_2\dot{\mathbf{x}} - Q_2 = A_2\frac{\partial \mathbf{x}}{\partial \mathbf{q}}\dot{\mathbf{q}} - Q_2 \quad (8.38)$$

根据机械手的控制精度要求，可以采用常规的 PID 控制方法、前馈力矩补偿控制 + PD 控制等，也可以采用更复杂控制方法，如变结构滑模控制、自适应和 Backstepping 等控制方法。

⑤ 硬件在线测试。

典型的潜水器机械手硬件在线（hardware in the loop，HIL）试验平台可以采用主频较高的 PC、NI 6229 采集卡组成的硬件控制系统，软件平台可以采用 Matlab XPC 实时操作系统进行试验测试，如图 8.42 所示。利用这个试验平台，可以方便地对机械手系统进行完整的硬件在线性能测试。

8.2.2　热液取样器

深海热液取样器是一种深海原位保压采水装置，可以用于在深海的热液喷口处采集温度高达 400℃ 的热液样品。热液喷口周围流体具有高温、高压、强腐蚀性等特点，因此热液取样器需具有很好的密封性、耐高温性和抗腐蚀性等，典型的热液原位压取样器设计涉及以下内容[48, 49]：

（1）根据压力容器设计方法及弹性力学有限元理论，优化设计压力容腔结构尺寸，使

图 8.42　潜水器机械手 HIL 试验平台

其满足使用要求且重量较轻。采样腔体是热液取样器的关键部件之一,它在工作中要求能够承受一定的外部海水环境压力和采集到的热液样品内部压力时不能发生变形。另外,采样腔体也不能被海水或热液样品腐蚀。

(2) 采样时要求能保持样品的原位压力,因此采样阀阀体应选择高性能的材料,如钛合金 TC4,阀芯可选用高性能工程塑料 PEEK(聚醚醚酮)等类型的材料。采样阀是系统中非常重要部件之一,它在工作中要求操作方便,且能够可靠地密封热液样品。

(3) 根据计算流体动力学理论,分析采样阀内流场分布,优化流道结构,建立采样器流体系统的数学模型,模拟及试验研究影响采样时间与采样容积的因素。

热液取样器在操作时,可由潜水器上的主从机械手夹持和触发操作,通过机械手上的触发缸触发采样;通过热液取样器上内置的压缩气体保持所采集热液的原位压力基本不变;取样时热液取样器需要等压转移,通过节流口调节采样速度以实现低速采样,最大限度地减少热液中的海水夹层,以提高采样样品的纯度。

典型的深海热液取样器结构如图 8.43 所示,它主要由采样阀、采样腔、蓄能腔、充气阀、电路腔、温度探针和 ICL 线圈等组成;其中,采样腔、蓄能腔以及采样阀等大多采用高强度 TC4 钛合金材料制造。

采样前,热液取样器的蓄能腔需预先充满高压氮气,氮气气压约为待采样样品压力的 1/10,并在采样腔活塞与蓄能腔活塞之间注入干净的蒸馏水。采样时,操作人员操纵机械手抓举起放置在潜水器艏部采样篮中的热液采样器,并伸向热液口,采样器前端安装有温度探针,热液温度实时数据通过 ICL 线圈传输给操作人员。操作员在找到采样点后启动机械手手爪上的触发油缸,进而开启采样器上的采样阀,热液样品在自身压力作用下注入采样腔,同时推动采样腔活塞向后运动,进而压缩蓄能腔中的预压氮气,最终达到氮气压力和外部海水的压力平衡。采样完成后,操作人员即可关闭触发油缸和采样阀。在潜水器上浮过程中,蓄能腔中的气体压力可以有效地补偿腔体受内压形变及系统泄漏造成的压力损失。潜水器返回甲板后,将采样阀一端高压泵连通,开启采样阀即可得到持续保压的热液样品[50]。图 8.44 所示是典型的热液保压取样器的实物图。

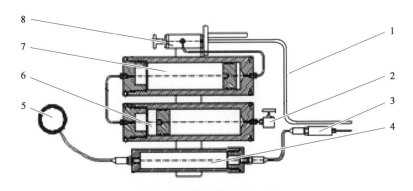

图 8.43　热液保压取样器总体构成

1—采样管;2—充气阀;3—温度探针;4—电路腔;5—ICL 线圈;6—蓄能腔;7—采样腔;8—采样阀

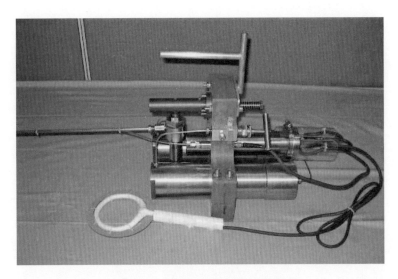

图 8.44　典型热液取样器外形结构

8.2.3　沉积物取样器

沉积物取样器是搭载在潜水器上用于采集和保持深海海底原位压力和温度的一种便携式沉积物采样装置,沉积物取样器必须具有保温保压的功能,以保持沉积物的原始组分和沉积物的原位状态。典型的沉积物取样器应该具有下列特性[50]:

(1) 在样品取样过程中,沉积物取样器应尽可能少地扰动原位沉积物;

(2) 沉积物取样器必须能够保持沉积物的原位压力,在潜水器上浮过程中,原位压力的损失必须维持在很低的水平;目前一般的做法是采用自补偿保压技术,保证在沉积物取样器采样腔壳体内外压差变化时具有压力自动补偿的能力;

(3) 沉积物取样器具有原位温度保持功能,以保护原位的微生物;可以采用主动或者被动保温的方式。

(4) 沉积物取样器在甲板上转移样品时,必须能够维持原位压力的不变性,因此需要额外的装置来辅助转移样品。

典型的海底沉积物取样器的结构见图 8.45 所示,它由搭载在潜水器上的机械手进行夹持与操作。直接对海底表层沉积物进行原位保真采样,取样器自带的压力补偿器可以保持样品压力;通过取样器上的隔热材料镀层进行被动保温。图 8.46 所示是典型沉积物保真取样器样机实物图。

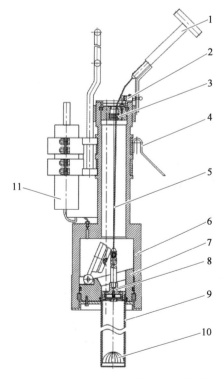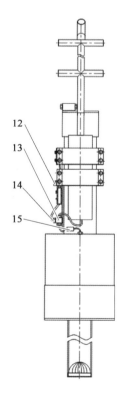

图 8.45　海底沉积物取样器结构图

1—样品转移拉手;2—三通截止阀;3—上端盖;4—挂钩;5—钢缆;6—保压筒;7—下端盖;8—衬筒上盖;
9—采样衬筒;10—花瓣;11—蓄能器;12—压力表;13—三通截止阀;14—管接头;15—单向阀

图 8.46　7 000 m 沉积物保真取样器样机实物

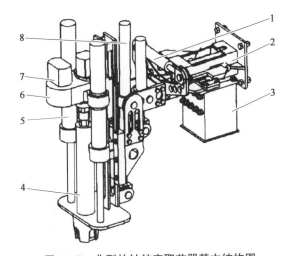

图 8.47　典型的钻结壳取芯器基本结构图

1—调姿机构;2—抛弃机构;3—控制阀箱;4—钻具;
5—推进机构;6—钻进动力头;7—供水系统;8—补偿机构

8.2.4　钻结壳取芯器

钻结壳取芯器主要用于钻取海底矿物样品,以便科技人员勘探海底矿产的类型、形态和丰度等。典型钻结壳取芯器结构[51]及组成如图 8.47 所示,它由钻进系统(回转机构、推进机构、钻具、供水系统)、辅助系统(调角变位机构、补偿机构、整机抛弃机构)、控制系统(控制器、液压阀箱、传感器)三部分组成。在钻孔时卡住或被缠绕的异常情况下,取芯器整套机构可以通过抛弃机构将它丢弃,以保护潜水器的安全。

钻结壳取芯器通过接口板安装在载人潜水器前部横梁上,随潜水器下水至预定深度,操纵员选择适合地点操纵潜水器坐底,根据海底的地形,操纵监控器先调整取芯器的钻孔角度,然后将取芯器下移,使扶杆及定孔位装置顶至岩面,再进行钻取岩芯作业,可通过监视器观察钻孔深度,钻孔到位后操纵取芯器拔断岩芯,最后将取芯器收回原位。潜水器返回甲板后,可将钻头取下,并从中取出岩芯,编录登记后入库保存。图 8.48 所示是典型的钻结壳取芯器液压控制原理图,图 8.49 所示是典型的钻结壳取芯器的实物图。

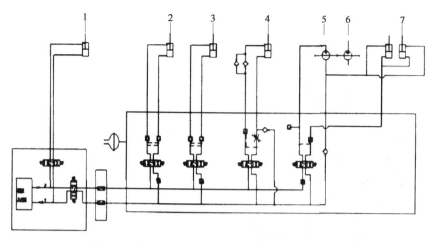

图 8.48 典型的钻结壳取芯器液压控制回路示意图

1—整体脱离油缸;2—x 向调整油缸;3—y 向调整油缸;4—推补油缸;5—回转马达;
6—冲洗水泵;7—推进油缸

图 8.49 典型的钻结壳取芯器实物图

参考文献

［1］ Kohnen W. Review of Deep Ocean Manned Submersible Activity in 2013[J]. Marine Technology Society, 2013, 47(5): 56 - 68.

［2］ Russell B, Wynna V A I, Huvennea T P, et al. Autonomous Underwater Vehicles (AUVs): their past, present and future contributions to the advancement of marine geoscience[J]. Marine Geology, 2014, 352: 451 - 468.

［3］ 蒋新松,封锡盛,王棣棠.水下机器人[M].沈阳:辽宁科学出版社,2000.

［4］ 米特里耶夫 A H. 深潜器设计[M]. 陵水舟，译. 北京：国防工业出版社，1978.

［5］ 张铁栋. 潜水器设计原理[M]. 哈尔滨：哈尔滨工程大学出版社，2011.

［6］ 陈鹰，杨灿军，顾临怡. 基于载人潜水器的深海资源勘探作业技术研究[J]. 机械工程学报，2003，11：38-42.

［7］ 陈鹰. 海底热液科学考察中的机电装备技术[J]. 机械工程学报，2003，38(增刊)：207-211.

［8］ 晏勇，马培荪，王道炎，等. 深海 ROV 及其作业系统综述[J]. 机器人，2005，27(1)：82-89.

［9］ 腾宇浩，张将，刘健. 水下机器人多功能作业工具包[J]. 机器人，2002，24(6)：492-496.

［10］ 王峰. 基于海水压力的水下液压系统关键技术研究[D]. 杭州：浙江大学，2009.

［11］ 廖漠圣. 液压技术在海洋开发机器上的应用前景[J]. 海洋技术，1995，14(4)：96-99.

［12］ 吴世海，邱中梁. 深海载人潜水器液压系统研究[J]. 液压与气动，2004，6：54-56.

［13］ 曹学鹏，王晓娟，邓斌，等. 深海液压动力源发展现状及关键技术[J]. 海洋通报，2013，29(4)：466-471.

［14］ 路甬祥. 液压气动技术手册[M]. 北京：机械工业出版社，2002.

［15］ 王积伟，章宏甲，黄宜. 液压与气压传动[M]. 北京：机械工业出版社，2016.

［16］ 顾临怡，罗高生，周锋，等. 深海水下液压技术的发展与展望[J]. 液压与气动，2013，12：1-7.

［17］ 邱中梁. 海水液压技术在潜水器上的应用现状和发展趋势[J]. 液压传动与控制，2009，3(34)：1-4.

［18］ 于延凯，孙斌，李一平，等. 液压系统在水下机器人中的应用[J]. 液压与气动，2002，11：24-25.

［19］ 李延民. 潜器外置设备液压系统的压力补偿研究[D]. 杭州：浙江大学，2005.

［20］ 周锋. 深海 ROV 液压推进系统的稳定性和控制方法研究[D]. 杭州：浙江大学，2015.

［21］ 陶军，陈宗恒. "海马"号无人遥控潜水器的研制与应用[J]. 工程研究——跨学科视野中的工程，2016，8(2)：185-191.

［22］ 平伟，马夏飞，等. "海马"号无人遥控潜水器[J]. 舰船科学技术，2017，8(39)：138-145.

［23］ 吕超，崔维成，刘爽，等. 面向深海潜水器的液压技术发展现状[J]. 液压与气动，2015，2：42-46.

［24］ 邱中梁，汤国伟. 7 000 米深海液压系统设计研究[J]. 液压与气动，2006，8：6-8.

［25］ 邱中梁，胡晓函，焦慧锋，等. "蛟龙号"载人潜水器液压系统设计研究[J]. 液压与气动，2014，2：44-46.

［26］ 晏勇，马培荪，王道炎，等. 深海 ROV 及其作业系统综述[J]. 机器人，2005，27(1)：82-89.

［27］ 腾宇浩，张将，刘健. 水下机器人多功能作业工具包[J]. 机器人，2002，24(6)：492-496.

［28］ 孟庆鑫，张铭钧，等. 水下作业机械手的研究与发展[J]. 海洋技术，1995，14(4)：108-111.

［29］ 马夏飞. 主从式多功能水下机械手结构设计要点浅析[J]. 海洋技术，1991，10(4)：60-65.

［30］ 王清梅，王秀莲，孙斌，等. 水下主从伺服液压机械手控制系统设计[J]. 液压与气动，2013，11：33-36.

［31］ 克来格. 机器人学导论[M]. 贠超，等，译. 北京：机械工业出版社，2006.

［32］ Ziegler J G, Nichols N B. Optimum Settings for Automatic Controllers[J]. IEEE Transactions of the ASME, 1942, 11：759-768.

［33］ Aidan O D. Handbook of PI and PID Controller Tuning Rules[M]. London：Imperial College Press, 2006.

［34］ Good M C, Sewwt L M, Strobel K L. Dynamic Models for Control System Design of Integrated Robot and Drive Systems[J]. Asme Transaction Journal of Dynamic Systems and Measurement

Control B, 1985, 107(1): 53 - 59.

[35] Luh J Y S. An Anatomy of Industrial Robots and Their Controls[J]. IEEE Tans actions on Automation Control, 1983, 28(2): 133 - 153.

[36] Rivin E I. Mechanical Design of Robots[M]. ST. LUOIS: MCGRAW - HILL, 1988.

[37] Khosla P K. Some Experimental Results on Model-Based Control Schemes[J]. IEEE Conference on Robotics and Automation, 1988, 3: 1380 - 1385.

[38] Khatib O. A unified approach for motion and force control of robot manipulators: the operational space formulation[J]. IEEE Journal of Robotics and Automation, 1987, 3(1): 43 - 53.

[39] Guan C, Zhu S. Adaptive time-varying sliding mode control for hydraulic servo system[J]. 8th International Conference Control. Automation Robotics and Vision, Kunming, 2005, 3: 1774 - 1779.

[40] Luenberger D G. High Gain Observer for Structured Multi-Output Nonlinear Systems[J]. IEEE Transactions on Automatic Control, 2010, 55(4): 987 - 992.

[41] 罗高生, 顾临怡, 李林. 基于鲁棒观测器的肘关节鲁棒自适应控制[J]. 浙江大学学报(工学版), 2014, 10: 1758 - 1766.

[42] 罗高生. 深海七功能主从液压机械手及其非线性鲁棒控制方法研究[D]. 杭州: 浙江大学, 2013.

[43] Spong M W, Vidyasagar M. Robot Dynamics and Control[M]. New York: Joh Wiley & Sons, 1989.

[44] Huang L. A Concise Introduction to Mechanics of Rigid Bodies[M]. NewYork: Springer, 2011.

[45] Luh J Y S, Walker M W, Paul R P C. Resolved acceleration control of mechanical manipulators. IEEE Trans actions on Automatic Contr, 1980, 25(3): 468 - 474.

[46] Ortega R, Spong M W. Adaptive motion control of rigid robts: A tutorial[J]. Automatica, 1989, 25(6): 877 - 888.

[47] Merrit H E. Hydraulic Control Systems[M]. New York: Willey, 1967.

[48] 刘伟. 深海热液保压采样器的关键技术研究[D]. 杭州: 浙江大学, 2007.

[49] 潘金伟. 深海热液多腔取样器的开发设计[D]. 青岛: 青岛科技大学, 2015.

[50] 秦华伟, 陈鹰, 等. 海底沉积物保真采样技术研究进展[J]. 热带海洋学报, 2009, 28(4): 42 - 48.

[51] 万步炎, 章光, 黄筱军. 7 000 m 载人潜水器的配套钻结壳取芯器[J]. 有色金属, 2009, 61(4): 138 - 142.

第 9 章　载人潜水器的生命支持系统

为了给载人潜水器的乘员创造一个良好的工作和生存环境,必须配备相应的生命支持系统对乘员舱的大气环境参数进行有效控制。其中以氧气供应和二氧化碳清除最为关键,舱室压力、温度、湿度也是和环境密切相关的参数,舱室除湿和除异味也必须给予重视。从对生命支持的可靠性要求以及乘员的安全性出发,生命支持系统还必须包含应急装置,以作为处置应急情况的手段,这对正常工作的装置是一种冗余备份。

载人潜水器中载人舱内的生命支持系统主要通过调节耐压载人舱内的氧气浓度,清除舱室环境气体中的异味、二氧化碳以及湿气,监测舱室压力、湿度和温度等,为舱内人员提供一个合适良好的生存环境。

本章的材料主要是基于“蛟龙”号[1-3]和“彩虹鱼”号载人潜水器的生命支持系统的设计资料而编写,该生命支持系统是针对内径为 2.1 m 的密封载人耐压球舱,乘员数为 3 名的情况进行设计的。

9.1　生命支持系统的主要技术指标和性能要求

1)主要技术指标

生命支持总时间为:3 人×84 h＝252 人•h;

其中,正常工作生命支持时间达:3 人×12 h＝36 人•h;

　　　　应急开放式工作生命支持时间达:3 人×60 h＝180 人•h;

　　　　应急口鼻面罩式生命支持时间达:3 人×12 h＝36 人•h;

耐压载人球壳内氧浓度控制范围:17%～23%;

耐压载人球壳内二氧化碳浓度的控制范围:<0.5%(正常工作状态);

　　　　　　　　　　　　　　　　　　　　<1.0%(应急工作状态);

任务可靠性 MTBCF ≥1 430 h;

系统总重量≤260 kg;总体积≤0.4 m³;总功率≤200 W。

2)主要性能要求

具有正常供氧、应急供氧和口鼻面罩式供氧三套相对独立的装置。其中正常开放式供氧和应急开放式供氧又能旁通,互为冗余。当自动供氧发生故障时,可改用手动补氧。两套二氧化碳吸收装置也互为备用。

氧浓度、二氧化碳浓度、舱室压力、温度、湿度仪表有 4～20 mA 电流模拟信号输出接口,可将这五路信号传给舱内综合显控计算机显示。

氧浓度仪表的监测范围覆盖 0～25%,显示分辨率不低于 0.1%,精度不低于±1%(F.S.),并具有输出控制信号和声光报警功能。

二氧化碳浓度仪表的监测范围覆盖 0～1.2%,显示分辨率不低于 0.01%,精度不低于±3%(F.S.),并具有声光报警功能。

舱室压力计监测覆盖50～200 kPa,数字显示压力计显示分辨率不低于0.1 kPa,精度不低于±1%(F.S.),并具有声光报警功能;机械式压力表显示分辨率不低于1 kPa,精度不低于±1.5%(F.S.)。

舱室温度计监测覆盖－10～65℃,显示分辨率不低于0.1℃,精度不低于±2%(F.S.)。

舱室湿度计监测覆盖40%～99%,显示分辨率不低于0.1%,精度不低于±3%(F.S.)。

氧浓度和二氧化碳浓度测量仪表各为2套。

9.2 生命支持系统的组成和工作原理

生命支持系统的组成框图如图9.1所示。从该框图来看,它由正常和应急开放式供氧、二氧化碳吸收装置等两套相对独立的设备和一套应急口鼻面罩式呼吸装置组成。正常开放式和应急开放式供氧装置在原理和结构上是完全相同的,只是应急开放式供氧装置的氧气储量要多一些,为了能满足支持更长的时间;而二氧化碳吸收时间的增加是通过

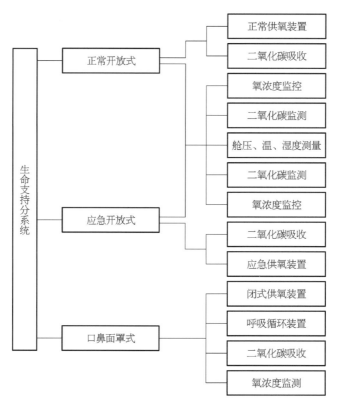

图9.1 生命支持分系统组成框图

更换吸收剂来达到。氧浓度、二氧化碳浓度、舱室压力、温度、湿度的监测(对氧浓度还有控制)仪表对二套开放式系统是公用的,其中氧浓度和二氧化碳浓度仪表各有两套,可互为备份。舱室压力仪表有一台数字式,另一台机械式作为备份。

当舱内环境气体受到污染,不适合开放式呼吸,则可使用应急口鼻面罩式呼吸装置,它包括供氧装置、呼吸循环装置、二氧化碳吸收和氧浓度监测。

供氧装置的作用就是及时持续地补充乘员舱内因乘员活动而消耗掉的氧气。为此首先要有合适的氧源。目前采用的是物理储存的方法,即把氧气事先储存在高压氧气瓶中,作为生命支持的氧源。气瓶里的氧气压力通常有 10～13 MPa,这样高的压力在控制使用上并不方便,容易造成大气环境中氧浓度的波动和氧浓度分布的不均匀;所以,必须使用一个减压阀将它减为 0.2 MPa 左右的低压氧气。为了能自动控制乘员舱内的氧浓度,可先将低压氧气送至一个电磁组合阀。组合阀内有一个常开阀和一个常闭阀,控制器根据氧浓度传感器的检测信号和设定的氧浓度控制范围来操作电磁阀的开闭。当舱内氧浓度低于要求时,将常闭电磁阀打开,增加氧气流量;当氧浓度高于要求时,关闭常开阀,从而达到自动调整舱室氧浓度的目的。流过电磁阀的氧气再通过一个流量计后弥散到乘员舱的大气环境中。流量计的作用是可以实时了解实际的氧气补充流量。

为了操作使用的便利,在氧源的后面和减压阀的后面分别接有截止阀,用来控制高压和低压氧气的输出。这两个截止阀的后面分别接有两个氧气压力表,用于监测氧源压力和供氧压力。开放式供氧装置的工作原理框图如图 9.2 所示。

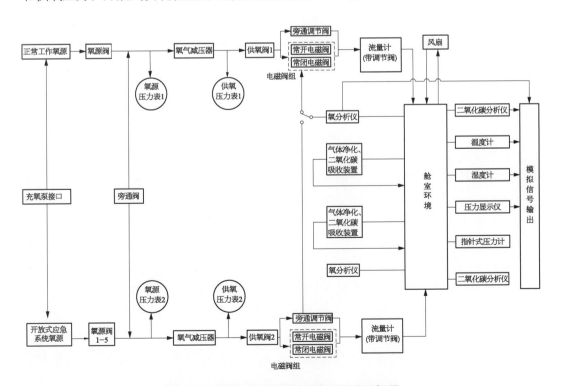

图 9.2　正常和应急开放式供氧工作原理框图

二氧化碳是乘员呼吸代谢的产物,必须及时清除。清除二氧化碳的方法有多种,比如用消耗性吸收剂进行清除。常用的吸收剂包含有碱石灰(如钙石灰、钡石灰)、超氧化钠(钾)和无水氢氧化锂等固态二氧化碳吸收剂。氢氧化锂和碱性类石灰相比,它的单位重量吸收率要高许多,并且在低温和潮湿条件下的吸收性能也更稳定。"蛟龙"号和"彩虹鱼"号载人潜水器上采用的二氧化碳吸收剂就是氢氧化锂。

无水氢氧化锂吸收二氧化碳的化学反应式是:

$$2LiOH + CO_2 \rightarrow Li_2CO_3 + H_2O + Q$$

无水氢氧化锂首先会与舱室内气体中的水汽发生反应,生成带结晶水的氢氧化锂($LiOH \cdot H_2O$),$LiOH \cdot H_2O$再与气体中的二氧化碳发生反应,生成碳酸锂(Li_2CO_3)。这个反应是放热反应,1 kg 的二氧化碳与氢氧化锂反应的产热量为 2 044.8 kJ。生成的热可使生成水汽化,汽化水又进一步使氢氧化锂水化。无水氢氧化锂吸收水汽发生的水化反应和结晶水氢氧化锂吸收二氧化碳发生的化学反应发生在同一反应带里。水化不足或过早水化,都会引起氢氧化锂吸收效率的降低。室温下,空气相对湿度为 50%～70% 时,反应能够很好地开始和维持。

从理论上讲,1 kg 氢氧化锂能吸收 0.919 kg 二氧化碳,但实际上是不可能达到这个数值的,因为氢氧化锂的反应效率不可能达到 100%,通常实际应用时可取 80% 作为氢氧化锂的反应效率。

选定了吸收剂后,还必须要有一个合适的装置才能投入正常使用。因为氢氧化锂是一种强碱性物质,它的原料为粉末状,作为吸收剂使用的产品通常都压制成具有一定粒径大小的颗粒,这些颗粒的质地比较轻软,易破碎产生粉尘,这对人的眼睛、皮肤及呼吸道都有很强的刺激性,所以在吸收装置中设有一层特殊的过滤层,能有效滤去这些粉尘。

要取得很好的吸收效果,需要有一个合适的装置,使得被处理的气体流过吸收装置时,跟装置里的吸收剂充分作用,净化后的气体再通过过滤层,滤除气体中的固体微粒后返回到乘员舱的大气环境中。吸收装置需要一个风机,用来抽取被处理气体,造成气体在装置中流动所需的风压。

应急供氧装置是针对潜水器和乘员舱内出现非正常情况而考虑的。非正常情况可分为两种。一种是潜水器因某种原因无法在预定的时间内回收到支持母船甲板上,而原来正常供氧装置的氧源已耗尽;或是供氧装置发生故障,无法继续供氧;此时乘员舱内的大气环境还是正常的;这种情况下的应急供氧装置可以采用和正常供氧同样的设备,同样的工作原理,这里不再重复论述,只是它的氧源要比正常供氧装置的大得多。另一种非正常情况是乘员舱内因某种原因造成舱内大气环境严重污染,无法再继续用于呼吸;这种情况下的应急供氧装置应该营造一个封闭的小环境用来维持乘员的呼吸;它和乘员舱内的大气环境是隔绝的,所以可称为闭式呼吸装置,又因闭式呼吸装置通常通过口鼻面罩和乘员接口,所以又可称为口鼻面罩式呼吸装置。生命支持系统也配备一套口鼻面罩式呼吸装置作为应急呼吸之用。

口鼻面罩式呼吸装置中应该有作为呼吸载体用的气体,在正常供氧装置中是利用乘员舱内的空气,在应急装置中也是使用空气。应急装置内部应该有一定的气体容积,如果容积过小,会造成因补氧而引起的氧浓度变化变大,也会使呼吸阻力增大。兼顾到装置的体积和使用的要求,应急装置中设置一个橡胶呼吸袋来提供一定的气体容积。在开始使用时,先充入一半左右的空气作呼吸载体。应急装置有自己的氧源,也是储存在高压气瓶中的氧气。高压氧气通过减压后进入呼吸袋。乘员通过口鼻面罩的吸气软管连接到呼吸袋吸入含氧空气,口鼻面罩上的另一根呼气软管则连到一个二氧化碳吸收罐,二氧化碳的吸收原理和前面的类似,但这里没有风机来作气体循环,气体的流动循环完全是靠人呼吸的肺动力产生。为了防止吸气管和呼气管中的气体倒流,在这两根软管中分别设置了单向阀。呼出的气体经清除二氧化碳后再回到呼吸袋中供循环。在应急装置中,补氧的控制是自动进行的,它通过一个减压器组件来完成。该组件有三个功能:一是将高压氧气减压为 0.4 MPa 左右的低压氧气;二是以调定的流量向呼吸袋内补充氧气;三是当定量补充的氧气小于呼吸消耗的氧气,使得呼吸袋内的压力下降时,能向呼吸袋内瞬时大流量补氧,从而使氧浓度维持在正常范围。由于呼吸袋为橡胶制品,所以设有安全排气阀,它的安全设定值低于呼吸袋的爆裂值,以保护呼吸袋。呼吸袋内的氧浓度可由便携式测氧仪监测,但测氧仪不参与氧浓度的控制调节。应急口鼻面罩式呼吸装置的工作原理框图见图 9.3 所示。

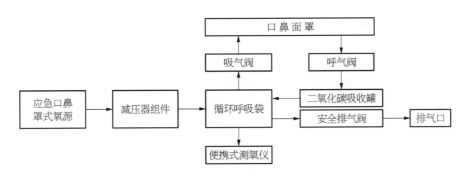

图 9.3　应急口鼻面罩式呼吸装置的工作原理框图

9.3　生命支持系统的设计要点

由于潜水器的载人舱球壳上除了电气的水密连接器穿舱件外,没有任何其他的管路穿舱件,因此氧气瓶只能布置在载人舱内。参照中国船级社 1996 年版《潜水系统和潜水器入级与建造规范》中的相关规定:"放置在载人舱室内的任一单一氧气源的总容积应限制在如下范围内,即从源内的非正常泄漏不会使舱内的压力升高值超过 0.1 MPa,也不会使舱内的氧气浓度超过 25%，可由计算来加以验证"[4]，所以每只氧气瓶的容积应受到限制。由计算得到每个气瓶的储气量应不超过 1.576 L，因此选用了容积为 1.3 L 的氧气瓶，它采用合金钢材料，是整体成型无缝气瓶，工作压力为 20 MPa。它是为某装具配套的定型产品。出厂前每只气瓶都要进行工作压力气密试验和 1.5 倍工作压力水压试验，具有耐用可靠、重量轻、防腐性能好等特点。设计使用压力为 12.1 MPa，因此在耐压方面还有很大的裕量。

瓶阀选用专业工厂的定型产品 QF-21C 型，它已广泛应用于矿山抢险、公安消防、水下作业等行业使用的小型气瓶上。除了具有体积小、重量轻、开关轻巧的特点外，表面还经过耐腐蚀处理。同时，针对一般阀门长期使用后开启时易发生气体沿阀杆向外泄漏的现象，在结构上加强了密封措施，比较适合在载人舱这样的密闭环境中使用。

截止阀选用美国 SWAJELOCK 公司生产的 B-1RS6MM-A 型，它具有体积紧凑、密封性能好、工作可靠、开关手感轻巧的特点，也是该类截止阀中的国际知名产品。

委托专业单位制造电磁流量阀组件。该组件由两只电磁阀组成，其中主供氧电磁阀为常开式，辅助供氧电磁阀为常闭式。正常情况下由主供氧电磁阀供氧。当氧浓度低于下限设定值时，辅助供氧电磁阀打开增加供氧。当氧浓度高于上限设定值时，关闭主供氧阀，停止供氧，待舱内氧气消耗使供氧浓度降至正常范围内时再恢复供氧。为提高安全可靠性，在电磁流量阀旁并接一个手动针型控制阀，当电磁阀发生故障时可改用手动控制供氧方式。

管路连接采用 B-6MO-3 型双卡套密封连接接头，装拆方便快捷，密封可靠，防腐性能好。

供氧装置具有相互独立的两套，可通过旁通阀方便地进行切换，起到相互冗余的作用。

吸收装置的作用是要使二氧化碳与吸收剂之间有尽可能大的接触面积，同时也要使它们之间有合适的作用时间，即气道阻力的大小要合适。阻力太小，作用时间不够，会使吸收效率下降；阻力太大，单位时间内处理的二氧化碳量达不到要求也不行。因此，针对载人舱的使用环境和空间条件，先设计了两种圆柱形的、风道直径和长度不同的吸收装置进行对比试验，根据试验的结果设计吸收装置的结构。最下面是风机，起到增强二氧化碳和吸收剂的接触、促使气体循环流动、提高吸收效果的作用；中间是二氧化碳吸收剂；上面放置活性炭，用来去除舱室内的异味；吸收装置为装配式结构，便于使用时更换药剂。

为过滤吸收剂内的少量粉尘，在吸收罐的进出两个端面上，还装有一层微孔过滤材料，起到滤去粉尘的作用。

风机的选用主要考虑要有一定风压和送风量，以及要满足低噪声和低功耗的要求。

口鼻面罩式呼吸装置的设计关键之一就是要减小呼吸阻力。如果呼吸阻力过大，时间一长，乘员势必无法支持。目前设计的口鼻面罩式呼吸装置借鉴了国外新型大深度潜水装具的技术原理，采用了自动肺技术。口鼻面罩式呼吸装置由一级减压器和二级供气调节器等部件组成。从气瓶提供的高压氧气经一级减压器降至 0.4 MPa 左右，再经过供气调节器以设定的流量进行持续供氧。当呼吸袋的内压达到 -100～-300 Pa 时，供气调节器以 60 L/min 的流量迅速补充进入呼吸袋内,使负压消失,从而不致感觉到明显的呼吸阻力。同时,呼吸装置内的二氧化碳吸收罐设计成大通径、短流程,既保证二氧化碳气体的充分吸收,也尽可能减小呼吸阻力。

呼吸装置内呼吸袋的容积应尽可能大一些,各连通管系均采用大口径软管以增加容气量,这样的容积空间起着缓冲乘员呼吸时引起的气压变化,降低了乘员长时间呼吸所消耗的呼吸功,使乘员在呼吸时,主观感觉舒畅、轻松。呼吸装置内选用了低阻的单向进、排气阀膜片,使呼吸气体定向流动,保证了乘员的呼吸质量和安全。

水下的低温环境和乘员的呼吸及人体皮肤的蒸发使舱室的湿度大大增加,这不仅对舱内的仪器设备造成一定的危害,也影响到乘员的舒适感。除湿的手段可分为主动式和被动式。主动式是指通过制冷将空气中的水汽冷凝析出,由于受体积、重量、功耗等因素的限制,主动除湿无法在潜水器执行任务时使用;被动式就是指采用除湿剂,除湿剂的种类很多,如硅胶、活性矿石和纤维干燥剂等。相对通常除湿剂的使用场合而言,潜水器的一次使用时间较短,但产湿量大。因此选择除湿剂的原则主要是考虑除湿速率和单位重量的除湿量,其中除湿速率更为重要。除除湿剂本身外,包装材料对除湿效果也会有影响,主要是透水性能要好。

为了去除舱内的异味和其他有害气体,在二氧化碳吸收装置中放置了一定数量的活性炭。根据使用的实际效果,还可以适当调整活性炭的用量。

9.4　生命支持系统的建造情况

鉴于生命支持系统的安全性与可靠性会直接关系到载人舱内成员的生命安全,因此生命支持系统不仅要解决好在狭小密闭空间中的持续、平稳、均匀供氧和高效二氧化碳吸收这两个关键技术,同时系统还必须具有很好的工作可靠性和使用安全性。我国在供氧和二氧化碳吸收关键技术攻关、设备单项试验、有人模拟试验的基础上,建造了一套生命支持系统样机,在 1:1 钢质载人球舱内,进行了三人连续 12 h 的考核试验。通过试验,一方面确认了解决关键技术的有效性,另一方面从工程产品的使用角度出发,尽早发现存在的不足。在此基础上,改进建造了生命支持系统的全套装置。

从生命支持系统在乘员舱内的安装布置来看,可分为气瓶组、供氧装置操作面板、环境参数显示控制面板、二氧化碳吸收装置、口鼻面罩式呼吸装置等部分。

1) 气瓶组

气瓶组位于乘员舱内后部中间下方,共有 43 个氧气瓶,外观为蓝色;2 个空气瓶,外观为黑色。每个气瓶上都有瓶阀。气瓶从上到下排成 7 排,最高的第 1 排有 7 个氧气瓶,是正常开放式供氧的氧源,第 2、3 两排,每排有 6 个氧气瓶和最左边的 1 个空气瓶。其余

图 9.4　气瓶组实物装配图

4排每排有6个氧气瓶,每排组成一路氧源。第2排是应急口鼻面罩式呼吸装置的氧源。第3—7排是应急开放式供氧的五路氧源。2个空气瓶并联使用,通往口鼻面罩式呼吸装置的呼吸袋。气瓶组实物装配效果图见图9.4。

舱内氧气瓶的布置安装在样机的基础上又作了进一步的优化调整,主要是要充分利用载人球壳的曲面空间,要有利于输气管系的走向,有利于加装面板装饰,最大限度腾出空间。

2) 供氧装置操作面板

供氧装置操作面板位于乘员舱后部左舷一侧下方,包括了正常开放式和应急开放式两套供氧装置。操作面板上安装的设备有氧源阀(开放式共有六路氧源,每一路氧源1个阀)、氧源压力表、减压器、供氧阀、供氧压力表、电磁阀、手动旁通阀、流量计(带节流阀)。两套供氧装置之间还有1个旁通阀,用来切换供氧管路,达到互为冗余的目的。此外,操作面板上还有1个充氧接口和3个分别对应给正常开放式、应急开放式、应急口鼻面罩式氧源充氧的充氧阀,供氧装置操作面板实物效果图见图9.5。

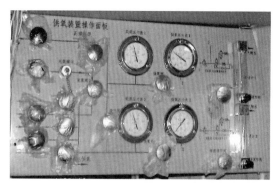

图 9.5　供氧装置操作面板实物图

图 9.6　环境参数显示控制面板实物图

3) 环境参数显示控制面板

环境参数显示控制面板位于乘员舱内后部气瓶组的上方,包括1个八路的数据显示控制器、2个二氧化碳传感器和2个与其相应的变送器、1个舱室压力传感器和1个与其相应的变送器、1个舱室温度传感器和1个对应的变送器、1个舱室湿度传感器和1个对应的变送器。其中,湿度传感器及其变送器都装在显控面板的后面。2个氧浓度传感器和变送器安放在乘员舱的前部,通过电缆连到显控面板上。2台环境风机和1个机械式的舱室压力表装在显控面板的上方。显控面板上还有环境风机和2台二氧化碳吸收装置的启动开关,以及2台氧浓度仪表的切换开关、2台二氧化碳浓度仪表的切换开关、对正常供氧和应急供氧通路电磁阀的控制切换开关、声报警切除开关。光报警显示和声报警蜂鸣器也在显控面板上。环境参数显示控制面板下端装有 1 对铰链，拆除面板上的固定螺钉后，整个面板可以朝下翻转，以方便检修。环境参数显示控制面板实物效果图见图 9.6。

舱内的氧浓度、二氧化碳浓度检测仪表在样机的基础上可提升改进。原来选用的是国产仪表，使用过程中发现性能不稳定，经常需要调整。尤其是二氧化碳浓度仪表，零位漂移比较明显。为了确保其可靠性和使用性能，原来的国产仪表现在全部被替换成美国公司的产品。氧浓度的控制、报警，二氧化碳浓度和舱室压力的报警，原来都是由各台仪表分别完成的，它们各自的显示格式、控制和报警设定的方法都不一样，操作使用不方便；现在改由一台智能化的环境参数控制显示仪来完成，不仅操作使用方便，而且耐环境湿度、防护等级等方面都比以前有较大提高，同时总的占用空间也比以前明显减小。

4）二氧化碳吸收装置

二氧化碳吸收装置共有 2 台，分别位于乘员舱后部气瓶组左右两侧下方。通过夹头和钢带扣固定在舱内后部设备支架的 2 根立柱上，可以很方便地装拆，便于安放和更换吸收剂。二氧化碳吸收装置（图 9.7）是一圆柱体，为两段结构：下面装有风机，上面安放吸收剂和活性炭。2 个二氧化碳吸收装置的结构是完全一样的，可以互为备用。它们的操作控制开关在显控面板上。每更换一次吸收剂可连续使用 12 h。

对二氧化碳吸收装置的动力作了改进，由原来的风扇改为风机，使气流较为平缓，取消了原来下部的锥台设计，进一步降低了噪声。安装也由原来的地板上固定改成用钢带固定在立柱上，腾出舱内地板上的空间，使舱内人员能伸脚。

图 9.7　二氧化碳吸收装置

图 9.8　口鼻式面罩呼吸装置

5）口鼻面罩式呼吸装置

口鼻面罩式呼吸装置位于乘员舱后部右舷一侧上方，其实物见图 9.8，它包括 3 个口鼻式面罩以及与之相连的吸气管和呼气管、装置的操作面板上装有氧源压力表和气源压力表、氧源阀、供氧阀、气源阀、供气阀、空气瓶充气接口以及便携式氧分析仪,在面板后面有呼吸袋、减压器组件、安全阀,二氧化碳吸收罐及其管路位于装置操作面板下方,为旋转式装拆结构,也可以方便地安放和更换吸收剂。

舱内除湿方面,通过对硅胶、活性矿石和纤维干燥剂等多种材料进行了十多次模拟对比试验后,最终选定了无纺布包装的纤维干燥剂(图9.9)。经试验表明,可以满足设计的要求。

图 9.9　纤维干燥剂

在舱内除异味方面,调整了活性炭的用量,由原来的每次 1.1 kg 增加到 1.5 kg 左右,基本能满足使用要求。

9.5　生命支持系统的运行考核情况

生命支持装置研制完成后,在载人舱内进行了载有三人的运行考核试验,考核现场见图 9.10。

在连续 12 h 开放式装置的试验过程中,氧浓度始终保持在 20.4%～21.3%,表明情况非常好。二氧化碳浓度在开始时稍高,这是因为试验前参试人员在舱内加湿未开启吸收装置,试验开始后便很快降至正常范围。试验过程中,二氧化碳浓度一直低于 0.3%。到试验结束时,气瓶内还存有约 30% 的氧气;因此,从工程使用的角度来看,无论是氧气还是二氧化碳吸收剂都还有相当的裕量。

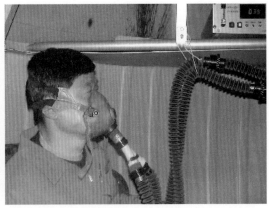

图 9.10　生命支持系统运行考核现场

舱内压力在整个试验期间的波动范围不大(102.4~103.9 kPa),至第 4.5 h 达到最高值,此后略有下降。

舱内温度从试验开始后一直呈上升趋势,达到基本稳定后大约比舱外温度高 14℃左右。

舱内湿度在除湿剂的作用下,能从开始时 73.3% 较快地下降到 68% 左右。整个试验过程中,舱内湿度有波动,但都能保持在 70% 以下。

生命支持系统的噪声主要是由二氧化碳吸收装置风机和环境风机所产生。由于优化了吸收装置风机的选型设计并采取了一些降噪措施,使二氧化碳吸收装置的噪声有明显改善,由以前的 62~63 dB 降到不超过 55 dB。

在口鼻面罩式呼吸装置试验中,通过更换试验人员做满了 12 h 的试验。参试人员对适用性的评价始终是呼吸正常或呼吸稍微用力,没有感到呼吸用力或比较费劲,能够适合乘员长时间使用的要求。

应急和正常开放式的互为冗余功能以及手动对自动控制的冗余功能经试验表明均正常,且切换方便、迅捷可靠,可以满足实际使用的需要。

五路环境参数的数据信号能实时传送给潜水器舱内的综合显控计算机,能做到准确地采集、储存、显示这些参数,符合设计要求。

迄今为止,生命支持系统在随后的潜水器联调和水池试验过程中,已参加了 50 多次的试验,累计无故障工作时间已有近 150 h。如果考虑生命支持系统研制完成后进行的各次运行考核试验,加上单项调试阶段参加的试验,累计无故障工作时间已有近 200 h。因此可以认为,生命支持系统的研制工作是符合设计要求的,系统工作的可靠性和使用安全性是有保证的。

纵观生命支持系统的研制工作,简单归纳一下,它需要重点解决以下几个方面的问题:

(1) 解决在狭小封闭空间中持续、平稳、均匀的供氧技术。可通过大量计算和试验,在氧气存储、供氧压力选择、供氧流量控制、舱内氧气扩散路径、空气强迫流动等各方面找到一组相对合理、互相匹配的参数,并在硬件小型化、可靠性方面满足载人舱的实际使用要求。

（2）需要研发出体积小、重量轻、吸收效率高的二氧化碳吸收装置。对比陆地上常用的吸收装置，它的重量效率要提高一倍以上。需要采用新型吸收剂，以及与之相匹配的吸收装置风道、风压的设计，解决吸收速度、反应面积和风阻、流量之间的矛盾，最终实现高效率。

（3）需要研发出一套可供三人同时使用的且支持时间达 12 h 的口鼻面罩式呼吸装置。它可以采用集成减压器组件来完成自动供氧调节功能，可有效减小体积重量，提高可靠性；它可以采用大通径、短流程的封闭管路设计，并采用柔性低阻单向阀技术，可有效减小呼吸阻力。

9.6 生命支持系统的操作使用

1）正常开放式供氧和二氧化碳吸收装置的操作使用

（1）按下显示控制面板上的"24 V DC 电源开关"按钮，接通显示控制器电源，检查仪器仪表的读数应正常；

（2）将环境参数显控面板上的"CO_2 信号输出选择、O_2 信号输出选择、供氧电磁阀组选择"三个钮子开关扳至向下位置；

（3）依次打开正常开放式供氧系统的 7 个气瓶阀、氧源阀和供氧阀 1，此时供氧压力表 1 显示读数值约为 0.2 MPa，流量计 1 读数值为 1.1～1.3 L/min，表示装置开始对载人舱内定量供氧；

（4）按下环境参数显控面板上的"环境通风风机"开关按钮，启动面板上的两个环境通风风机同时工作；

（5）把二氧化碳吸收剂和活性炭装入正常二氧化碳吸收装置内；二氧化碳吸收剂袋放在下部，活性炭袋放在上部，应使二氧化碳吸收剂袋及活性炭袋和装置内壁间没有缝隙，以防止气体从缝隙中泄出；然后盖上顶盖，盖好后，按下吸收罐上的搭扣，使之牢固定位；二氧化碳吸收装置内的吸收剂每 12 h 更换一次；换下的吸收剂放入回收袋，以防污染器械和人体；

（6）按下环境参数显控面板上的"1 号 CO_2 吸收罐风机"按钮，启动正常二氧化碳吸收罐风机工作；

（7）将除湿剂悬挂在舱内；

（8）在舱内综合显控计算机的显示屏上，可查看到 5 个环境参数的实时数据。

2）应急开放式供氧和二氧化碳吸收装置的操作使用

当潜水器工作时间超过 12 h 时，可启用应急开放式供氧系统，具体操作如下：

（1）检查显示控制面板上的"24 V DC 电源开关"按钮是否已按下；

（2）将环境参数显控面板上的"CO_2 信号输出选择、O_2 信号输出选择"两个钮子开关扳至向下位置，"供氧电磁阀组选择"钮子开关扳至向上位置；

（3）关闭供氧阀 1，依次打开应急开放式供氧系统 5 组氧气瓶的气瓶阀、供氧装置操作面板上的氧源阀 1—5、供氧阀 2；此时，供氧压力表 2 读数应为 0.2 MPa 左右，流量计 2 的读数应为 1.1～1.3 L/min，表明应急开放式供氧管路开始供氧；

（4）将活性炭以及二氧化碳吸收剂填充进备用二氧化碳吸收装置内，其安装方式和前文中正常二氧化碳吸收装置的安装方式一样；

（5）关闭环境参数显控面板上的"1 号 CO_2 吸收罐风机"按钮，按下"2 号 CO_2 吸收罐风机"按钮，启动应急二氧化碳吸收罐风机工作。

3）应急口鼻面罩式呼吸装置的操作使用

当开放式供氧系统出现故障或舱室内的气体环境遭受污染时，口鼻面罩式呼吸装置可作为成员的应急呼吸系统，具体操作方法如下：

（1）在闭式供氧系统的气体净化罐中放入二氧化碳吸收剂；

（2）佩带好口鼻面罩；由于每个乘员的脸型不同，面罩必须紧贴脸部，做到无泄漏；

（3）依次打开应急闭式供氧系统空气瓶的气瓶阀、气源阀，让空气瓶内的空气充入呼吸气袋，约 3～4 min，使呼吸袋呈半充盈状态，然后关闭气瓶阀和气源阀；打开氧源阀 6 和供氧阀，就可进行呼吸。氧气瓶组内的氧气可供乘员呼吸 12 h。

4）供氧冗余功能的操作使用

正常开放式供氧系统和应急开放式供氧系统互为冗余，两套系统的氧气均可通过对方的供氧管路进入舱内。此外，正常开放式和应急开放式供氧系统均具有自动和手动供氧切换功能。它们的操作方法如下：

（1）正常开放式系统的氧气通过应急开放式系统的供氧管路进入舱内：

① 将环境参数显控面板上的"供氧电磁阀组选择"钮子开关扳至向上位置；

② 打开正常开放式系统的氧气瓶阀、氧源阀，关闭供氧阀 1；

③ 关闭应急开放式系统的氧气瓶阀和氧源阀 1—5，打开旁通阀和供氧阀 2；

（2）应急开放式系统的氧气通过正常开放式系统的供氧管路进入舱内：

① 将环境参数显控面板上的"供氧电磁阀组选择"钮子开关扳至向下位置；

② 打开应急开放式系统的一组氧气瓶阀和对应的氧源阀 1—5，关闭供氧阀 2；

③ 关闭正常开放式系统的氧气瓶阀和氧源阀，打开旁通阀和供氧阀 1；

（3）自动、手动供氧切换：

当正常开放式供氧管路或应急开放式供氧管路中的电磁阀发生故障，无法正常供氧时，可手动打开旁通调节阀供氧，调整流量计读数为 1.1～1.3 L/min。

5）氧控及检测冗余功能

生命支持系统配有两套氧浓度传感器和两套二氧化碳浓度传感器，以热备份互为冗余。当一套传感器出现故障时，可以切换为另一套进行工作。

将环境参数显控面板上的"O_2 信号输出选择"钮子开关扳至向下位置时，由正常氧浓度传感器控制供氧电磁阀组工作并输出 4～20 mA 电流信号至舱内综合显控计算机；该钮子开关扳至向上位置时,由应急氧浓度传感器控制供氧电磁阀组工作并输出 4～20 mA 电流信号至舱内综合显控计算机。

将环境参数显控面板上的"CO_2 信号输出选择"钮子开关扳至向下位置时,由正常二氧化碳浓度传感器输出 4～20 mA 电流信号至舱内综合显控计算机；该钮子开关扳至向上位置时,由应急二氧化碳浓度传感器输出 4～20 mA 电流信号至舱内综合显控计算机。

参考文献

[1] 杨有宁,姜磊. 生命支持系统方案设计报告：ZQFW‐Q013‐003[R]. 中国船舶重工集团公司第七〇二研究所归档报告,2003：3.

[2] 杨有宁,姜磊. 生命支持系统初步设计报告：ZQCW‐Q010‐003[R]. 中国船舶重工集团公司第七〇二研究所归档报告,2003：9.

[3] 杨有宁,姜磊. 生命支持分系统详细设计报告：ZQXW‐Q010‐005[R]. 中国船舶重工集团公司第七〇二研究所归档报告,2004：3.

[4] 中国船级社. 潜水系统和潜水器入级规范[S]. 北京：中国船级社,1996.

第 10 章　潜水器的总装建造陆上联调与水池试验

潜水器的研制过程一般包括如下十个过程：立项论证；方案设计；初步设计；技术设计；设备制造与验收；总装建造；陆上联调；水池试验；海上试验；项目验收。从这个过程可以看出，总装建造、陆上联调和水池试验是潜水器研制过程中的三个重要环节，是由分散的部件集成为一台完整的潜水器的过程，也是实验室调试的最后过程。水池试验完成后，潜水器就可以转入海上试验的阶段。本章分别对潜水器的总装建造、陆上联调和水池试验的主要目的、基本要求、大致内容和主要注意事项等进行简要介绍。

10.1 总 装 建 造

10.1.1 总装建造的目的和基本要求

潜水器总装建造的目的是将经过压力筒功能和强度考核验收后的各分系统的设备如各种耐压壳体、支架、设备、舾装、管路、电缆等，在框架上进行安装，最终形成一个完整的潜水器本体系统。图 10.1 所示[1]为"蛟龙"号刚完成总装时的状态，当时的名字是"谐和"。

图 10.1 "蛟龙"号完成总装

潜水器总装建造开始之前，总建造师必须检查确认下列条件已经具备：
① 潜水器的部件、设备、管路、电缆等的功能验收试验已经完成，并经监理或甲方检

查认可;

②　各类部件、设备、管路、电缆等的安装、敷设工艺文件已经编制定稿,签署完整,依此作为潜水器总装的执行文件;

③　必需的工艺装备和专用工具已准备就绪,需校正标定的器具均已计量合格;

④　需要参与总装的潜水器部件、设备、管路、电缆等,已有序按类成套存放,有完整的记录清单,并经必要的保养,处于完好的待安装状态;

⑤　施工人员培训合格、持证上岗;

⑥　潜水器总装联调大纲已通过专家评审。

以"蛟龙"号载人潜水器为例,潜水器总装的检查、验收项目,按部件、系统、设备的安装要素和技术要求进行,检验项目、检测内容和验收依据列于表 10.1。

表 10.1　"蛟龙"号载人潜水器总装检查、验收项目清单[1]

序号	项 目 名 称	工 作 内 容	检测内容和合格依据
1	载人舱内设备支架的安装	包括载人舱内各系统设备支架、舱内电缆界面等	工艺文件、安装图纸
2	浮力块的安装	包括内部浮力块和外部浮力块的安装	工艺文件、安装图纸
3	轻外壳的安装		工艺文件、安装图纸
4	稳定翼的安装		工艺文件、安装图纸
5	扶手、回转桨保护罩及载人舱内舾装件的安装	载人舱内的舾装件包括地板、座椅、灭火器、应急蓄电池等	工艺文件、安装图纸
6	起吊附属机构的安装	包括主吊销插拔机构、止荡点导向机构	工艺文件、安装图纸
7	压载水箱子系统的安装	包括高压气罐、阀组、气管的安装	工艺文件、安装图纸
8	纵倾调节子系统的安装	包括艏艉水银罐、艏部的纵倾泵源以及连接的水银管路的安装	工艺文件、安装图纸
9	可调压载子系统的安装	包括可调压载水舱、舱内液位传感器。直流电机、超高压海水泵、控制阀组、过滤器以及相连的海水管路的安装	工艺文件、安装图纸
10	艉部推力器的安装	4 只艉部推力器的安装	工艺文件、安装图纸
11	可回转推力器的安装	包括 2 只导管桨回转机构和可回转推力器的安装	工艺文件、安装图纸
12	槽道推力器的安装	包括推力器支座、槽道和槽道推力器的安装	工艺文件、安装图纸
13	蓄电池的安装	包括主蓄电池、副蓄电池和备用蓄电池的安装	工艺文件、安装图纸

（续表）

序号	项 目 名 称	工 作 内 容	检测内容和合格依据
14	接线箱的安装	包括作业系统接线箱、观察系统接线箱、左舷接线箱、右舷接线箱、航行控制接线箱、声学系统主接线箱、声学系统副接线箱以及相应补偿器的安装	工艺文件、安装图纸
15	配电罐的安装		工艺文件、安装图纸
16	电缆的安装		工艺文件、安装图纸
17	灯光、摄像机的安装	潜水器上的 2 个 HMI 灯、2 个 HID 灯、3 个石英卤素灯、静物照相机、3CCD 摄像机、2 个 1CCD 摄像机、微光摄像机及其云台和整流器的安装	工艺文件、安装图纸
18	计算机罐的安装		工艺文件、安装图纸
19	温盐深传感器的安装		工艺文件、安装图纸
20	舱内控制面板、计算机以及相关设备的安装		工艺文件、安装图纸
21	水声通信机的安装	包括 2 个水声通信机罐和 4 个水声通信机换能器的安装	工艺文件、安装图纸
22	测深侧扫声纳的安装	包括 1 个测深侧扫声纳罐和 2 只换能器的安装	工艺文件、安装图纸
23	远程超短基线声纳换能器的安装		工艺文件、安装图纸
24	多普勒测速仪的安装		工艺文件、安装图纸
25	运动传感器的安装		工艺文件、安装图纸
26	成像声纳的安装		工艺文件、安装图纸
27	避碰声纳的安装	包括向前、前上、前下、向左、向右、向下和后下，共 7 只避碰声纳的安装	工艺文件、安装图纸
28	载人舱内水声设备的安装	水声计算机等设备的安装	工艺文件、安装图纸
29	液压源的安装	包括液压源及其驱动罐的安装	工艺文件、安装图纸
30	机械手的安装	开关式机械手、主从式机械手以及 2 个控制阀箱和补偿器的安装	工艺文件、安装图纸
31	采样篮的安装		工艺文件、安装图纸
32	油管的安装		工艺文件、安装图纸
33	生命支持系统的安装		工艺文件、安装图纸
34	可弃压载抛载机构的安装		工艺文件、安装图纸
35	主蓄电池抛载机构的安装	包括抛载机构和电缆切割机构的安装	工艺文件、安装图纸
36	机械手抛载机构的安装		工艺文件、安装图纸

10.1.2　总装建造的工作原则和工作内容

总装是潜水器研制过程中的一个重要环节,是将设计图纸转化为真实产品的环节。总装质量的好坏会直接影响到海上试验的顺利与安全与否,也会对今后的使用可靠性有重要影响。因此,在总装过程中必须始终坚持"质量第一"的指导思想,严格按照规定的程序和要求办事。具体来说,应遵循以下几条工作原则[1]:

① 坚持科学程序,秉持科学态度,实事求是,循序渐进;以人为本,安全第一,质量第一;充分准备,一丝不苟,安装到位;

② 凡是安装到钛合金框架上的设备和分系统必须要通过验收确认;

③ 安装每一件设备均必须有安装调试质量控制文件;

④ 安装过程中所作的任何修改必须要有合格的更改通知单;

⑤ 安装过程必须要有详细的记录单;

⑥ 安装过程中所有操作必须严格遵守"潜水器总装车间安全作业规章制度";

⑦ 安装结束后要有严格的检查程序,只有检查合格后才算完成。

总装建造工作由建造师系统负责组织和实施。首先需要制定总装的实施计划,完成对部件、设备安装的工艺设计,并最终完成部件、设备的安装集成。建造师系统下设技术组、施工组、质量检验组、称重组等,并设专门的安全员负责现场安全监督。

由设计师系统负责总装建造的技术支撑,提供总装所需的各种技术资料,解释设计图样和技术文件,并确认部件的安装工艺。在总装过程中,如发生设计与安装存在矛盾的问题,建造师应积极与设计师协商,寻找解决问题的办法。

总装工作的具体实施包括以下几个方面:首先进行潜水器安装基准的选定和调整;然后开展轻外壳支架和设备支架的安装;第三步是浮力块支架和浮力块的安装;第四步是轻外壳的安装;第五步是布置在框架上的设备的安装;第六步是载人舱内设备支架和设备的安装;第七步是潜水器电缆的敷设;第八步是潜水器液压管路的安装;第九步是舾装分系统部件的安装。图 10.2 提供了"蛟龙"号六个代表性构件,包括浮力块、轻外壳、稳定翼、液压设备、接线箱及电缆和推进器的安装照片。

10.1.3　总装过程中的质量控制和安全保障

潜水器总装过程中的质量控制和安全保障是十分重要的。以"蛟龙"号为例,为了加强总装过程中的质量控制,在完成详细设计工作后,我们就着手制订了《7 000 米载人潜水器加工建造和安装调试阶段的质量控制》的文件,对总装过程各个环节提出了明确的质量控制要求,做到有计划、有措施、有检查,重在取得实效。总装期间,每天 15 min 的班前会,对现场工作的安排、协调、管理发挥了很好的作用。

在总装之前,首先要抓好国内外订购设备、外协加工设备的验收工作。按照设备的技术规格书和外协合同的技术要求,编制相应的验收大纲逐项验收。发现有不符合要求的,退回供货商或外协方进行整改。对框架必须仔细检查,如发现裂纹,必须及时修复,并经专业单位检验合格,同时做好相应的记录。

| 浮力块安装 | 轻外壳安装 | 稳定翼安装 |
| 液压设备安装 | 接线箱及电缆安装 | 推进器安装 |

图 10.2　"蛟龙"号六个代表性构件的安装照片

对于需要承受高海水压力的设备,全部进行按照规范要求的验收压力下的压力筒考核试验。根据各国不同的规范,验收压力一般是最大工作压力的 1.1～1.25 倍,"蛟龙"号采用了 1.1 倍的验收压力。对考核试验出现问题的设备,按照《7 000 米载人潜水器可靠性保证大纲》[2] 规定的"故障报告、分析和纠正措施"程序,如图 10.3 所示,认真分析原因、缜密考虑措施,严格故障归零。坚持所有承压设备都要经压力筒考核试验合格后才能转入安装程序。

安装前每个分系统都要编制各个设备的安装工艺文件,明确各设备的安装程序和要求,安装中应注意的事项,以及判断安装合格的检验标准。

为保证安装现场图样的现行有效性,安装前对安装图样需要专门安排一次整理、校核、确认工作,对经确认的图样盖上施工章,便于识别。

建造师系统选派具有合格资质的人员,按照安装工艺文件的要求开展安装工作。相关的设计人员在安装

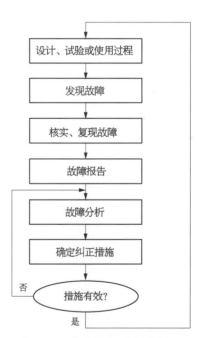

图 10.3　故障报告、分析和纠正措施闭环系统框图[2]

过程中坚持在现场,随时掌握安装的进展情况,协调解决安装中出现的问题。对安装方法、程序、要求等内容的任何更改,都必须按照《7 000 米载人潜水器质量保证大纲》[3] 中的规定,填写更改通知单,并按原审签级别进行审签。设计人员据此对图样或文件进行更改,并将更改情况书面通知建造师系统和其他相关人员,保证信息传递及时、畅通,保证技

术状态始终受控。

总装过程中,始终坚持安装人员的自检、检验人员复检的制度。设备安装完成后,由持证检验员根据安装工艺文件中的检验方法和判断标准,使用在计量有效期内的量具,逐项进行检验,并做好记录。安装检验合格的设备,办理相应的审批手续后,可以转入下一阶段的陆上调试工作。对安装检验不符合要求的设备,认真进行整改后重新检验,直到符合要求。

对总装过程进行质量控制的目标就是要确保设备安装可靠,性能能够正常发挥。不因安装造成隐患,不把故障带入下一阶段,从而确保载人潜水器的研制质量。

除了保障潜水器的安装建造质量外,总装过程中的后勤保障和安全保障也是十分重要的。任何安全事故的出现都会成为项目是否研制成功的一个重要障碍。建造师系统的条件保障组负责总装的场地、设备、动力供应、现场管理、起重及运输等工作。对总装过程中使用的工具、部件进行登记、保管、调度管理,在总装过程中提供现场供应、服务工作。总装现场要求保持整洁,严格人员持证出入,工具和设备摆放合理整齐,防护及安全装备完整,警示完善清晰。条件保障组还要负责对工作人员是否严格遵守操作规程和安全技术规程进行现场检查和监督,避免出现人身和设备的事故,保证电气线路绝缘良好,指示信号正确。

潜水器所有设备及部件,包括钛合金支架、螺钉螺母、焊丝焊条、工具等经验收合格后全部登记入库,设专人管理登记。出库入库必须办理登记领用手续。

总装场地每天下班前进行清扫,可由各个专业组轮流负责,确保总装场地的整洁。总装现场必须规定禁止吸烟,违者罚款,确保总装场地的清洁和安全。工具由专人保管,归位入库。

每天早晨的例会上在布置任务的同时,针对可能的安全隐患,强调安全注意事项,并设专人监督。总装现场设总安全员和分区安全监督员,负责各个分区的安全监督记录。

由于潜水器的设备昂贵,很多设备是进口设备,为了确保不被盗窃,需采取特殊安全保卫措施,包括非工作期间的人员值班等。

在总装现场,所有的焊接工作都必须按照规定办理动火证明,提交焊接施工证和焊接申请交由所保卫处负责批准后才能实施。同时针对浮力块等易燃特性,车间禁止明火,并在总装场地配备必要的灭火器,作好防火措施。

10.1.4 安装项目的检查验收

根据表 10.1"潜水器总装检查、验收项目清单"所列 36 个安装项目及所对应的图样和安装工艺文件,按照图样及工艺文件确定的检验方法和标准,使用在计量有效期内的量具,由持证检验员逐项进行检验,并将检验数据填写在现场记录表中。检验员根据现场检验记录,认真填写"潜水器设备安装记录表",给出检验结论。"潜水器设备安装记录表"还需要经设计人员、质量师、总建造师签署意见,且检验结论合格才可转入下一阶段的陆上联调试验。

10.1.5　潜水器部件、设备的称重

称重的目的是获得安装在潜水器上的部件的重量、重心、排水体积及其型心。进行总装时,在空气中和水池(淡水)中对各部件进行称重是一项非常重要的工作,关系到潜水器的重量、重心等主要性能指标的检验。

由于称重工作的重要性,特地设立了称重组,作用是组织和协调相关的称重工作。任何设备安装到潜水器上以前,必须完成称重工作,相关的文件得到完整的签署,其结果应得到设计师系统的认可。

普通部件空气中的重量可以通过电子秤获得,这些量具都通过了计量,而且在有效期内。

部分部件,例如轻外壳支架、舱内设备架等,需要在安装时配焊或者配装,可以通过统计装配前的重量和装配后剩余材料的重量来计算得到。涉及的焊缝通过统计焊条使用重量来计算。

对于液压系统中的油和纵倾调节子系统中的水银等液态部件,通过统计准备注入系统内液体的重量和剩余的液体的重量的方法来得到液态部件的空气中重量。

对于重心的确定,小的部件可以通过测量多点不同力矩的方法获得,大的部件是通过外形计算得到。三维图是确定设备重心和浮心的主要手段。

如果部件不包含密闭部分,且由单一材料构成,则可通过重量和密度换算部件的排水体积。

由多种材料构成的部件,可以浸泡在淡水中,分别测量其在空气中和在淡水中的重量,然后计算得到部件的排水体积。

对于在深海环境下体积会发生变化的物件,如补偿器和大型的耐压壳体,通过测量或者估算,得到在不同深度的上述参数。

在称重数据比较完整的情况下,对潜水器各种状态下的重量、重心、浮力和浮心进行计算,藉此分析潜水器在静水环境下的浮性和稳性,确保潜水器在各种状态下的平衡,根据总装完成时的潜水器状态,完成本阶段的重量、重心、浮力和浮心计算。

10.2　陆　上　联　调

10.2.1　陆上联调的目的和基本要求

陆上联调的主要目的是检查安装在潜水器上的各种设备、系统的连接接口是否正确、相互通信是否正常、功能是否实现,以决定潜水器是否可转入水池调试试验[4]。

在潜水器陆上联调计划已经制订并获批准,联调需用的各种文件、清单均已备齐,并经检查合格,签署完整;物资供应和后勤保障已经落实到位,质量管理已正常运行的前提下,陆上联调还必须满足下列条件方可开展具体工作:

① 总装阶段完成检查验收,并经批准进入联调工作阶段;

② 潜水器上所有设备均处于完好状态,即各设备的功能在实验室已经得到试验验证;

③ 潜水器所有设备和部件之间的连接线路经过校核并签署;

④ 潜水器总装联调大纲已通过专家评审。

10.2.2　陆上联调的主要内容

本节仍以"蛟龙"号为例来进行介绍,陆上联调的项目名称、性能要求、试验内容等列于表 10.2。

表 10.2　陆上联调试验、检测项目清单[2]

序号	项目名称	性能要求	试验内容	项目负责人	备注
1	控制系统功能检查	控制系统设备运行正常	对控制系统设备逐项检查运行情况		
2	控制系统与配电系统联调试验	配电设备运行正常,信息检测正常	逐项检查配电功能,检查电压、电流、补偿报警等信息		
3	控制系统和液压源联调试验	液压源启动正常,信息检测正常	检查控制系统与液压源的通信,启动液压源,检查液压系统各项信息		
4	控制系统与推进系统联调试验	推进器按控制指令运转,反馈信息正确	控制推进器转动,检测推进器反馈信息,按运动检查推进器转动是否正常		
5	控制系统与声学系统联调试验	控制系统与声学主控计算机通信正常,声学设备可以正确启动	检查控制系统与声学系统间通信,启动各项声学设备		
6	控制系统与观通设备联调试验	灯光、摄像机、VHF 工作正常	检查灯光各种情况,检查摄像机各种情况,检查 VHF 通话情况		
7	控制系统与给排水控制阀联调试验	各种液控阀动作正确	检查液控高压阀和通海阀动作情况		
8	控制系统与可调压载设备联调试验	可调压载设备运行正常,反馈信息正确	检查液控海水阀动作情况,检查海水泵启动情况		
9	控制系统与纵倾调节设备联调试验	纵倾调节设备运行正常,反馈信息正确	检查纵倾调节泵动作情况,检查水银移动情况		
10	控制系统与生命支持系统联调试验	生命支持系统运转正常,反馈信息正确	启动生命支持系统,检查信息传输和采集情况		

（续表）

序号	项目名称	性能要求	试 验 内 容	项目负责人	备注
11	控制系统与作业设备联调试验	作业设备动作正确，反馈信息正确	主从机械手动作试验，开关机械手动作试验，热液取样器动作试验，ICL 信息采集试验，沉积物取样器动作试验，潜钻动作试验		
12	控制系统与潜浮抛载机构联调试验	潜浮抛载机构动作正确，符合要求	电磁铁抛载试验，液压抛载试验		
13	控制系统与应急抛载机构联调试验	应急抛载机构按要求动作	启动应急抛载机构		

由设计师系统负责制定陆上联调的实施计划，由建造师系统组织实施陆上联调工作，每个项目由项目负责人负责执行。

陆上联调是总装和水池试验之间的桥梁，是潜水器从设备变成系统的一个开端。陆上联调工作的主要目的是直接检验潜水器的整体性和系统性，检验设计接口关系的正确性。陆上联调工作应围绕以下几个方面来开展：

① 以设备之间的电缆连接为切入点，通过反复检查确认连接的正确与可靠；

② 以控制系统为陆上联调的出发点，通过控制系统来检验各供电通路和信号传输线路；

③ 以各个成套设备为陆上联调的检验点，通过各个成套设备的运转来检查是否工作正常；

④ 在陆上联调阶段，对每一个设备的调试遵循以下的工作顺序：由设备相关系统的主任设计师确认设备的状态，由电力配电或液压的主任设计师确认供电或供油的正确性，在此基础上，由控制系统主任设计师来给设备供电或供油，启动设备的运转；设备的运转状态由控制系统主任设计师认可后，再请质量检验师最终确认。

1）调试前的准备

在潜水器上安装水密电缆之前，在试验室内进行了水密电缆走线检查工作，将安装在潜水器上的 7 个接线箱和配电罐用水密电缆连接起来，而水密电缆到设备或进入载人舱内的一端悬空，连接到蓄电池的插座上连接直流电源，在此基础上对载人潜水器的电气连接进行了一次全面检查，以确认连接的正确性。

在接线箱和水密电缆安装完成之后，按照图纸对每一根水密电缆进行了确认检查，以防止误接。对供电通路进行了芯到芯的检查，即从供电端一直检查到用电端，以确保供电电路的正确。

由于锌银蓄电池使用周期较短而且价格较高，在载人潜水器的调试阶段特意准备了铅酸蓄电池作为调试用动力，并对铅酸蓄电池进行了压力测试和充放电测试，为联调试验的顺利进行奠定了基础。

根据总体的进度和设备到货的情况，在几个主要引进设备的试验室调试阶段，控制系统就及时加入进行了初步的联调,这一阶段的工作为陆上联调创造了良好的条件,也大大缩短了陆上调试的周期。

2) 控制系统的功能检查

控制系统的功能检查主要包括:

① 载人舱控制系统计算机上电开关实验;

② 计算机上电开关实验;

③ 手动控制操作开关实验;

④ 应急抛载操作开关实验;

⑤ 运动手动操作模式;

⑥ 应急运动手动操作模式;

⑦ 泄漏报警指示区开关量试验;

⑧ 油位补偿报警指示区开关量试验;

⑨ 声学系统供电区开关量实验;

⑩ 水下灯供电区开关量实验;

⑪ 摄像机、照相机供电区开关量实验;

⑫ 主、副液压源、机械手区开关量实验;

⑬ 作业工具区开关量实验;

⑭ 压载水箱开关量实验;

⑮ 可变压载水舱开关量实验;

⑯ 机械手供电区;

⑰ 潜浮抛载区开关量实验;

⑱ 载体运行模式区开关量实验;

⑲ 航行控制动力源区开关量实验;

⑳ 综合选择区开关量实验。

控制系统调试的详细步骤属于非常专业的内容[4],在此就不详细给出。通过调试,需要使控制系统各项功能均达到要求。

3) 控制系统与配电系统的联调试验

首先进行的是载人舱内供电检查,将副蓄电池箱到载人球壳的水密电缆两端插头均插上,然后闭合载人舱内接线箱面板上的空气开关,用数字式万用表测量载人舱内接线箱相关端子的电压,确认舱内供电正确。

第二步进行配电功能的调试,有关调试的具体内容,可见参考文献[4]。由于太过专业,没有适用性,在此不论述。

第三步是电源参数检测功能调试,在进行载人舱内供电调试时,启动载人舱内的运动控制计算机,读出载人舱内接线箱面板上的 24 V 电压表和电流表读数。

4) 控制系统与液压系统的联调试验

有关调试的具体内容,可见参考文献[4]。由于太过专业,没有适用性,在此不论述。

5）控制系统与推进系统的联调试验

在推进器安装到载人潜水器上以后，对安装状态进行检查，确认其固定可靠，电缆连接正确。在接入推进器的每个推进器的电缆插座位置，对供给推进器的电源进行确认检查，对控制系统给出的推进器控制信号进行确认检查，在结果无误的情况下开始进行推进系统的调试试验，检查结果参见"陆上试验前安装状态检查记录表"。

在原陆上调试方法中要求进行推进器转速和电流的测量，该部分工作是在推进器安装在潜水器上之前进行的。由于推进器需要在有水环境下运转，在推进器安装到潜水器上后，只能在短时间（15 s 之内）开很小的转速，因此这些无法进行检测，这些参数由计算机直接采集并记录。

在陆上联调阶段，首先通过控制系统单独控制每个推进器，转速要求小于 100 r/min，推进器转动约 5 s 就结束，并认可该推进器运转功能正常。试验顺利完成，结果参见"推进器陆上调试结果记录表"。

在每个推进器正常的情况下，根据潜水器运动来进行推力器的调试，即直接由潜水器舱内的操纵杆给出潜水器的运动控制信号，观察推进器是否按要求运转。在目前阶段，潜水器的运动控制系统的推力分配算法是按照全部推进器运转来设计的，故通过操纵杆控制的推进器运转是一个联合运转状态，分别为前进和后退是艉部四个推进器、左移和右移是左右艉部推进器及艏部槽道推进器、下潜和上浮是上下艉部推进器及垂向可回转推进器，调试结果表明这些运动功能下的推进器运转正确，结果参见"观导与控制系统对推进系统控制功能陆上调试记录"。

6）控制系统与声学系统的联调试验

控制系统与声学系统的调试分为两个部分，一个部分为通过控制系统给各个声学设备上电功能的调试，另外一部分是控制系统和声学系统之间的接口调试，包括：控制系统与运动传感器接口调试、控制系统与多普勒测速仪接口调试、控制系统与声学系统网络通信联调。

通过控制系统给各个声学设备的供电功能调试就是通过载人舱内的控制面板发出供电命令，通过检查声学设备的工作状态来检查供电是否正确，通过调试，供电功能均正确实现。

接口功能的陆上联调是调试控制系统主控计算机和声学设备之间的通信功能是否正常。

（1）控制系统与运动传感器接口的调试。

调试步骤如下：航行控制计算机、测试计算机、交换机、计算机罐、485 转以太网设备上电；声纳主控器信号互联接口上电；在测试计算机运行网络调试助手 NetAssit. exe，设置通信协议为 UDP，监听端口为 5349，点击连接；在航行控制计算机运行航行控制系统软件 MSVControl. exe，点击 start 后，将操作面板上运动传感器的电源开关扳到上方，打开运动传感器电源，运动传感器上电后自动输出数据，在网络调试助手数据接收区显示运动传感器发送数据；试验完成后关闭各设备电源。

（2）控制系统与多普勒测速仪接口的调试。

试验步骤如下：航行控制计算机、测试计算机、交换机、计算机罐、485 转以太网设备上电；声纳主控器信号互联接口上电；在测试计算机运行网络调试助手 NetAssit. exe，设置通信协议为 UDP，监听端口为 5348，点击连接；在航行控制计算机运行航行控制系统软件 MSVControl. exe，点击 start 后，将操作面板上多普勒测速仪的电源开关扳到上方，打开多普勒测速仪电源，多普勒测速仪上电后自动输出数据，在网络调试助手数据接收区显示多普勒测速仪发送数据；试验完成后关闭各设备电源。

（3）控制系统与声学系统的网络通信接口的联调。

有关调试的具体内容，可见参考文献[4]。由于太过专业，没有适用性，在此不论述。

通过调试和检测，控制系统和声学设备之间的各项功能正确实现，联调结果参见"控制系统与声学系统联调检测记录表"。

7）控制系统与观通设备的联调试验

观通设备主要包括水下灯、摄像机、照相机、VHF 通信、云台等，调试分两次进行。第一次主要检查通过控制系统对设备的供电情况，该阶段设备没有连接，直接检测水密插头上的电压。第二次调试是在水池进行，依次操作主操作面板开关，在舱外观察灯的点亮，舱内切换相应视频到监视器观察摄像机视频是否清晰稳定。

通过调试，观通设备的各项设备功能均正确实现，试验和检测结果参见"控制系统于观通设备联调检测记录表"。

8）控制系统与给排水控制阀的联调试验

在液压系统调试并功能正常实现的基础上进行控制系统与给排水阀的联调试验，检验由控制系统发出的指令是否可以正确执行，给排水阀的动作是否正确实现。

9）控制系统与可调压载设备的联调试验

系统参加联调前，首先需要对水舱内液位传感器性能进行检测，检测通过外接自来水进行，发现液位检测读数显示正常。

有关调试的具体内容，可见参考文献[4]。由于太过专业，没有适用性，在此不论述。

联调结果表明：可调压载系统和控制系统联调功能正常，注排水功能正常，液位监测功能正常。

10）控制系统与纵倾调节设备的联调试验

系统参加联调前，水银罐内灌注好水银后首先要对两水银罐内液位传感器性能进行评判，发现其读数均在有效范围内。

液压系统和控制系统联调结束后，方可进行纵倾调节系统和控制系统的联调。

11）控制系统与生命支持系统的联调试验

生命支持系统与控制系统的联调试验将生命支持系统的五路参数送到控制系统进行采集和存储，并对控制系统显示的数值进行标定。

12）控制系统与作业设备的联调试验

在 7 000 米载人潜水器上，安装有两个作业机械手，并且保留有两个作业工具接口。控制系统与作业系统的联调主要有对作业设备信息采集功能的调试和给作业工具接口控制功能的调试两部分。

（1）泄漏报警指示区开关量试验。

① 在作业系统接线箱模拟接线箱漏水信号；

② 若控制系统正常采集到该信号,则在主操作面板上该对应指示灯发亮；

③ 若控制系统不能正常采集到该信号,则需检查线路故障,直至控制系统正常采集到该信号为止。

（2）油位补偿报警指示区开关量试验。

① 在机械手油箱模拟油位补偿报警信号；

② 若控制系统正常采集到该信号,则在主操作面板上该对应指示灯发亮；

③ 若控制系统不能正常采集到该信号,则需检查线路故障,直至控制系统正常采集到该信号为止。

（3）作业工具区开关量实验。

① 在主操作面板上打开"工具1"开关,检查工具1供电是否正常；

② 在主操作面板上打开"工具2"开关,检查工具2供电是否正常；

③ 在主操作面板上打开"取样器保温"开关,检查取样器保温供电是否正常；

④ 在主操作面板上打开"潜钻"供油开关,检查该路供油是否正常；

⑤ 在主操作面板上打开"潜钻"供油返回开关,检查该路供油是否正常；

试验和检测结果表明,在陆上联调阶段该项功能正确实现,结果参见"控制系统与作业设备联调执行记录表"。

13）控制系统与潜浮抛载机构的联调试验

在7 000米载人潜水器上共安装有4套潜浮抛载机构,每2套为一组,分别为上浮抛载机构和下潜抛载机构,每组抛载机构的动作是一致的。在陆上联调阶段,主要是调试和测试从控制发出命令到抛载执行的功能是否可以正常实现。

14）控制系统与应急抛载机构的联调试验

在7 000米载人潜水器上共有3套应急抛载机构,分别是机械手抛载机构、主蓄电池抛载机构和水银抛载机构。在陆上联调阶段,主要调试各项抛载功能是否可以正常实现,即看机构的动作是否正确,但不作真正的抛弃试验。

10.2.3　陆上联调的检测

陆上联调是以控制系统为核心,以供电为线条开展工作的。联调的基础是分系统功能调试完成并在压力环境下实现功能正常。联调主要工作是控制流和信息流的调试。

通过陆上联调,安装在潜水器上的设备供电实现正常化,每个设备的供电正常是一切调试的基础。安装在潜水器上的设备之间及和控制系统之间的信息流实现了正常,每个发出的指令都可以被正确执行,每个信息的传输均可以到达目的地。

以"蛟龙"号项目为例,陆上联调共进行了13个项目的检测,每一个项目均为下一步的调试准备条件,13个项目的全部完成标志着陆上联调的完成。完成陆上联调并经过检测认可后,潜水器转入水池调试阶段。水池试验是实现潜水器各项功能的试验,同时也是潜水器航行性能调试的试验。

10.3 水 池 试 验

10.3.1 水池试验的目的和基本要求

潜水器水池试验的目的是以潜水器的任务使命为要求,调试、检验各分系统自身及其相互之间功能的运行情况和集成效果,确认任务流程是否可以完成,检查信息流和控制流的交换正确性和可靠性,同时积累运行和操作可靠性的相关数据。

潜水器调试的水池必须要足够大和足够深,能够使潜水器上的所有设备都运行起来,通过检查各种设备在水环境下的工作状态,确认各设备的功能实现情况,同时对潜水器的航行性能进行调试和检测。水池调试的主要工作有测量潜水器的重量和重心,如图10.4所示;通过均衡试验测定潜水器排水体积和浮心坐标;潜水器离开水面过程起吊力的变化测量;三向(x,y,z)系泊推力和各组推力器转速关系的测定;测定纵倾角调整能力;按照海上试验岗位和岗位操作规程(试行)、海上试验每次下潜编制的实施细则进行操作,以积累经验,补充完善操作规程;五自由度(除横倾)运动手操控制性能和坐底的潜水器综合性能调试;潜水器自动控制功能调试;模拟取样作业,调试作业工具与潜水器的接

图 10.4 潜水器在空气中和水中的称重测试

口,调试潜水器的综合作业能力。

潜水器水池试验的主要目的是检查潜水器是否达到出海试验的技术状态,保障潜水器海试能安全顺利的进行。水池试验的反复开展可以为潜水器海上试验提供依据并积累大量运行数据。

水池试验前必须编制《7 000 米载人潜水器水池试验方法》[6]并通过专家的评审,以此作为水池试验工作的依据。

水池试验秉承以下原则[5]:

① 坚持科学程序,秉持科学态度,实事求是,循序渐进;以人为本,安全第一,质量第一;

② 用心准备,精心试验,细心维护;每一次试验的准备、试验的过程、维护均按流程操作,记录在案;

③ 每一项试验均通过监理的现场见证和检测,试验的数据均保存入档,并要求每个系统对试验记录进行仔细分析。

水池试验是潜水器有人进舱下水的试验,因此,试验过程中的安全至关重要,只有在确保安全的情况下才可以开展水池试验。

10.3.2　水池试验的主要内容

水池试验的总体流程为:试验准备、陆上检查、布放和水面检查、项目试验、回收和维护,如图 10.5 所示。

试验准备

陆上检查

布放和水面检查

试验

回收——挂钩

回收——潜航员出舱

维护

图 10.5　水池试验的完整流程

1) 试验准备

试验的准备是为下水试验所进行的各项准备工作的统称,包括有蓄电池准备、高压气的补充、压载的计算和安装、辅助设施的准备、人员的准备、舱内生命支持的准备、食品的准备、试验准备等内容。

蓄电池的准备是为蓄电池充电，一般 24 V DC 需要充电到 25 V 以上，110 V DC 需要充电到 112 V 以上，保证蓄电池有充足的电量来提供给潜水器使用，充电过程由专人监控和记录，同时对蓄电池箱的补偿膜高度要定时测量，保证蓄电池箱内的气体不会积聚太多，如果补偿膜太高，就要进行抽气。

高压气是为潜水器上压载水箱排水使用准备的，每次潜水器下水前必须补充足够的气体，充气过程由专人监控和记录，要求气体压力在 10 MPa 以上，这个气体量可确保进行两次排水操作。

在水池试验阶段，潜水器在注水后保持一个正浮力的状态，为了方便下潜操作，正浮力不宜过大，一般控制在 100 N 左右，通过水池均衡试验，我们已经知道了潜水器的重心和浮心，也知道了潜水器的基本浮态，根据这些数据，结合试验所带设备，进舱人员的重量来计算压载的重量，然后安装到位。

辅助设施的准备指的是试验中所用到的一些辅助设备，如绳子、船只、平台等。

人员的准备，一方面是进舱人员必须作充分准备，了解整个试验内容、流程、方法和各注意事项，学习舱内设备的操作；另一方面就是试验过程各岗位工作人员的到位。

舱内生命支持准备的主要内容为补充氧气，更换二氧化碳吸收剂，更换除湿剂等。

食品是为进舱人员准备的，水池试验常常是上午下水要到下午才出水，需要为试航员提供必要的食品，一般为进舱人员准备每人一瓶矿泉水，一袋小点心。

试验的准备就是针对试验内容，相关系统人员为当天的调试作准备，譬如将运动控制程序进行先行的调试，以节省水下时间。

准备工作中填写蓄电池准备表、高压空气准备表、生命支持准备表、设备准备表、充油补偿设备准备表等。

总之，精心的准备工作是水池试验成功的关键，准备工作的每一点疏忽都会带来意想不到的后果。在整个试验阶段，我们提出要用心准备，就像为自己下水作准备一样，务必做到一丝不苟，为下水试验的试航员提供一个安全的保障。

2）陆上检查

陆上的检查工作是依据水池试验操作执行表来进行的，主要进行的陆上检查有电池检查、充油补偿设备检查、生命支持检查、舱内设备陆上检查、舱外设备陆上检查等。

蓄电池的检查主要检测主蓄电池和副蓄电池的电压，填写好相应的蓄电池检查表。

充油补偿设备检查表是对电池箱、接线箱、纵倾调节油箱等这些没有液位显示的设备内油量进行检查，以保证没有泄漏，填写充油补偿设备检查表。

生命支持检查是对舱内氧气量和二氧化碳吸收剂量检查，以保证试验过程中足够使用，填写生命支持检查表。

舱内设备检查主要检查舱口盖密封面、电源情况、舱内照明、生命支持系统工作和传感器显示情况、综合显控计算机启动情况、航行控制计算机启动和网络连接情况、视频设备工作情况、声学主控计算机启动运行情况及同步时钟启动工作情况，并填写相应的舱内设备陆上检查表。

舱外设备陆上检查主要检查蓄电池、灯光、摄像机、推进器、VHF 通信情况、抛载电磁铁、液压源等，并填写相应的舱外设备陆上检查表。

在这些陆上检查完成并状态正常的情况下，打开观察窗，关闭舱口盖，有舱内试航员锁紧舱口盖，准备潜水器的布放。

3）布放和水面检查

在水池试验阶段，潜水器的布放是通过水池船坞内 30 t 行车进行的，布放过程由 1 人指挥，1 人操作行车，4 人拉牵引绳索，2 人划船负责脱钩。

拔去抛载机构安全销后，潜水器从台架起吊后，移到船坞上方，让潜水器艏部朝向水池，潜水器下放到水池船坞内，1 人上潜水器背部进行脱钩操作。

脱钩后潜水器在船坞执行水面检查操作，主要检查项目有生命支持系统水面检查、液压机构水面检查、水声设备水面检查和报警传感器水面检查。

生命支持的水面检查内容主要包括舱内的供氧压力、氧浓度传感器、二氧化碳浓度传感器、压力传感器、温度传感器和湿度传感器。舱内压力测量有模拟和数字两个表，可以比较，接近为正常。舱内的氧浓度传感器和二氧化碳浓度传感器也有两套，同类传感器的读数基本一致为正常。检查完成后由试航员填写生命支持系统水面检查表。

液压机构的水面检查主要针对液压源，由于是水下用的液压源，在陆上尽可能少启动，因此液压源的检查在水面进行，填写液压机构水面检查表。

声学设备只有进入水中方可有信号，因此水面检查的重点在水声设备，对于水池试验而言，主要使用的是成像声纳、避碰声纳和多普勒测速仪，在水面对这些设备的工作情况检查，完成后填写声学设备水面检查表。

报警传感器主要有补偿报警和泄漏报警两类，对这些传感器在水面进行逐一检查，看是否有报警出现，检查完成后填写报警传感器水面检查表。

水面检查完成并确认一切正常后，潜水器从船坞开出，船坞两边的牵引绳索松开，潜水器到达水池中央附近。

4）项目试验

潜水器到达水池中央后，给压载水箱注水，注水完成后调节潜水器浮态，使得潜水器的纵倾角度小于 0.5°。

水池试验的每一次下水均有明确的试验项目，并对调试过程作好规划，开始和结束试验命令由水面指挥下达，具体的调试由舱内 3 位试航员根据事先布置进行，实时的情况和结果通过无线电汇报到水面，由水面指挥根据调试情况决定当天的试验是否增加项目或减少项目。

潜水器的试验数据由舱内计算机自动记录，每 0.5 s 记录一组数据，包括所有传感器的数据、操作指令、开关设备情况、潜水器姿态、舱内环境参数等。

5）潜水器回收和维护

潜水器完成试验项目后，驶近船坞，利用高压空气排出压载水箱中的水，使得潜水器有 300 mm 的干舷，负责回收的挂钩人员乘坐小船靠近潜水器，挂钩人员爬上潜水器背部，在潜水器艏部系两根牵引绳索，通过牵引绳索将潜水器拖入船坞，挂钩人员一直在潜水器背部。潜水器进入船坞后,行车到位并挂钩,将潜水器吊离水面,待水基本滴干后吊放到台架。

如果试验过程未进行抛载,潜水器到达水面后首先安装抛载机构安全销。开盖人员打开舱口盖,对舱口盖周围涂上硅脂并贴好防护膜,安装好防护罩后,将出舱梯子架上,舱内人员出舱。

生命支持系统维护人员进入舱内,检查氧气剩余量,检查二氧化碳吸收剂使用情况,并封存未用完的吸收剂,生命支持系统关机。

蓄电池维护人员检查蓄电池电压,放出一杯蓄电池箱内的油进行绝缘检查,并做好充电准备。

其他相关设备维护人员对设备进行检查和维护。

以“蛟龙”号为例,水池试验的试验内容、检测项目如表 10.3 所示。

表 10.3　水池试验、检测项目清单[5]

序号	项 目 名 称	水池静淡水条件下,性能合格要求	试 验 内 容
1	均衡试验	(1) 重量:<25 t; (2) 稳心高:>9 cm	(1) 重量、重心测定; (2) 浮态调整; (3) 浮心测定
2	潜水器出水最大起吊力测定试验		以行车模拟海上起吊,测量起吊力的变化
3	生命支持系统性能试验	(1) 氧浓度:$17\%\sim23\%$; (2) 二氧化碳浓度:$<0.5\%$; (3) 舱内压力报警:(108.7 ± 10) kPa; (4) 湿度:$<85\%$	(1) 正常供氧; (2) 应急供氧; (3) 口鼻面罩呼吸
4	通信功能试验	通话清晰	(1) 检测在水面 VHF 的通信功能; (2) 检测在水下 VHF 的通信功能
5	压载水箱给排水试验	(1) 进水时间:<600 s; (2) 排水时间:<100 s	(1) 压载水箱进水试验; (2) 压载水箱排水试验
6	可变压载给排水试验	压载进出水流量:>3 L/min	(1) 压载水舱进水试验; (2) 压载水舱排水试验
7	纵倾调节试验	(1) 利用水银调节最大速度:$15°$/min; (2) 总调节角度:$\pm20°$	(1) 利用水银进行前倾调节; (2) 利用水银进行后倾调节; (3) 利用推力器进行前倾调节; (4) 利用推力器进行后倾调节
8	潜浮抛载机构功能试验	下潜、上浮压载抛弃功能正常	(1) 下潜压载抛弃试验; (2) 上浮压载抛弃试验
9	观察设备功能试验	各设备功能正常	(1) 成像声纳功能试验; (2) 摄像机功能试验; (3) 水下灯功能试验
10	避碰声纳性能试验	功能正常实现	每个避碰声纳的功能试验

（续表）

序号	项　目　名　称	水池静淡水条件下,性能合格要求	试　验　内　容
11	多普勒声纳功能试验	与运动传感器校核一致	潜水器在 1 kn 速度下利用多普勒记录速度试验
12	推进系统系泊推力测定试验		(1) 前进、后退系泊推力测定; (2) 下潜、上浮系泊推力测定; (3) 左、右侧移系泊推力测定
13	通过计算机推力分配的手操航行控制试验	功能可实现	(1) 前进、后退航行调试; (2) 下潜、上浮航行调试; (3) 左移、右移航行调试; (4) 左转、右转航行调试
14	不通过计算机推力分配的手操航行控制试验	功能可实现	(1) 前进、后退航行调试; (2) 下潜、上浮航行调试; (3) 左转、右转航行调试
15	自动定高试验	功能可实现,精度：+/−20 cm	不同速度下定高功能调试
16	自动定向试验	功能可实现,精度：+/−1°	不同速下定向功能调试
17	自动定深试验	功能可实现,精度：+/−20 cm	不同速下定深功能调试
18	悬停控制试验	功能可实现	悬停功能调试
19	航速 1 节时制动滑距测定试验	滑距：<10 m	航速 1 kn 时紧急制动试验
20	坐底试验	在钢质假底环境中,潜水器坐底、离底平稳	坐底全过程试验
21	机械手功能试验	机械手 7 自由度动作符合要求	(1) 主从机械手动作; (2) 开关机械手动作
22	热液取样功能试验	(1) 和机械手接口及 ICL 信号传输正确; (2) 在模拟喷口悬停或钢质假底坐底条件下取样动作正确实现	模拟热液取样过程试验
23	沉积物取样功能试验	(1) 和机械手接口正确; (2) 在模拟沉积物和钢质假底条件下,取样动作正确实现	模拟沉积物取样过程试验
24	钴结壳取芯功能试验	(1) 和潜水器的电、液接口正确; (2) 在模拟钴结壳和钢质假底条件下,取样过程潜水器稳定,样芯完整; (3) 应急解脱机构工作可靠	(1) 模拟钴结壳取芯过程试验; (2) 取芯器解脱试验
25	全流程功能拷机试验	各设备运行正常	按潜水作业流程启动设备运行
26	锌银电池试验	电压、电流、容量符合要求	各种设备运行状态下对锌银电池供电情况进行检测

10.3.3 水池试验过程中的质量控制和安全保障

水池试验必须要按照经过专家评审通过的《7 000米载人潜水器水池试验方法》[6]来执行的。水池试验中对各个设备的技术状态均有严格要求，每个试验的过程和检测项目均有文字记录和状态记录，每次试验完成后整理成一次试验档案，做到每次试验的每个过程均可查，每个数据均有记录。

水池试验内容和方法的改变必须得到总师的批准，并按照批准的方法执行。

潜水器水池试验是一项综合性的试验，涉及的方面比较多，后勤的保障是试验按时进行的重要保证，必须要事先准备充分。在水池试验阶段，安全始终是第一位的。在项目组进驻水池前，必须制定水池试验安全规章制度，并专门开会进行宣贯，传达到每一个在水池的工作人员。同时，在水池试验场地张贴大量安全警示标志，时刻提醒工作人员注意安全。

在水池试验现场，也应加装视频监控设备，保证对潜水器24 h的监控。

试验过程中的人员安全是另一个重点。三个下潜人员和潜水器的安全是试验过程必须保证的，需要制定一套行之有效的安全保障措施。试验前的各项检查工作落实到人，并实行记录签署制度，保证潜水器试验前的技术状态是正常的。布放回收的过程有专门人员牵引绳索保护，起吊过程指挥和操作分开，职责明确。危及潜水器安全的试验项目必须在有保护的状态下进行，水面水下的通信一旦出现故障，试航员不可进行任何操作，确保潜水器不会发生碰撞等危险。潜水器下水前调整为正浮力状态，使得潜水器推进故障是处于浮在水面的状态，同时携带的可弃压载确保有设备漏水情况下可提供足够的浮力。试验过程控制用电量，确保试验结束时有不少于30%的电量可用，这样可应对意外情况下的用电需要。

参考文献

[1] 胡震,等.7 000米载人潜水器总装工作总结报告：ZQTW - 002[R].中国船舶重工集团公司第七〇二研究所归档报告,2007：11.

[2] 杨有宁.7 000米载人潜水器可靠性保证大纲：ZQFW - 001B[R].中国船舶重工集团公司第七〇二研究所归档报告,2003：3.

[3] 杨有宁.7 000米载人潜水器质量保证大纲：ZQFW - 002A[R].中国船舶重工集团公司第七〇二研究所归档报告,2003：3.

[4] 胡震,等.7 000米载人潜水器陆上联调阶段工作总结报告：ZQTW - 004[R].中国船舶重工集团公司第七〇二研究所归档报告,2008：1.

[5] 胡震,等.7 000米载人潜水器水池联调阶段工作总结报告：ZQTW - 005[R].中国船舶重工集团公司第七〇二研究所归档报告,2008：10.

[6] 胡震,等.7 000米载人潜水器水池试验方法：ZQTW - SS[R].中国船舶重工集团公司第七〇二研究所归档报告,2007：7.

第 11 章　潜水器的海上试验

海上试验是潜水器研制过程中一个最有风险的环节,必须要有充分的准备。准备内容包括海上试验大纲的编写,海试区域环境的调查,海试备品备件的准备,以及应急预案的编写等。本章将就相关问题进行简要介绍。

11.1　海上试验大纲的编写原则

海上试验是潜水器研制的一个关键阶段,主要是为了全面检查设计建造的潜水器的各项技术性能、使用效能、安全性和可靠性满足合同指标和各种规范要求的情况,通过试验最终确认潜水器是否可以验收并投入使用。海上试验的成功与否直接关系到整个研制项目的成败。

潜水器的海上试验是一项系统工程,包括潜水器本体、水面支持系统、试验海区、试验人员、海试应急预案准备,以及试验协同船只准备等诸多方面。

为了确保潜水器海上试验的安全,海上试验准备阶段必须要编写专门的《7 000米载人潜水器海上试验大纲》[1]并通过专家的评审。海上试验一般都遵循"由浅到深、安全第一"的原则。海上试验大纲的编写原则必须是完整系统,即海上试验涉及到的每个环节都必须考虑周详,对于各种可能出现的意外情况要有应急预案。因此,一本完整的潜水器海上试验大纲应该包括九个方面,表11.1是潜水器海上试验大纲的一般目录。

表 11.1　潜水器海上试验大纲的一般目录[1]

章号	章标题及下设小节	章号	章标题及下设小节
0	前言	5	试验内容 5.1—5.n 每个不同深度海区试验内容 5.n+1 海上试验检查、认可、验收程序
1	试验目的和依据 1.1 试验目的 1.2 试验依据 1.3 试验文件	6	海上试验过程的基本流程 6.1 海上试验操作流程框图 6.2 海上试验操作几点要求
2	试验总则 2.1 试验对象 2.2 试验海域 2.3 试验条件	7	海上试验安全保障 7.1 海上试验环境保障 7.2 潜水器安全保障措施和应急预案 7.3 水面支持系统安全保障措施及应急预案 7.4 加强安全教育,提高全体参试人员的安全意识和知识
3	试验组织体系	8	海上试验计划进度安排
4	试验海区及试验目标 4.1 试验阶段划分及其海区 4.2—4.n 每个不同深度海区试验目标	9	海上试验检测、验收项目

11.2 海上试验前的准备

潜水器海上试验非常复杂,涉及的因素和环节很多,稍有不慎就会导致人员或财产的损失。为了确保海上试验安全顺利地进行,充分开展海上试验前的各项准备工作是十分必要的。

一般来说,海上试验前的准备工作包括以下几个方面:一是试验对象技术状况的确认;二是备品备件的准备;三是文档资料的准备;四是试验海区的预调查;五是应急预案的硬件落实;六是组织机构的落实和参试人员的培训和安全教育;七是人员和设备的保险。

试验对象当然是某型新研发的潜水器,如"蛟龙"号,技术状况的确认一般通过水池试验或湖试来进行。潜水器出航之前,首先是潜水器的所有设备包括分系统都经过压力筒的高压测试验收。按照当前不同船级社的规范,设备测试验收的最大压力一般是最大工作压力的1.1~1.25倍,具体取值由总设计师或入级的船级社决定。"蛟龙"号的设备验收压力采用了下限1.1倍,从连续九年的海上试验和应用情况来看,设备的安全性没有发现问题。因此可以建议,对于7 000 m以下深度的潜水器,均可以采用1.1倍的设备验收标准。如果某设备或分系统的验收测试不能通过,则该设备或分系统不能参加陆上总装。总装结束之后,先在陆上进行联调,然后再进水池进行调试。在淡水和常压条件下,如果潜水器的各种功能和性能都能正常实现,则表明潜水器已经达到了出海试验的技术状态。

由于海上试验的地点有时离岸较远,为了保证海上试验的顺利进行,海上试验期间准备适当数量的备品备件是必要的,但究竟准备多少是适当的,取决于经验和知识;因此,这个问题一般由各个系统的主任设计师来作初步考虑,然后由总设计师根据经费的宽裕程度作最终决定。备品备件须经过必要的验收程序,并履行规范管理,确保合格可用。除了为各个系统的设备或部件准备更换的备品备件外,加工工具的准备也很重要。

海上试验必须制定经过同行专家审查过的严密周全的海上试验文件(包括海上试验计划、海上试验大纲、实施细则、验收大纲和应急预案),试验应严格按照操作规程进行;并按计划完成各项试验内容;海上试验大纲及实施细则有时还需通过组织单位批准后作为海上试验的依据。除了海上试验文件外,还要准备潜水器的随机文件,内容包括:全系统设计图纸一份、每个分系统的使用维护说明书一套、引进设备的使用说明书一套。上船携带的纸质文件必须有清晰的目录,并由专人负责保管和发放,同时携带电子文档一套,保存在上船的办公电脑里。

对于无人潜水器，试验海区的预调查可以安排在同一个航次中进行，在船舶到达试验海区后，先利用船上的多波束等设备进行调查。但对于载人潜水器，尤其是近海的区域，如 50 m、或 300 m 深度级别的试验区域，应尽量事先安排测量航次，通过对海底地形地貌、海流、底质等因素进行综合调查后，选择最安全的海区开展潜水器的海上试验。

海上试验存在比较大的风险，因此，海上试验大纲中的一个重要内容就是各设备的故障分析、故障的处理预案以及各种应急情况下的预案准备[2]。一旦大纲通过后，应急预案中涉及的硬件设备必须与备品备件一起得以落实；否则，应急预案就成为一纸空文。"蛟龙"号海上试验期间，经过多年的摸索，发现把应急预案列表后非常方便现场操作，因此，本章把"蛟龙"号的海试应急预案列表作为最后一节单独给出，以便同类潜水器编制海上试验应急预案时作为参考。

海上试验必须要有严密的组织机构，对于大型复杂的海上试验，可以成立海上试验领导小组、海上试验顾问专家组、海上试验现场指挥部、总师组等组织机构，明确各级组织的职责。对于所有参试海上试验的人员，在起航之前还要开展必要的安全教育和操作技能培训。

海上试验具有一定风险性，根据国际惯例，必须对潜水器进行财产保险，并对参试人员进行人身意外伤害保险。

11.3　海上试验过程

海上试验应严格遵照《××潜水器海上试验操作流程及操作口令》和《××潜水器海上试验操作岗位及职责》进行。以"蛟龙"号为例，主要内容如下[1]。

1) 海上试验操作流程

(1) 下潜前一天海上试验准备操作流程框图见图 11.1。

(2) 海上试验操作流程框图见图 11.2。

2) 海上试验操作要求

(1) 每次下潜试验前，所有参试人员必须明确本次下潜试验实施细则中所规定的试验项目、内容和检验要求。

(2) 现场总指挥宣布试验的具体时间，统一指挥试验全过程，并最后宣布本次试验结束。

(3) 由现场指挥小组作出需进一步维护和检修的要求，由水面支持、潜水器总体集成、控制和声学等技术保障部门执行。

(4) 每航次总结由海上试验现场指挥小组主持，决定可否进行下一航次试验，并向领

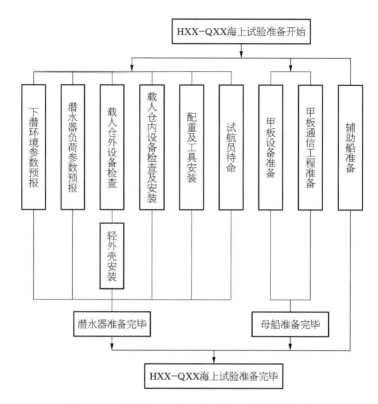

图 11.1　下潜前一天海上试验准备操作流程框图

导小组报备；每阶段的总结由领导小组主持，决定可否转入下一阶段试验。

11.4　海上试验过程中应特别注意的安全事项

1) 海上试验环境保障

（1）对试验海区进行充分的先期调查，全面掌握海区的气象、海况、水文、近底水流、地形地貌和地质等情况，确保所选定的海区和时间窗满足海试的要求。

（2）海上试验设有备用试验海区，在首选试验海区出现异常情况时可以转移至备用海区进行试验。

（3）下潜当天及第二天的环境预报非常重要，必须要根据权威机构的预报信息来作决策。下潜当天仍然要安排水面、水下的环境监测，充分保证潜水器下潜工作时或在意外延长水下逗留时间时的安全性。

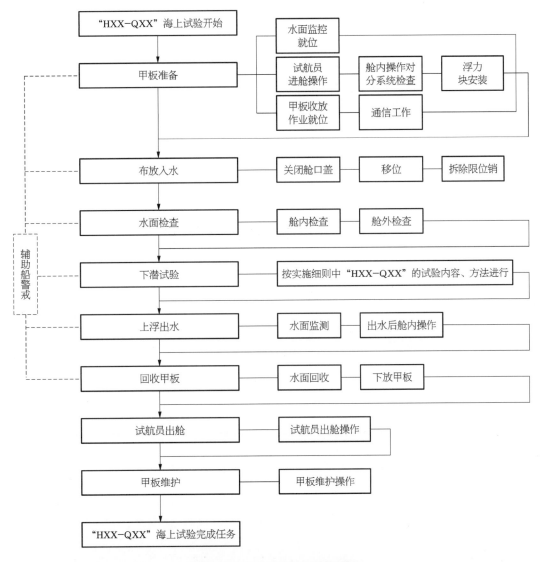

图 11.2　海上试验操作流程框图

（4）加强试验海区的警戒，防止海面干扰，确认试验海区无捕鱼作业，尤其不允许存在拖网和流网。

2）潜水器安全保障措施和应急预案

（1）下潜前确认潜水器上配备的安全保障措施能正常工作。

（2）潜水器可能出现的各种故障均有分析并有应对措施。

（3）潜水器出现应急状态时有处理预案。

3）水面支持系统安全保障措施及应急预案

（1）下潜前确认水面支持系统能正常工作。

（2）水面支持系统可能出现的各种故障均有分析并有应对措施。

（3）在出现 A 形架失电或者其他非正常情况且无法短时间修复，则启动水面支持系统应急预案。

4）安全教育

（1）对全体参试人员进行安全消防救生教育并组织演练。

（2）船上主要通道张贴安全规定，并组织专门学习。

（3）甲板作业人员配备必要的救生衣、安全帽、安全带和工作鞋等劳动保护用品。

11.5 编制应急预案列表

在编制《载人潜水器海上试验大纲》[1]时，一开始制订的应急预案不够全面，在 2009 年和 2010 年的 1 000 米级和 3 000 米级海试过程中，不断地对应急预案进行修改和补充。在 2011 年 5 000 米级海试准备阶段以及航行过程中，又结合该次试验特点新制订了一些应急预案。为便于这些应急预案的实施，总师组对所有应急预案进行了重新梳理，确定了响应级别以及海试现场的组织者，为确保海试的安全顺利进行打下扎实的基础。建议潜水器海上试验应急预案以列表的形式给出，如"蛟龙"号海上试验的应急预案列表，见表 11.2。

表 11.2 "蛟龙"号载人潜水器海上试验应急预案列表[2]

序号	情况简述	故障性质/响应级别	处置措施	现场组织者
		潜水器本体		
1	潜水器本体无法实施自救	严重/一级	释放应急浮标救援失败，转为一级应急状态，报告领导小组，请求外援	Ⅱ→Ⅰ
2	潜水器本体陷在淤泥里或被缠绕无法抛载上浮	严重/二级	释放应急浮标，实施水面救援，并按照程序上报	Ⅱ
3	主框架在甲板上目测发现肉眼可见裂纹	严重/二级	组织修复后方可下水进行试验或作业，并按照程序上报	Ⅲ-2
4	潜水器坐底支架被缠绕	严重/二级	驾驶潜水器努力摆脱缠绕，并按照程序上报	Ⅳ-5
5	潜水器可回转推力器被缠绕	严重/二级	驾驶潜水器努力摆脱缠绕，并按照程序上报	Ⅳ-5
6	潜水器尾部推力器或稳定翼被缠绕	严重/二级	驾驶潜水器努力摆脱缠绕，并按照程序上报	Ⅳ-5

（续表）

序号	情况简述	故障性质/响应级别	处置措施	现场组织者
7	一只机械手手臂被缠绕	严重/二级	利用另外一只机械手帮助解脱，并按照程序上报	Ⅳ-5
8	机械手手臂被缠绕不能解脱	严重/二级	在利用另外一只机械手帮助解脱无效的情况下，可抛弃机械手，并按照程序上报	Ⅳ-5
9	采样篮被缠绕	严重/二级	抛弃采样篮，并按照程序上报	Ⅳ-5
10	钻结壳取芯器发生缠绕或卡住	严重/二级	在钻结壳取芯器自带脱离机构失效，无法解脱时，可以将其抛弃；发生缠绕而无法解脱时也将其抛弃，并按照程序上报	Ⅳ-5
11	浮力块从主框架上脱落	严重/二级	立即抛载返航，主驾驶也可视情况抛弃水银，并立即上报	Ⅳ-5
12	轻外壳从主框架上脱落	严重/二级	立即抛载返航，并立即上报	Ⅳ-5
13	载人舱漏水	严重/二级	立即抛载返航，主驾驶可视漏水速度决定是否抛弃水银或主蓄电池箱，并立即上报	Ⅳ-5
14	三套生命支持系统同时不能供氧	严重/二级	首先是打开氧气瓶安全阀，然后抛载上浮，主驾驶可视情况决定是否抛弃水银或主蓄电池箱；舱内人员尽量减少运动量，并立即上报	Ⅳ-5
15	主、副液压源同时泄漏	严重/二级	关闭主副液压源，用电磁铁实施抛载返航；然后再启动应急液压源备用，并按照程序上报	Ⅳ-5
16	蓄电池任何一组无法供电	严重/二级	潜水器会自动抛载返航，主驾驶立即上报	Ⅳ-5
17	蓄电池 24 V 副电池无法供电	严重/二级	潜水器会自动抛载返航，主驾驶立即上报	Ⅳ-5
18	配电系统动力电缆故障	严重/二级	立即抛载返航，并立即上报	Ⅳ-5
19	舱外计算机不能正常工作	严重/二级	重新启动，不成功立即返航，同时立即上报	Ⅳ-5
20	左舷接线箱漏水	严重/二级	立即抛载返航，并立即上报	Ⅳ-5
21	右舷接线箱漏水	严重/二级	立即抛载返航，并立即上报	Ⅳ-5
22	观察系统接线箱漏水	严重/二级	立即抛载返航，并立即上报	Ⅳ-5
23	作业系统接线箱漏水	严重/二级	立即抛载返航，并立即上报	Ⅳ-5
24	航行控制检测接线箱漏水	严重/二级	立即抛载返航，并立即上报	Ⅳ-5

（续表）

序号	情况简述	故障性质/响应级别	处置措施	现场组织者
25	声学系统主接线箱漏水	严重/二级	立即抛载返航，并立即上报	Ⅳ-5
26	声学系统副接线箱漏水	严重/二级	立即抛载返航，并立即上报	Ⅳ-5
27	水声通信机和6971水声电话都发生故障，无法通信	严重/二级	在15 min没有通信后，立即抛载返航，并立即上报	Ⅳ-5
			利用超短基线系统监测潜水器深度和方位，并组织水面瞭望，及时发现潜水器	Ⅲ-2
28	计算机罐漏水	严重/二级	立即抛载返航，并立即上报	Ⅳ-5
29	配电罐漏水	严重/二级	立即抛载返航，并立即上报	Ⅳ-5
30	其他小型声纳主机罐漏水	严重/二级	立即抛载返航，并立即上报	Ⅳ-5
31	蓄电池箱补偿报警	严重/二级	切断电源输出，立即抛载返航，并立即上报	Ⅳ-5
32	可弃压载抛载机构左右500 kg压载铁全没有抛弃	严重/二级	抛弃水银和主蓄电池箱返航，并立即上报	Ⅳ-5
33	呼吸面具系统不能供氧	严重/二级	立即抛载返航，并立即上报	Ⅳ-5
34	发生火灾	严重/二级	如果火灾，立即组织灭火，并抛载返航，还可抛水银和主蓄电池箱返航，同时立即上报	Ⅳ-5
35	可调压载水舱漏水	一般/三级	抛弃压载返航，主驾驶也可视情况的严重程度决定是否抛弃水银返航，并立即上报	Ⅳ-5
36	蓄电池箱泄漏报警	一般/三级	如是110 V蓄电池箱泄漏则立即抛载返航；如是24 V蓄电池泄漏，则先切换，再抛载返航；并立即上报	Ⅳ-5
37	航行控制检测接线箱或观察系统接线箱泄漏报警	一般/三级	切断液压源110 V供电，抛载返航，并立即上报	Ⅳ-5
38	接线箱或电磁阀箱泄漏报警	一般/三级	切断相关设备电源开关，抛载返航，并立即上报	Ⅳ-5
39	主液压源泄漏	一般/三级	关闭主液压源，抛载返航，并立即上报	Ⅳ-5
40	副液压源泄漏	一般/三级	关闭副液压源，抛载返航，并立即上报	Ⅳ-5

（续表）

序号	情 况 简 述	故障性质/响应级别	处 置 措 施	现场组织者
41	两套生命支持系统同时不能供氧	一般/三级	使用应急供氧系统,抛载返航,并立即上报	IV-5
42	任何一只推进器无法工作	一般/三级	潜水器航行会有问题,立即抛载返航,并立即上报	IV-5
43	配电设备故障	一般/三级	抛载返航,并立即上报	IV-5
44	舱内显控不能正常工作	一般/三级	重新启动,不成功则立即抛载返航,并立即上报	IV-5
45	航行控制不能正常工作	一般/三级	重新启动,如不成功,可在综合显控计算机上运行航行控制程序,视情况返航,并及时上报	IV-5
46	声学主控器无法正常工作	一般/三级	会导致水声通信机失效;关闭计算机,重新启动;如果无法恢复则改用6971 水声电话进行联系	IV-5
47	定位声纳无法定位	一般/三级	可以通过运动传感器和声学多普勒测速仪数据自主导航在小范围内航行	IV-5
			上浮过程组织实施"载人潜水器与母船相对位置不明时的安全上浮应急预案"	III-2
48	成像扫描声纳无法工作	一般/三级	无法了解潜水器前方区域情况,禁止高速巡航作业	IV-5
49	机械手手爪被缠绕	一般/三级	先用另一机械手协助解脱,如不成功,可将手爪抛弃,无法抛弃手爪则抛弃一个机械手,并按照程序上报	IV-5
50	可弃压载抛载机构左面 150 kg 压载铁没抛	一般/三级	抛弃全部 1 000 kg 压载铁返航,并立即上报	IV-5
51	可弃压载抛载机构右面 150 kg 压载铁没抛	一般/三级	抛弃全部 1 000 kg 压载铁返航,并立即上报	IV-5
52	可弃压载抛载机构左右 150 kg 压载铁全没有抛弃	一般/三级	抛弃全部 1 000 kg 压载铁返航,并立即上报	IV-5
53	可弃压载抛载机构左面 500 kg 没有抛弃	一般/三级	抛弃全部 1 000 kg 压载铁返航,并立即上报	IV-5
54	可弃压载抛载机构右面 500 kg 没有抛弃	一般/三级	抛弃全部 1 000 kg 压载铁返航,并立即上报	IV-5
55	液压源补偿报警	轻微/三级	切断液压源 110 V 供电,抛载返航,并立即上报	IV-5

（续表）

序号	情 况 简 述	故障性质/响应级别	处 置 措 施	现场组织者
56	航行控制检测接线箱或观察系统接线箱补偿报警	轻微/三级	切断液压源 110 V 供电，抛载返航，并立即上报	Ⅳ-5
57	接线箱、纵倾调节油箱或机械手补偿报警	轻微/三级	切断相关设备电源开关，抛载返航，并立即上报	Ⅳ-5
58	正常供氧系统不能供氧	轻微/三级	使用另外一套，按照程序上报	Ⅳ-5
59	备用供氧系统不能供氧	轻微/三级	使用另外一套，抛载返航，并立即上报	Ⅳ-5
60	配电系统信号电缆故障	轻微/三级	切断该路信号，视情况决定后续措施	Ⅳ-5
61	姿态传感器不能正常工作	轻微/三级	如果影响到潜水器的安全航行就返航，并按照程序上报	Ⅳ-5
62	观察设备不能正常工作	轻微/三级	如果是单一的设备故障可以继续作业，如果是全部故障则返航，并按照程序上报	Ⅳ-5
63	水声通信机或 6971 水声电话故障	轻微/三级	水声通信机和 6971 水声电话互为备份，可以继续作业	Ⅳ-5
64	避碰声纳用于高度测量的通道全部产生故障	轻微/三级	利用高度计或声学多普勒测速仪的高度数据	Ⅳ-5
65	避碰声纳其他避碰故障	轻微/三级	减速航行，根据作业区域情况决定是否返航，并按照程序上报	Ⅳ-5
66	多普勒声纳无法工作	轻微/三级	只对航行自动控制有影响，可以继续作业	Ⅳ-5
67	测深侧扫声纳无法工作	轻微/三级	可以继续进行其他作业	Ⅳ-5
68	运动传感器无法输出数据	轻微/三级	影响测深侧扫声纳和多普勒测速仪数据精度，控制和导航系统改用光纤罗盘和倾斜仪提供的航向和姿态数据	Ⅳ-5
水面支持系统				
69	A 形架出现两种以上的故障	严重/二级	若同时采取相应的应急措施可以实现安全回收，则执行复合应急措施回收 若仍然不能安全回收，则组织实施行"潜航员海面离潜器自救预案"，以及应急拖带程序	Ⅲ-3 Ⅱ

（续表）

序号	情 况 简 述	故障性质/响应级别	处 置 措 施	现场组织者
70	系统断油、断电或者不能摆动	严重/二级	组织实施"潜航员海面离潜器自救预案——利用母船和水面支持系统的措施" 组织实施应急拖带程序	Ⅲ-3 Ⅱ
71	提升绞车故障	严重/二级	组织实施"潜航员海面离潜器自救预案——利用母船和水面支持系统的措施" 组织实施应急拖带程序	Ⅲ-3 Ⅱ
72	超短基线定位系统紧急故障	严重/二级	通过运动传感器和声学多普勒测速仪数据自主导航在小范围内航行 上浮过程组织实施"载人潜水器与母船相对位置不明时的安全上浮应急预案"	Ⅳ-5 Ⅲ-2
73	A 形架的 1 只主推油缸故障，使 A 形架不能正常收回	一般/二级	控制减小 A 形架的舷外摆角，以减小 A 形架摆回的动力需求，完成使用单缸动力回摆 精确控制拖曳绞车的张力，并视海情大小附加采用小橡皮艇向后辅助拖带，防止潜水器模型碰撞船尾	Ⅲ-3
74	拖曳绞车故障	一般/三级	用一根拖绳连接载人潜水器模型的尾部挂点，用小橡皮艇定位载人潜水器模型的艏向，止荡；可采取人工止荡	Ⅳ-10 Ⅲ-3
75	回收潜器时轨道车不能行走	一般/三级	潜器落架，就地系固 排除故障后回位	Ⅳ-11 Ⅲ-3
76	轨道车不能升起	一般/三级	用 A 架提升绞车按需要提升潜水器到一定高度，并挂钩；排除轨道车故障	Ⅳ-11
77	绞车主泵不工作	一般/三级	液压管路中蓄压器有压力油时，通过操作二位三通电磁阀，控制叠片式液压刹车释放，允许卷筒转动；由人工回收吊阵，因此不要过多释放电缆	Ⅳ-10 Ⅲ-3
78	A 形架的一只升降套柱油缸故障，不能提升起潜水器模型来完成在海面上与导接头的对接	轻微/三级	用另一只正常的升降套柱油缸空载提升套柱 再用主提升绞车，按正常程序提升潜水器模型，并完成潜水器模型与导接头对接	Ⅳ-10
79	潜水器模型导接头挂钩驱动油缸失效，无法完成对潜水器模型挂钩	轻微/三级	利用提升绞车，提升潜水器模型并进而将升降套柱直接同时整体提升到要求高度，由主吊绳承受负载重量，不挂钩，然后继续进行回收	Ⅲ-3
80	液压升降台车不能升降或行走	轻微/三级	采用其他临时措施进行潜水器底部各种设备的维修及更换；如其他临时措施不起作用，则必须等液压升降台车修复后再进行海上试验	Ⅳ-11

序号	情况简述	故障性质/响应级别	处置措施	现场组织者
81	液压电缆绞车不能正常工作	轻微/三级	(1) 利用船上的液压源(船上有液压源供应的话)向液压马达供油,即断开液压泵站向液压马达供油的A、B口接管,将船上液压源的进油管和回油管通过一只手操换向阀与液压马达的A、B口相连 (2) 液压马达损坏,多层碟式制动器(刹车)闭合,此时绞车将无法运行,只能修复或更换液压马达,恢复绞车的收、放工作	Ⅳ-11
			试验母船	
82	试验海区海况异常	无/二级	由气象、环境预报专家和船长会商,并及时上报现场总指挥	船长
83	避免高海况上浮	无/二级	潜水器在海上试验时,如果收到在试验区域影响海上试验安全的天气和海况预报,则应在天气或海况对布放回收产生影响前回收上船,以确保潜水器的安全 潜水器在海上试验时,如果母船在无预报的情况下突然遇到影响布放回收的海况或天气,对于这类情况分成2种分别处理:① 海上风速较高但海况仍然小于4级,且预计紧急上浮后在完成回收潜水器时的海况仍然小于4级,则潜水器紧急上浮回收;② 海况大于4级或预计紧急上浮后海况大于4级,则潜水器在水下等待高海况过后回收	Ⅱ
84	试验计划超期	无/二级	应急停靠密克罗尼西亚的布纳佩,并及时上报	Ⅱ
85	参试人员出现意外(如疾病等)	无/二级	紧急停靠密克罗尼西亚波纳佩港,必要时立即向最近搜救中心呼救,并及时上报	Ⅱ
86	防核辐射	无/二级	如遇严重超标,"向阳红09"船将尽快驶离该航线或区域	Ⅱ
87	信息安全	无/二级	遇重要和特殊情况,通过密码电报向海试领导小组报告	Ⅱ
88	保密	无/二级	根据不同的情况按照保密预案采取相应的措施	Ⅱ
89	正常指挥通信受阻	无/二级	采用应急通信手段,船长及时报告总指挥	船长
90	船只安全受到威胁	无/二级	根据"5 000米级海试安全保障措施及应急预案",采取相应的措施,并及时报告总指挥	船长

（续表）

序号	情 况 简 述	故障性质/响应级别	处 置 措 施	现场组织者
91	海上试验气象保障及防抗台风	无/二级	根据"5 000 米级海试气象保障及防抗台风应急预案"，采取相应的措施，并及时报告总指挥	船长
92	海上试验涉外事态、海空情况	无/二级	根据"5 000 米级海试涉外事态、海空情况应急处置预案"，采取相应的措施，并及时上报	Ⅱ
93	海上试验救生预防	无/二级	根据"5 000 米级海试救生预防措施及应急处置预案"，采取相应的措施，及时报告总指挥	船长
94	海上试验防恐怖袭击防海盗	无/二级	根据"5 000 米级海试防恐怖袭击防海盗预防措施及应急处置预案"，采取相应的措施，及时报告总指挥	船长
95	7 000 m 海区选址	无/二级	密克罗尼西亚 EEZ 区将作为首选海区，通过外交部照会，得到同意后由"海洋六号"船在 8—10 月间开展调查；如遇当地政府阻碍，则启动印度尼西亚 EEZ 作为选址区域方案，"海洋六号"船随时听从海试领导小组指示	Ⅲ-4 Ⅱ→Ⅰ
96	人为干扰	无/二级	及时规避，避免发生正面对抗和冲突"海洋六号"船与对方周旋，保护"向阳红 09"船尽快回收潜水器，同时迅速通过密码电报报海试领导小组，听候指示	Ⅱ Ⅲ-4
97	试验警戒	无/二级	"海洋六号"船在海试期间负责海试警戒支撑保障任务	Ⅲ-4
98	思想政治工作	无/二级	广泛动员，开展系列活动，做好医疗和伙食服务，重视安全，做好应对各类突发事件的预案	临时党委书记
99	"向阳红 09"船通过吐噶喇海峡	/二级	根据"向阳红 09 船 5 000 米级海试通过吐噶喇海峡处置预案"，采取相应的措施，并及时上报	船长

　　表 11.2 中的"蛟龙"号载人潜水器海上综合试验的岗位设置及各操作岗位的编号、主要工作内容如图 11.3 所示。潜水器海上综合试验岗位设置共分为 5 级：第Ⅰ级——海试领导小组组长；第Ⅱ级——海试现场总指挥；第Ⅲ级——母船、潜水器、水面支持系统和辅助船相关负责人；第Ⅳ级——负责一个方面工作的部门长；第Ⅴ级——各操作岗位人员。

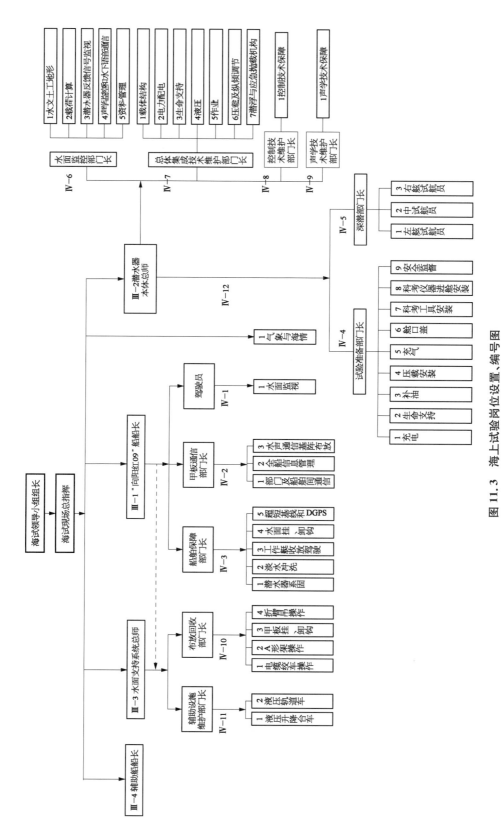

图 11.3 海上试验岗位设置、编号图

参考文献

［1］　7 000 米载人潜水器总体组.7 000 米载人潜水器海上试验大纲(ZQSW‐001)［R］.中国船舶重工
　　　集团公司第七〇二研究所归档报告,2007.

［2］　崔维成.蛟龙号载人潜水器的故障及处理方法［M］.上海：上海交通大学出版社,2016.

第 12 章　载人潜水器潜航员的选拔与培训

载人潜水器是由潜航员驾驶操作，具备水下航行和作业能力的深海装备[1]。潜航员是驾驶载人潜水器下潜并在水下开展航行和作业活动的主要操控人员。因此，潜航员对于载人潜水器的航行安全和作业以及作业效率具有十分重要的意义。

为了保障潜水器正常工作，完成乘员科学家要求的水下科学作业任务，载人潜水器潜航员需要对潜水器的性能、操控和水下环境有相当程度的了解。发生异常情况时，潜航员应能操控潜水器上浮。因此，潜航员是载人潜水器安全作业的主要责任人，需要有特殊的心理素质、身体素质、理论知识和操作技能[2]。与航天员相似，潜航员也是一种专门的职业，对于候选人需要精心的选拔，专门的培训和严格的考核[3]。本章主要介绍潜航员选拔、培训和考核方面的基本知识。

12.1　国外潜航员选拔与培训的情况

在"蛟龙"号研制成功之前，全世界只有美国、法国、俄罗斯和日本拥有大深度载人潜水器，他们有潜航员培训的体系和丰富的载人潜水器应用经验。要成为潜航员，首先应该满足国际海事组织（International Maritime Organization，IMO）对从事海上工作人员资质以及安全操作的有关规定，很多潜水器安全认证机构还有针对性很强的要求，例如军队和船级社。美国有一个深潜器潜航员协会（Deep Submersible Pilots Association，DSPA），很多潜水器的潜航员都是这一协会的会员，该协会编写的深潜器潜航员选拔、训练和资格认证指南[3]是当今世界，尤其是美国，培养潜水器潜航员的指导性文件。

日本的潜水器"深海2000"号和"深海6500"号在载人舱内设置有一正一副两名潜航员，他们负责在载人舱内操纵潜水器完成下潜任务，两个潜航员在舱内的分工不同。支持母船上载人潜水器的技术支持人员，包括潜航员在内，总共18人。载人潜水器的日常维护由专门的技术人员完成。

日本潜航员的选拔和培训有一套完整的系统，也有专门的模拟器培训装置。潜航员通过考核后的正式服役时间为五年左右，退役的潜航员一般会担任潜水器的管理和技术工作，继续为潜水器服务。这样的规定就需要较多数量的潜航员，需要大量的经费支撑，庞大的管理、维护和潜航员队伍给潜水器的支持母船等配套设施带来很大的压力。为了节省经费，日本在"深海6500"号服役后就选择让"深海2000"号载人潜水器退役，整个国家只维持一艘载人潜水器在役。

美国"阿尔文"号的潜航员由伍兹霍尔海洋科学技术研究所（Woods Hole Oceanographic Institution，WHOI）负责招聘，培训由"阿尔文"号的首席潜航员负责，潜航员的资格由专门成立的委员会认定，最少耗时两年。候选者应该具有机械、电子或者电气工程的专业背景，满足WHOI在身体素质方面的要求，在和WHOI签订聘用合同以后成为深潜操作小组(deep submergence operation group，DSOG)的技术人员。

DSOG 技术人员平时的工作都和载人潜水器的日常管理和维护有关，包括部件的检测、维修和组装，备件和耗材的定购，需要更新升级部件的选购等，除此以外，他们还需要自学潜水器所有部件的设计加工图纸、质量检测报告和使用说明书，以及潜水器的操作手册等文件。经过一定时间的工作，在获得潜航员培训委员会的认可以后，他们可以升级成为在训练潜航员(pilot in training，PIT)，可以参与"阿尔文"号的科考航次。

PIT 在"阿尔文"号的使用过程中要承担不同的工作岗位，包括潜水器的潜航员、水面指挥员、甲板协调员、A 形架操作员以及水手，帮助正式潜航员在甲板上完成"阿尔文"号的日常检修和维护工作，例如蓄电池的充放电和更换等。"阿尔文"号在日常的使用过程中夹杂着潜航员培训的内容，每五个下潜就设置一个 PIT 下潜，由一位资深的潜航员陪同 PIT 一起下潜，在考核 PIT 工作情况的同时，还要完成科学家要求的工程任务。

通过 PIT 日常工作和实际驾驶操作的表现，潜航员评价委员会对他们作出评价，获得认可的 PIT 可以成为"阿尔文"号的正式潜航员。简单地讲，委员会的评价标准就是在教官不在场的情况下，教官能够非常放心潜航员的独自操作。

俄罗斯和法国的早期潜航员培训是在国外完成的，之后，他们也建立了类似于美国这样的选拔、培训和考核方法。

12.2　潜航员选拔的一般要求

载人潜水器安全作业的主要责任人是潜航员，因此，对潜航员的心理和生理素质以及操作驾驶技能都有很高的要求。依据国外的经验，潜航员一般应该具有"健康的体魄、智慧的头脑、平衡的心理、健全的人格、熟练的技能"；因此，潜航员的选拔要求对其思想品质、学位、学科背景、身体素质等方面，进行专门的考核。

以下所列的六个方面是我国对潜航员的一般要求，已经写入海洋行业规范[1,2]。

1) 思想政治素质

潜航员首先应该具有高度的政治思想觉悟，热爱祖国、热爱海洋事业，能够严守国家机密。其次，潜航员要有高度的责任感和使命感，能吃苦耐劳，关键时刻具有献身精神。载人潜水器是我们国家的重大深海装备，也是探索、开发海洋的利器，并且关系到潜水器乘员的宝贵生命，一定要把保证潜水器和乘员的安全放在首位，严格遵守潜水器操作规则，谨慎驾驶，在关键时刻，要有舍己为人的献身精神。

2) 学位要求

潜航员除了驾驶潜水器外，还应承担部分潜水器日常的维护和水下异常情况的应急处理等任务，因此要求潜航员兼具潜水器的专业理论知识与实际维修能力。潜航员需要完成正规的系统理论学习,因此,在选拔时对其学位也提出了要求。潜航员最好具有硕士学位,但一般不得低于本科学位。同时,在成为正式潜航员之前,应参加过系统的专门训练并通过专门的资格考核。

3)学科背景

由于载人潜水器是集结构、水动力、机械、电子、液压、动力、水声通信、控制等为一体化的高科技装备,并且上面还带有各种通信装置以及探测设备,这就需要潜航员有很宽的知识面。一般以船舶与海洋工程、机械、自动控制、通信、动力、液压等专业的毕业生为佳,动手能力强的具有海洋科学背景的毕业生也可以成为潜航员。

4)知识结构

潜水器潜航员应具备的知识有:机械电子工程、海洋科学、海洋工程、液压、动力、水声通信、计算机、控制、航海等专业知识。

5)生理和心理素质

潜水器潜航员除了有健康的身体外,还要求思想情绪稳定,心理状态正常。凡对大深度海下环境有畏惧、情绪不稳定者,都不适合参加这项工作。因此,潜航员选拔时,特别需要考虑候选人的生理体能、心理素质和工作能力。具体来说,潜航员候选人应满足如下的条件:

① 有志于从事潜水器的驾驶工作;

② 有开创精神,是一个工作主动的人,一个实干者;

③ 无孤独恐惧症;

④ 具有成熟、坚定的个性;

⑤ 在应急情况下能够冷静分析,迅速而正确地做出决定;

⑥ 坚定而又谦虚,自信而热爱学习,善于与人合作,受周围同事尊敬。

在进行潜航员选拔时,可作小范围访谈。通过与被试者本人面对面的晤谈,考察被试者有无明显的精神分裂、情绪障碍、癫痫性精神障碍、药物或酒精依赖,有无明显的人格障碍、精神发育迟滞或躯体疾病伴发的精神障碍等情况,有无言语过激、偏激、情绪失控等情况。通过与被试者的同事、战友、老师、同学等的交谈,考察被试者有无人际关系敏感,有无情绪不稳或失控,有无不负责任,有无伤人毁物,有无严重违法违纪等情况发生。

6)体质

(1) 潜航员男女均可,身高不超过 175 cm,年龄在 20~30 岁。

(2) 体重为标准体重的 90%~120%,标准体重=(身高—110)kg。

(3) 血压:收缩压为 13.3~17.3 kPa(100~130 mmHg);舒张压为 8.0~11.2 kPa(60~84 mmHg)。

(4) 心率、呼吸频率:心率为 60~90 次/min,呼吸为 12~18 次/min。

(5) 各种原因引起的头颅变形者,不合格。

(6) 颈椎骨质增生、单纯性甲状腺肿,不合格。

(7) 慢性腰腿痛、关节疼痛及 X 射线片有外伤性或药物性骨坏死、脱钙征象或有隐性脊柱裂、腰椎骶化样伴有腰痛者,不合格。

(8) 腋臭(轻、中、重度),不合格。

(9) 直立性低血压,周围血管舒张障碍,不合格。

(10) 明显的心律不齐、心脏肥大或扩大,不合格。

(11) 心电图检查:心律紊乱(包括偶发性早搏)、束枝传导阻滞、房室传导阻滞、ST段或T波改变者,不合格。

(12) 窦性心律不齐、R-R间隔最大相差大于0.24 s以内、器质性的不完全性右束支传导阻滞,不合格。

(13) X射线检查有胸膜肥厚或粘连、肺实质有性质不明的阴影及其他异常者,肺呼吸功能检查有常规通气功能或肺小气道功能不正常者,肺活量小于3 500 ml者,不合格。

(14) 仰卧位,深吸气状态下,在右锁骨中线肋缘下扪到肝脏超过1.0 cm、剑突下超过2.0 cm,质软、有压痛、叩击痛,及自觉症状,肝功能异常,乙型肝炎表面抗原阳性,不合格。

(15) 各种急慢性传染性疾病,不合格。

(16) 贫血,血红蛋白低于12 g/dL,或有出血倾向史者,不合格。

(17) 在四级海况1 000吨级船晕船,不合格。

(18) 听力:任何一只耳朵的听力图测定,听力水平超过表12.1限度者,不合格。

表 12.1　国际标准组织(ISO)规定的正常听力表

频率(Hz)	500	1 000	2 000	4 000
任何一只耳朵最高听力水平(dB)	30	25	25	35

(19) 前庭功能不良,美尼尔氏综合征病史或常发生眩晕者,不合格。

(20) 视力:每眼裸眼视力5.0以下,不合格。

(21) 色盲、偏盲、夜盲、斜视、复视、眼球震颤者,不合格。

(22) 重度沙眼、翼状胬肉、慢性泪囊炎、春季卡他性结膜炎,不合格。

(23) 氧敏感试验:在182 kPa(1.8 kgf/cm^2)压力下,呼吸纯氧30 min,出现嘴唇及面部抽搐、手指颤抖、恶心、呕吐、心悸、大汗、视野缩小、惊厥等症状出现者,不合格。

(24) 肺功能检查,不符合下列标准者,不合格:

肺总量(TLC):大于5 000 ml;

肺活量(VC):大于3 500 ml;

潮气量(VT):大于5 00 ml。

残气量(RV):649~2 011 ml。

(25) 心功能检查各项指标异常者,不合格。

(26) 脑电图检查各项指标异常者,不合格。

(27) 反应时间:

简单反应时:小于0.25 s;复杂反应时:小于0.50 s。

(28) 动作记忆:手臂和手腕动作记忆的误差值小于4°。

（29）注意品质：注意追踪实验，成绩优秀；注意分配能力测验，Q 值为 0.55～0.70；雷视双重任务测验，成绩优秀。

（30）情绪控制能力：九洞仪测试，4 个孔以上；16 - PF 测验，情绪稳定性得分 7 分以上。

（31）深度知觉：立体视觉图检测，第一部分得分在 9 以上；深度知觉仪检测，平均误差在 2 cm 以下。

（32）动作协调性：动作速度测验，10 s 平均动作 32 次以上，并没有错误操作或不协调操作。

（33）判别方向：仪表判读测验，成绩优秀。

（34）空间记忆：空间记忆测验，成绩 9 分以上。

上面所列的标准比较烦琐，执行起来也相当复杂，许多项目需要经验和专业知识加以判断。因此，选拔潜航员是个系统工程，需要组织一个专家队伍来开展。

潜航员选拔的一般程序是：

① 首先外发招聘广告，以自我报名来获得候选人，选择符合学位要求、学科背景和知识结构要求的人作为正式候选人；

② 然后进行正式体检，从中筛选出身体素质合适的复试人员；

③ 复试主要进行心理素质和行为能力方面的考察，采用的形式是专业的心理和行为能力测试，结构性的面谈，由此选择出思想品德好、心理素质好的人员作为正式潜航员候选人加以培训。

12.3　潜航员培训的基本内容

由于潜水器是一个十分复杂的系统，所涉及的专业较多，一个潜航员不可能做到样样精通，可行的方法就是建立一个潜水器潜航员团队，由这个团队来负责潜水器作业的准备、潜水器的操作、潜水器的维护和潜水器的简单修理等。在这个团队中，每一个人均要掌握操作驾驶和几个专业的维护技能，整个团队掌握潜水器全方位的维护，每个专业方向至少有 2 人互为备份。

潜航员的培训一般包括基础理论知识培训、潜水器维护培训、设备操作检修培训和潜水器驾驶操作培训。每个培训阶段都需要进行知识和技能掌握情况的考核，待全部培训完成后需要进行全面的考核。

1）基础理论知识培训

基础理论知识的培训可以以各种形式开展，可以是正规的课堂教育，也可以是潜水器现场讲解，还可以根据开班人员的多少、经费等情况因地制宜制定实施方案和计划，不管是何种形式,潜航员笔记本是必需的,应做到人手一册。潜航员接受培训开始就要求进行培训记录,这些记录包括学习笔记、课程要点、系统说明和简图、个人所见和认识、学习心得体会等,这也是潜航员的成长记录,以后可成为潜航员的一本有用的参考书,因为里面有潜航员自己的理解和认识。

潜航员需要掌握的基础理论知识有基础知识和载人潜水器相关知识,基础知识有以下内容:

① 船舶和海洋工程概论,船舶组成、船舶性能、船舶主要装备,海洋工程特点,海洋工程装备等;

② 海洋调查,海洋的特点、海洋地形、海洋地质、海洋环境、海洋考察等;

③ 潜水器知识,各种潜水器的特点、功能、使用等。

载人潜水器相关的知识有:

① 载人潜水器的基本概况,载人潜水器的主要特点,系统组成,应用领域等;

② 载人潜水器的操作规程,一般划分为准备、布放、水面检查、下潜、巡航、坐底作业、上浮、回收、维护等;

③ 载人潜水器的布放和回收,包括布放回收装备,作业特点,作业流程,母船在布放回收及作业过程中的运动方式等;

④ 载人潜水器的载体结构和舾装,载体结构组成和功能,钛合金结构的特点,耐压结构的拆装方法,结构检测方法,载人舱舱口盖启闭机构维护操作方法,观察窗维护和更换方法;舾装系统组成、功能,舾装设备的拆装和维护;

⑤ 载人潜水器的压载与纵倾调节,可调压载系统原理,操作维护方法,纵倾调节系统的原理、功能、操作和维护方法;

⑥ 载人潜水器的推进,推进系统概述,推进电机,推进系统主电路,推进系统的控制,推进系统的原理、性能、操作使用和维护保养;

⑦ 载人潜水器的电力和配电,电力与配电系统概述,油浸式蓄电池,充电装置及方法,配电系统,绝缘检测,电气线路总布置;

⑧ 载人潜水器的观导和控制,控制系统概述,以太网交换机,控制计算机,传感器和执行机构,控制台和控制面板,工作原理、性能、组成和操纵使用方法;观通导航系统概述,系统及单元结构组成、性能与工作原理,系统及各单元的操作使用和维护保养;

⑨ 载人潜水器的声学系统概述,声学系统中的几个主要设备如水声通信机,高分辨率测深侧扫声纳,避碰声纳,声纳主控器,远程超短基线定位系统,声学多普勒测速仪,成像声纳,运动传感器,声学系统的操作使用及维护;

⑩ 载人潜水器的液压系统,液压传动基础知识,潜水器液压系统特点,油补偿原理及在潜水器上的应用,液压设备组成、功能,操作和维护方法;

⑪ 载人潜水器的作业系统包括机械手、各种作业工具等的原理、功能,操作使用和维护保养;

⑫ 载人潜水器生命支持系统的组成和工作原理,正常、应急状态下的操作使用,日常维护方法,常见故障诊断与排除等;

⑬ 载人潜水器的潜浮和应急抛载,潜浮抛载装置的原理、组成和功能,日常的操作和维护,机械手应急抛载装置的原理、组成和功能,应急操作的条件和方法,蓄电池应急抛载装置的原理、组成和功能,应急操作的条件和方法等;

⑭ 系统测试和试验,包括设备的耐压试验、密封测试、联调试验、功能测试、水池试验和海上试验,所有试验测试的原理和方法。

这些基础理论知识是潜航员进行系统操作的基础,潜航员通过学习初步了解和掌握载人潜水器的基本概念、系统组成、工作原理,在讲学过程中,应为潜航员设立一些讨论课程,让潜航员提出自己的看法和认识,通过交流和讨论提高自己。基础理论知识学习完成后,潜航员进行书面考核和口头汇报,还需要撰写一份学习心得。

2) 操作培训

操作培训是潜航员学习理论知识后展开的技能方面的训练,操作培训应根据潜水器工作情况来确定实施方案和计划。如果潜水器处于制造阶段,操作培训可以结合潜水器各种设备的调试、试验来进行;如果潜水器处于作业阶段,操作培训应结合潜水器的维护、检修来进行;不论是何种情况,均要求潜航员掌握潜水器上所有设备的操作维护方法并进行实际的操作训练。当然,如果条件许可,也可以制造一台与真实潜水器功能相似的模拟器作为潜航员操作培训的平台。

潜航员的驾驶操作培训是在通过了基础理论和专业知识的考核后才进行的。此时,潜航学员对潜水器的基础理论、潜水器操作维护流程、潜水器上设备的工作性能等都有了比较深入的了解,已经建立了操纵一台潜水器的信心和一定的技巧。有此基础,潜航学员就可以让有经验的驾驶员带领进入载人潜水器的驾驶舱内进行实习操作。实习操作从适应舱内工作环境着手,掌握进入驾驶舱应该注意的各种要求,同时,也要求学员掌握舱内每个位置上应该担负的责任。驾驶操作培训从舱内的某一个设备操作开始,先学习一部分设备操作使用和在整个潜水器作业过程中的运转等,譬如生命支持系统,让学员掌握如何操作生命支持系统,如何调节氧气的供应,如何在作业过程中更换二氧化碳吸收剂,如何判断生命支持系统的工作状态等。在驾驶员充分把握的基础上,让学员启动设备的运转,驾驶潜水器进行一些运动。通过多次的进舱学习和操作,学员应该掌握舱内每个设备的操作使用方法,掌握潜水器完成一个作业流程每种设备的使用时段和操作方法,掌握如何判断设备的工作状态,掌握操纵潜水器进行运动的方法,掌握进行定点观察或作业的方法,掌握处理故障的程序和方法等。《载人潜水器下潜作业规程》现在已经正式发布[4];下潜之前,对于作业工具的准备尤其重要,也必须按照行业标准进行精心准备[5]。

3) 维护培训

潜水器维护培训可以让潜航员学员编入维护小组,跟随教员进行实际的维护操作,潜航员应该掌握维护的流程和方法,掌握进行维护的辅助设备的操作使用方法。潜水器的日常维护中有设备功能和性能的检查,设备的密封情况检查和维护,潜水器作业的准备工作如蓄电池的充电、补充液压油和补偿油、补偿气体、更换二氧化碳吸收剂、安装作业工具等,通过这些作业了解和掌握维护的内容,并进行实际的操作,掌握必要的技能。在潜水器作业阶段,潜航员学员可以被分配执行各种任务,如安装压载、检查潜水器设备状态、起吊挂钩操作、通信保障、数据记录、回收挂钩、清洗等,让潜航员学员常常更换各种岗位,熟悉不同岗位上的工作职责和工作方法。通过这一阶段的学习,应该掌握潜水器在母船上的状态和相关操作、布放过程的操作、水面时的操作。要求学习与潜水器相关的全部常规设备的操作,了解所有潜水器支持设备的操作方法,了解与潜水器相关的各种工作的内容和方法。

设备操作检修培训可以根据潜水器检修计划来实施,在潜水器作业过程中出现故障检修维修也是培训的一个切入点。设备的操作检修一方面由教员讲解故障现象、故障判断方法和基本的检修方法;另一方面就是学员跟随检修技术人员进行实际检修操作,掌握设备故障发生时的现象和监测方法,掌握设备进行部件更换的装卸流程和方法,学习使用设备的用户手册和操作指南的方法,学习检修完成后检修测试的方法。在设备检修学习中很重要的一点就是对设备功能、性能的检测,其间进行的一系列试验对潜航员是至关重要的,从中可以把握一个设备的状态,对以后潜航员工作中确保安全作业有重要意义。设备检修的学习是一个循序渐进的过程,是一个逐步积累经验的过程,不能指望一朝一夕就可以达到。

4)其他方面的训练

潜航员在培训期间同时开展身体素质、心理素质、政治素质、潜水技能等的培训和训练,以达到全面发展的目标。

身体素质的训练以提高潜航员的体质为目标,以每天定时健身的形式开展,并进行定期的身体素质考核,考核标准可以参考潜水员的身体素质要求来制定,平时的锻炼均记入潜航员档案,作为考核的一个内容。

心理素质的训练主要培养潜航员对载人舱以及深海这一特定环境的适应能力,并逐步培养潜航员面对特殊情况的处理能力,培训可分阶段进行,第一阶段是在模拟的载人舱内进行 12 h 和 72 h 两种模拟训练,并实时监测潜航员生理、心理的变化情况,让潜航员真实感受环境;第二阶段以心理辅导为主,聘请心理辅导员对潜航员进行心理辅导,让潜航员消除对深海环境的恐惧,让潜航员逐步建立一个应对复杂情况的良好心理素质。

潜航员应该具备潜水器布放回收的操作能力,潜水和游泳技能是必不可少的,可采取代培的形式进行,送潜航员到专门的潜水学校进行训练。

12.4　潜航员的考核

潜航员完成培训后,整理其培训档案和平时考核情况,由培训小组负责推荐,经专门的机构负责审查和考核,考核通过后由该机构发放潜航员资质证书。潜航员资质证书仅适用于所接受培训的一个类型的潜水器,操作其他类型潜水器需要进行另外的培训。

参考文献

［1］　国家海洋局.载人潜水器潜航学员培训大纲:HY/T 222－2017[S].北京:中国标准出版社,
2017.

［2］　国家海洋局.载人潜水器潜航学员选拔要求·医学部分:HY/T 223－2017[S].北京:中国标准
出版社,2017.

［3］　Deep Submersible Pilots Association. Guidelines for the Selection, Training and Qualification of
Deep Submersible Pilots,1978.

［4］　国家海洋局.载人潜水器下潜作业规程:HY/T 225－2017[S].北京:中国标准出版社,2017.

［5］　国家海洋局.载人潜水器作业工具技术要求:HY/T 226－2017[S].北京:中国标准出版社,
2017.

第 13 章　潜水器的操作与维护

潜水器的操作与维护是潜水器安全使用的重要方面,本章的主要目的就是介绍这方面的相关知识。第一节介绍载人和无人潜水器的正常操作步骤;第二节介绍潜水器在下潜之前需要进行的检查和准备;第三节介绍潜水器运行过程中可能出现的故障与一般处理原则;第四节介绍维护保养的主要内容;最后一节简单介绍潜水器的应用操作规程。

13.1　潜水器正常操作步骤

潜水器作业的一般操作流程如图 13.1 和图 13.2 所示,归纳载人潜水器[1]和无人潜水器[2]所给出的正常作业流程,可以概括为七个步骤:准备、布放、下潜、作业、上浮、回收和维护。每个步骤中所涉及的详细任务都需要作出明确的规定并指派专人负责。这些就是操作和维护文件所应包括的内容。对一些特殊的作业如悬停、爬坡和坐底,有些标准机构还会制订详细的操作指南[3, 4]。

图 13.1　载人潜水器的作业流程

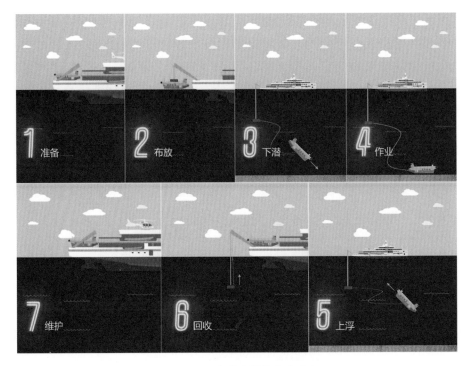

图 13.2　无人潜水器的作业流程

13.2　潜水器下潜前的准备

潜水器下潜前的准备包括航次出航前的准备和每次下潜前的准备两大部分。海试前需要完成的出航准备工作有如下十个方面：

① 潜水器技术状态检查确认；

② 海试执行技术文件资料准备；

③ 备品备件、试验耗材的购置、验收；

④ 潜水器的包装与转场运输；

⑤ 水面支持系统技术状态检查确认；

⑥ 进行潜水器在水池内的布放回收演练，做到熟练操作；

⑦ 母船备航及检查确认；

⑧ 参试人员海试文件宣贯；

⑨ 办理潜水器及参试人员海上试验保险；

⑩ 潜水器的前期工作准备和宣传工作策划。出航准备工作经领导小组或专家组检

查确认后可以宣布起航。

下潜前重点确保潜水器的状态正常。潜航员和下潜科学家首先要对作业任务进行明确,然后根据作业任务,潜航员要向船长书面下达《潜水器第××次下潜作业对船舶操作的要求》。潜航员还要根据下潜海区的深度、海水的密度和温度等计算出上浮下潜压载,并事先通知潜水器维护小组安装好压载铁。潜水器维护小组根据潜水器海试准备的要求,逐项检查并填写 6 个方面的表格:

准备表 1——船舶准备表;

准备表 2——潜水器准备表;

准备表 3——水面支持系统布放准备表;

准备表 4——水面支持系统回收准备表;

准备表 5——气象条件表;

准备表 6——试验外围环境保障准备表。

准备表 2 的潜水器准备表又分为如下 11 张表格:

准备表 2.1——潜水器环境参数预报表;

准备表 2.2——潜水器载荷测算表;

准备表 2.3——潜水 110 V DC 负荷测算表;

准备表 2.4——潜水器充油补偿设备准备表;

准备表 2.5——潜水器电池准备表;

准备表 2.6——潜水器高压空气准备表;

准备表 2.7——潜水器水密接插件准备表;

准备表 2.8——潜水器生命支持准备表;

准备表 2.9——潜水器试航员携带设备准备表;

准备表 2.10——潜水器下潜人员准备表;

准备表 2.11——潜水器声学系统水面部分准备表。

这些准备表的详细内容和格式可查阅文献[5]。所有准备表格都经过现场总指挥签字确认后,潜水器才可以正式下潜。

13.3 潜水器运行过程中可能的故障及一般处理原则

潜水器在海上使用过程中涉及的系统有潜水器本体和水面支持系统,而且还涉及应用海区准备、操作人员组织等;因此,海上应用本身也是一项复杂的系统工程,难免出现故障。为了使海上应用航次能安全顺利地开展,应用航次出航前制定充分的应用应急预案是十分必要的。本节以我国的"蛟龙"号载人潜水器为例,简要介绍潜水器在海上作业过程中可能出现的状况及应采取的相应措施。有关更详细的内容可以参阅崔维成编著的故障集[6]。

本节中采用的故障和应急状态定义如下[6]:凡是依靠潜水器本体和水面支持母船能够完成救援的各种非正常操作状态均定义为故障;潜水器在外力作用下无法上浮称为应急状态。故障通常按危害程度又可划分为严重故障、一般故障和轻微故障三类。

在海洋环境和水面支持母船均满足要求的情况下,载人潜水器海上运行可能发生的故障均与潜水器本体有关。主要就是载人潜水器本体系统的失效或载人潜水器被外界障碍物如渔网、铁丝网等缠绕住不能上浮两大类。载人潜水器可能被缠绕的部位有采样篮、机械手、两个可回转推力器、坐底支架、艉部稳定翼和推力器。载人潜水器本体系统的失效又可以分为承载结构如主框架、耐压球和罐、浮力材、轻外壳等的强度失效和安装在框架上的设备以及安装在耐压球和罐内的设备的功能失效。耐压球和罐的强度从设计上来说是有充分保障的,也经过了压力筒内最大工作压力的试验检验,只有蠕变和材料性能退化等可能有影响,因此,要求每隔10年再打压一次,确认新的使用深度。所以,海上应用对于耐压球和罐的主要风险是密封性能的好坏,是否会发生漏水。主框架虽然也经过了满负荷强度试验的验证,但主框架的焊缝比较多,在多次循环载荷下有可能在高应力的焊接部位出现裂纹,需要经常进行检查,一旦发现裂纹必须马上修复,修复并经检验合格后方可再继续使用。浮力材本身的强度也经过压力筒内最大工作压力下试验检验,强度的退化应该是很慢的,也要求每隔10年再打压一次。浮力块的主要风险是其从主框架上脱落,但这不大可能同时发生,个别浮力块脱落的后果是浮力损失,发现此种情况,立即抛载上浮,回到甲板上后进行修复。如果没有大的碰撞,轻外壳的强度能满足使用要求,而且玻璃钢材料的抗老化性能好。轻外壳的主要风险也是与框架的连接强度不够,特别是受到较大的碰撞后可能发生强度破坏,更有可能发生脱落,此时也应立即抛载上浮。因此,潜水器应用作业过程中主要是本体的功能性故障。

1) 潜水器本体功能性故障

从理论上来说,所有潜水器设备都有可能发生功能性故障,可分为六种故障类型进行讨论:耐压球和罐的漏水故障;充油设备的漏油故障;生命支持系统故障;电源设备故障;声学设备故障;机械设备故障。

(1) 耐压球壳和罐的漏水报警及处理措施(表 13.1)。

表 13.1　耐压壳体漏水故障危害评估和处理[6]

设 备 名 称	故 障 状 态	故障危害评估	处 理 措 施
载人舱	漏水	严重故障	抛压载、主蓄电池箱和水银
可调压载水舱	漏水	一般故障	抛弃压载
计算机罐	漏水	轻微故障	抛弃压载
配电罐	漏水	轻微故障	抛弃压载
其他小型声纳主机罐	漏水	轻微故障	抛弃压载

载人潜水器的耐压壳体主要包括载人舱、可调压载水舱、计算机罐、配电罐以及其他小型声纳主机罐。不同耐压壳体损坏所引起的后果是不同的,所采取的应对措施也是不一样的。

(2) 油位报警及处理措施(表 13.2)。

载人潜水器上的充油设备主要包括主、副和备用蓄电池箱、5 只充油接线箱和 2 只带有公用补偿器的充油接线箱、15 L/分液压源和 10 L/分液压源、液压系统油箱、2 只电磁阀箱、应急液压源和阀箱、2 只机械手阀箱和机械手补偿器等设备。

为实时检测充油设备是否发生泄漏,在以上大部分设备中都安装了泄漏报警和补偿极限位置报警传感器。

当发出补偿油位极限位置报警时,说明设备的油补偿量已经全部用尽,继续下潜将有发生泄漏的危险;当发出设备泄漏报警时,说明海水已经进入设备内部,需要尽快上浮。

表 13.2　充油设备油位报警故障危害评估和处理[6]

设 备 名 称	故障状态	故障危害评估	处 理 措 施
蓄电池箱	补偿报警	轻微故障	切断电源输出,抛弃压载
液压源	补偿报警	轻微故障	切断液压源 110 V 供电,抛弃压载
航行控制检测接线箱或观察系统接线箱	补偿报警	轻微故障	切断液压源 110 V 供电,抛弃压载
接线箱、纵倾调节油箱或机械手	补偿报警	轻微故障	切断相关设备电源开关,抛弃压载
蓄电池箱	泄漏报警	一般故障	切断电源输出,抛弃压载
航行控制检测接线箱或观察系统接线箱	泄漏报警	一般故障	切断液压源 110 V 供电,抛弃压载
接线箱或电磁阀箱	泄漏报警	一般故障	切断相关设备电源开关,抛弃压载

液压源是为作业工具、机械手、抛载机构和切割装置提供动力的,在潜水器上设有两套互为备用的液压源。在主副液压源上均设有泄漏报警装置。表 13.3 是液压源故障危害评估和处理措施。

表 13.3　液压源故障危害评估和处理措施[6]

设备名称	故障状态	故障危害评估	处 理 措 施
主液压源	泄漏	一般故障	关闭主液压源,抛弃压载
副液压源	泄漏	一般故障	关闭副液压源,抛弃压载
主、副液压源	同时泄漏	严重故障	关闭主副液压源,然后启动应急液压源,实施抛载上浮。如果应急液压源启动失败,则立即使用电磁铁抛弃压载上浮

（3）生命支持系统故障及处理措施（表 13.4）。

生命支持系统是保障潜水器试航员正常呼吸维持生命的重要系统，任何危及试航员安全的故障或潜在危险都是不允许出现的。"蛟龙"号载人潜水器在载人球壳内安装了 3 套相对独立的供氧系统，任何一套系统正常工作就可以保障乘员的正常呼吸。生命支持系统一般都由氧气瓶、供氧装置、二氧化碳吸收装置、呼吸面具系统和各种舱内大气环境检测显示设备组成。其中一种设备发生故障时，系统就会立即启动另外的一套相应装置来保障系统的运行，并会发出报警信息。驾驶员在收到报警信息后应马上报告指挥间，由潜水器负责人决定潜水器是否马上上浮。如果与指挥间的潜水器负责人通信不畅，则由主驾驶员决定潜水器是否需要马上上浮。

表 13.4　生命支持系统故障危害评估和处理措施[6]

设备名称	故障状态	故障危害评估	处 理 措 施
正常供氧系统	不能供氧	轻微故障	使用另外一套，抛载上浮
备用供氧系统	不能供氧	轻微故障	使用另外一套，抛载上浮
呼吸面具系统	不能供氧	轻微故障	使用另外一套，抛载上浮
两套系统同时	不能供氧	一般故障	使用另外一套，抛载上浮
三套系统同时	不能供氧	严重故障	抛水银、压载和主蓄电池箱

（4）电源设备故障及处理措施（表 13.5）。

潜水器上的供、用电设备主要为以下几种：

① 供电设备。

包括主蓄电池箱，提供 110 V 直流电源；副蓄电池箱，提供 24 V 直流电源；备用蓄电池箱，提供备用 24 V 直流电源；载人舱内的应急蓄电池，提供载人舱内的应急 24 V 直流电源。

② 配电设备。

包括配电罐，为推力器 110 V、17 只水下灯和热液取样器加热器 110 V 提供配电保护；主蓄电池箱内的直流接触器，为液压源 110 V 进行配电；载人球壳内接线箱电源切换器，为载人球壳内 24 V 电源、备用 24 V 电源和应急 24 V 电源进行配电保护和供电切换。

③ 110 V 用电设备。

包括 7 只推力器、海水泵、15 L/分液压源和 10 L/分液压源、17 只水下灯和热液取样器加热器等。

④ 24 V 用电设备。

包括载人舱内设备，计算机罐内节点控制器，摄像机、照相机、云台等观通设备，声学设备，液压系统电磁阀箱，2 只机械手以及潜钻等作业工具，压载抛弃电磁铁、电缆应急切割、电爆管，CTD 传感器、液位传感器等设备。

⑤ 动力水密缆和信号电缆。

　　水密电缆是负责动力传输和信号传输的,线路的故障将直接导致设备无法运作,潜水器上共安装有 7 只接线箱,它们是设备、供电、控制、信息采集等各个系统之间的中继站,是电力和信号传输的通道,接线箱是充油式压力补偿的容器,一旦接线箱发生泄漏将产生比较严重的后果,必须立即返航。表 13.6 是接线箱故障对相关设备影响的对应表。

表 13.5　电源设备故障危害评估和处理[6]

设备名称	故障状态	故障危害评估	处理措施
蓄电池	任何一组无法供电	严重故障	立即返航
	24 V 副电池无法供电	严重故障	系统会自动抛弃压载上浮
推进器	任何一只无法工作	一般故障	潜水器航行会有问题 立即返航
配电系统	配电设备	一般故障	返航
	动力电缆故障	严重故障	立即返航
	信号电缆故障	轻微故障	切断,视情况决定
舱外计算机	不能正常工作	严重故障	重新启动,不成功立即返航
舱内显控	不能正常工作	一般故障	重新启动,不成功立即返航
航行控制	不能正常工作	一般故障	重新启动,不成功立即返航
姿态传感器	不能正常工作	轻微故障	如果影响到潜水器的安全航行则返航
观察设备	不能正常工作	轻微故障	如果单一的设备故障可以继续作业,全部故障则返航

表 13.6　接线箱故障对相关设备的影响[6]

接线箱名称	故障影响
左舷接线箱	(1) 备用 24 V 直流电源失效; (2) 计算机网络通信信号无法传递; (3) 4 只水下摄像机及 1 只照相机和云台失效; (4) 液压源、推力器无法正常工作; (5) VHF 无线通信机失效
右舷接线箱	(1) 推力器手控信号失效; (2) 舱外的科学考察设备失效; (3) 潜钻失效; (4) 主蓄电池箱箱体的应急抛弃失效; (5) 纵倾调节失效; (6) 下潜、上浮压载的电磁铁动作,抛弃压载
观察系统接线箱	8 只水下灯、3 只水下摄像机及 1 只照相机、1 个云台失效
作业系统接线箱	主从式机械手和两只作为备用设备的取样器失效

（续表）

接线箱名称	故 障 影 响
航行控制检测接线箱	(1) 7 只推力器动力源和控制信号失效； (2) CTD 传感器失效； (3) 左、右桨回转机构失效，艏、艉纵倾调节罐水银指示器和可变压载水舱液位传感器失效
声学系统主接线箱	所有声学设备失效
声学系统副接线箱	水声通信机失效

（5）声学设备故障及处理措施（表 13.7）。

载人潜水器共装备有 6 套声学设备，它们负责潜水器与母船的通信联系、潜水器定位、海洋水流测量、目标和障碍物检测等任务，是潜水器上重要的设备，它们的故障会降低潜水器的能力，其中有些设备的故障对潜水器产生潜在的不安全因素。

表 13.7　声学设备故障及处理措施[6]

声学设备名称	故 障 状 态	故障危害评估	处 理 措 施
水声通信机	其中一套故障	轻微故障	系统有备份，可以继续作业
	全部发生故障，无法通信	严重故障	潜水器应立即返航
定位声纳	无法定位	一般故障	可以通过惯性导航航行，但误差较大，在返航过程中应定时通过水声通信机告知潜水器位置
避碰声纳	用于高度测量的通道全部产生故障	轻微故障	失去潜水器与海底距离检测，可在离底较高的位置用成像或测深侧扫进行作业，不可进行离底较近作业
	其他避碰故障	轻微故障	应减速航行，根据作业区域情况，决定是否返航
多普勒声纳	无法工作	轻微故障	只对航行自动控制有影响，可以继续作业
扫描声纳	无法工作	一般故障	不能了解潜水器前方区域情况，不能作高速度巡航作业
测深侧扫声纳	无法工作	轻微故障	可以继续进行其他作业
运动传感器	无法输出数据	轻微故障	影响控制和导航系统，影响测深侧扫声纳和多普勒测速仪数据精度，经分析若已对潜水器安全构成威胁，应返航
声学主控器	无法正常工作	严重故障	水声通信机、避碰声纳、多普勒测速仪失效，应立即返航

（6）机械设备故障及处理措施（表 13.8）。

（1）机械手会危及潜水器安全的故障是被缠绕，如果缠绕发生在手爪，可以将手爪脱离来解脱；如果缠绕发生在其他部位而无法解脱时，可以利用另外一只机械手来帮助解脱，在摆脱失败情况下，主驾驶可以启动抛弃机械手，并立即上浮。作业工具除钻结壳取芯器外均由机械手操作，发生缠绕或卡住的故障时，处理方式与机械手故障相同。钻结壳取芯器自带脱离机构，如果由于钻头被卡死而无法解脱时可以将其抛弃。机械手或作业工具故障解除后，潜水器依然可以执行其他相关任务而不需要上浮。

（2）重量调节系统包括压载水箱系统、纵倾调节系统和可调压载系统，压载水箱只是当潜水器在离水面小于 10 m 时才能使用，它的作用是增加潜水器的干舷，对起吊状态有利，但不会影响潜水器的起吊，更不会危及潜水器的安全。纵倾调节系统发生故障时，对潜水器的静态纵倾调节能力产生影响，不会危及潜水器安全；因此，在这种情况下仍然可以执行平坦地区的各种任务。可调压载系统故障时，无法调节潜水器的浮态，此时不能进行取样作业，如果此时潜水器浮态已经稳定，也可以继续进行海底的现场观察作业；如果潜水器的浮态不稳定，必须抛弃压载上浮。

（3）下潜、上浮抛载机构是保证潜水器下潜、上浮的关键设备，每一套机构均进行了冗余设计，潜水器上共有 4 套下潜、上浮抛载机构，分别布置在潜水器的两舷。下潜抛载机构是在潜水器无动力下潜到海底时进行抛载动作，保证潜水器在海底的零浮力状态；上浮抛载机构是在潜水器作业完成后进行抛载动作，使得潜水器获得正浮力而上浮。如果由于某种无法预知的原因导致压载块不能正常释放，必须采取果断措施进行应急处理，让潜水器上浮到海面待救。在下潜时可能的故障为 300 kg（最大值）下潜压载没有正常抛弃；在完成作业上浮时，可能的故障为 1 000 kg（最大值）上浮压载没有正常抛弃。

表 13.8　下潜、上浮抛载机构故障危害评估和处理[6]

设 备 名 称	故 障 状 态	故障危害评估	处 理 措 施
可弃压载抛载机构	左面 150 kg 压载铁没抛	一般故障	抛弃 1 000 kg 压载铁上浮
	右面 150 kg 压载铁没抛	一般故障	抛弃 1 000 kg 压载铁上浮
	全没有抛弃	一般故障	抛弃 1 000 kg 压载铁上浮
	左面 500 kg 没有抛弃	一般故障	抛弃另外 500 kg 压载铁上浮
	右面 500 kg 没有抛弃	一般故障	抛弃另外 500 kg 压载铁上浮
	1 000 kg 都没有抛弃	严重故障	抛弃水银和主蓄电池箱

2）设备故障的一般处理程序

当潜水器上有设备发生故障时，舱内主驾驶员可以根据上面所说的设备故障应对措施加以处理。如果通信正常，也可以把情况报告母船的总指挥，由总指挥判断是否需要上浮。如果通信不正常，则由主驾驶决定是否需要立即抛载上浮。潜水器上浮至海面后仍然按照正常程序进行回收。

在水下通信中断半小时或检测到 0.5 mA 的漏电电流情况下,主驾驶员可自行采取抛载措施,上浮至海面后利用无线电进行通信并向船长报告情况。在通信中断并且定位无信号情况下,母船应按通信中断半小时前潜水器上报的水流方向进行规避操船,以保证潜水器不会误撞船底,并布置目视搜索小组,在母船的各个方位进行观察,以保证尽快发现上浮的潜水器。

3) 载人潜水器应急状况时的处理预案

载人潜水器在外力作用下无法上浮的状态的可能情况有:

① 潜水器的外部附体被缆、索之类缠绕;

② 机械手和携带的作业工具包括采样篮被作业物缠住;

③ 各种潜浮抛载机构全部失灵或载荷抛下而被卡在附近的载体支架上;

④ 潜水器坐海底陷在估计不足的软泥里,不能自拔。

在发生上述情况后,进入应急程序,可采取的措施有:

① 在潜水器与水面支持母船通信正常的情况下,由主驾驶员上报指挥间水下遇险情况以及潜水器位置、流速、流向等海底状况,由指挥间潜水器负责人命令潜水器采取应急措施;在通信异常的情况下由主驾驶员决定采取应急措施;

② 在可能情况下利用机械手对缠绕物进行切割,或抛弃机械手解脱缠绕;

③ 将推力器输出调整到最大,用推力器进行潜水器各向运动,使得潜水器脱离外力作用;

④ 抛弃水银和主蓄电池以提供额外浮力;在抛弃主蓄电池后潜水器会有较大的纵倾,应按照《载人潜水器应急抛弃主蓄电池情况应急逃生及回收预案》来回收潜水器;

⑤ 等待其他救援。

13.4　潜水器的维护保养

载人潜水器的维护保养工作主要包括以下几个方面:全系统检查和维护保养;备品备件的购置与测试;水池调试等。

1) 全系统检查和维护保养

(1) 结构。

将潜水器上外部浮力块和轻外壳全部拆下,按照框架结构站位进行分段检查,测量框架结构基本尺寸,检查是否有明显的变形;目测检查每一个设备支架焊接部位是否有裂纹存在,对应力集中部位用着色探伤方法检查是否存在裂纹;检查结构系统外部是否存在腐蚀;检查插拔销机构和止荡点结构的功能和紧固是否可靠;重点对载人舱周围结构进行检查,查看是否有变形和裂纹情况。

检查浮力块预埋件有无松动情况,对浮力块和轻外壳进行清洁。

根据检查结果对裂纹进行修补,对腐蚀部分根据情况进行去锈和防腐处理。

(2)密封面。

按照舱口盖使用说明书的要求对舱口盖密封面进行检查,对舱口盖密封圈进行更换,对舱口盖启闭机构进行换油和密封检查,确保启闭机构耐压能力和操作性能。

拆下三个观察窗进行密封面清洁,更换O形圈,对观察窗玻璃划痕进行评估,评定其是否适合用于最大工作深度,对重新安装的观察窗进行打压密封检测。

对POD罐密封面进行全面的检查、清洁,更换密封圈。

检查每一根水密电缆表面,对电缆表面进行清洁,更换有异常的电缆。

清洁、检查水密接插件的密封面,更换O形圈。

(3)设备检查和维护。

对舱内氧气浓度、二氧化碳浓度、压力、温度、湿度传感器和各种压力表等进行计量,检查供氧系统的气密性,检查应急供氧系统功能是否正常,更换呼吸袋和呼吸面具。

充油设备中放出部分油品,对油质进行检查,检测是否存在海水的渗漏。

将所有设备进行清洁,检查非钛合金设备腐蚀情况,更换防腐锌块。

(4)蓄电池维护。

将锌银电池全部放电存放,并且每两个月锌银蓄电池全容量充电一次,观察记录每个单体电池情况,充电完成后存放一周,观察每个单体电池电压变化情况,再进行全容量放电一次,放完电后存放。

潜水器上备用铅酸电池全部充满电,在潜水器维护保养时供应潜水器用电,并根据使用和电量情况对铅酸蓄电池充电。

(5)系统通电检查。

① 观通设备:水下摄像机、照相机、水下灯在水环境下通电,每个设备的通电时间不少于0.5 h。

② 液压系统:检查系统内油的数量和油的质量,要求系统在水环境下通电启动,系统运转时间不少于0.5 h,液压系统的每一路均要进行动作。

③ 控制系统:系统通电运转一次,每一个模块均要求运转,运转时间不少于1 h,并对系统传感器、数据传输等进行检查。

④ 充油设备:对充油设备的油量进行一次全面检查,并要求放出部分油对油质进行检查。

⑤ 声学系统:每一个模块均要求通电运转,每次运转时间不少于2 h。

⑥ 推进器:系统通电运转一次,最好在水环境下运转,每个推进器均要求运转。

2) 备品备件的购置与测试

潜水器海上试验由于经常远离陆地,临时购置不便,因此,准备比较充分的备品备件和各项辅助设施是非常必要的。具体内容由各个系统的主任设计师提出,总设计师或项目负责人根据经费可以承受的情况,确定出购买清单。备品备件到货后也必须经过严格的验收,确保现场好用。在海上试验准备阶段,参试团队必须按分系统编制海上试验用品清册。海上试验用品包括备品备件(含消耗品)、设备(含工装)和工具。分系统的海上试验用品清单以存放这些用品的箱、柜(集装箱内)进行归类,并尽可能将备品备件、设备、工具分开归类;不放入箱、柜的用品另立清单。分系统的海上试验用品清单应有:总箱单,列出一共有多少个箱(柜)子,应有编号并注明哪个分系统;每个箱(柜)中所装用品的明细清单;不放入箱、柜的用品清单。每张清单上应有编制、审核、监理和管理人的签署栏。分系统主任设计师对本分系统备品备件的质量负责。备品备件必须是按照所质量保证体系要求,通过外购、外协或自研的产品,有相应的记录。海上试验用品清单编制完成后,首先由分系统主任设计师审核,确认所列用品的名称、规格、数量和实物一致。对用品进行标识、包装后装入箱(柜)。准备工作完成后,由分系统、监理和海试用品管理人三方一起到现场逐箱(柜)逐件清点,确认实物和清单相符,由三方在清单上签字后,海上试验用品转由管理人负责管理。

3) 水池功能试验

为检测系统及设备运转情况,确保潜水器的状态满足达到海试前技术状态要求,在完成系统检查、维护和完善后需要在水池里进行测试试验,次数不少于 3 次,每一次下水均进行全流程试验。载人潜水器上的所有设备在水池环境下都需要能够正常运行,如果发现异常,需要及时修复。

水池功能试验流程按海上试验形成的标准流程进行,内容如下:

① 按规程完成试验准备工作;

② 三位试航员进入载人舱;

③ 进行舱内设备的陆上检查,进行舱外设备的陆上检查;

④ 关闭舱口盖,潜水器布放进入水池;

⑤ 潜水器水面检查;

⑥ 压载水箱注水;

⑦ 潜水器在水池环境下进行计算机推力分配的手操航行;

⑧ 进行非计算机推力分配的手操航行;

⑨ 进行定向、定深、定高和悬停等自动航行功能试验;

⑩ 启动机械手进行模拟热液取样试验;

⑪ 纵倾调节试验;

⑫ 可调压载注排水试验;

⑬ 启动各种观察设备和声学设备,观察设备运转情况;

⑭ 压载水箱排水;

⑮ 潜水器回收,试航员出舱。

每次水池试验完成后对数据进行分析,形成试验分析报告,作为载人深潜器出海前技术状态的确认依据。

13.5　潜水器的应用操作规程

　　每台潜水器在海试之前均需要编制海试阶段的操作规程,在海试过程中加以不断的改进和完善,海试结束后定稿,作为交付给用户今后使用的应用操作规程[3,4]。为了便于读者阅读方便,把"蛟龙"号载人潜水器的应用操作规程作为本书附录在书后列出。

参考文献

[1]　Takagawa S. Advanced Technology Used in Shinkai 6500 and Full Ocean Depth ROV Kaiko [J]. Marine Technology Society Journal,1995,29(3):15 - 25.

[2]　Bowen A D,Yoerger D R,Whitcomb L L,et al. Exploring the deepest depths:preliminary design of a novel light-tethered hybrid ROV for global science in extreme environments[J]. Marine Technology Society Journal,2004,38(2):92 - 101.

[3]　国家海洋局. 载人潜水器下潜作业规程:HY/T 225 - 2017[S]. 北京:中国标准出版社,2017.

[4]　国家海洋局. 载人潜水器作业工具技术要求,HY/T 226 - 2017[S]. 北京:中国标准出版社,2017.

[5]　7 000 米载人潜水器总体组. 7 000 米载人潜水器海上试验大纲(ZQSW - 001)[R]. 中国船舶重工集团公司第七〇二研究所归档报告,2007,9.

[6]　崔维成. 蛟龙号载人潜水器的故障及处理方法[M]. 上海:上海交通大学出版社,2016.

第 14 章　潜水器的应用

潜水器的应用既可以按照潜水器的种类来介绍,也可以按照应用需求的角度来讨论。潜水器的种类已经介绍过,应用范围大致可以分为以下六个方面:海洋资源勘探,海洋科学研究,海洋环境监测,深海救援打捞,海洋军事应用,考古、水下观光旅游与水下电影拍摄。表 14.1 列出了各种类型的潜水器在这六个领域中是否可用的基本信息,在随后的各节中将予以详细解释。

表 14.1 各种类型的潜水器的适用范围

潜水器类型	海洋资源勘探	海洋科学研究	海洋环境监测	深海救援打捞	海洋军事应用	考古、水下观光旅游与水下电影拍摄
载人潜水器(HOV)	非常有用	非常有用	有点用	非常有用	非常有用	非常有用
单人常压潜水装具(ADS)	有点用	一般不用	一般不用	非常有用	有点用	非常有用
深潜救生艇(DSRV)	一般不用	一般不用	一般不用	非常有用	非常有用	一般不用
救生钟(Rescue Bell)	没有用	没有用	没有用	非常有用	非常有用	没有用
自治潜水器(AUV)	非常有用	非常有用	非常有用	有点用	非常有用	有点用
遥控潜水器(ROV)	非常有用	非常有用	有点用	非常有用	非常有用	非常有用
自治遥控潜水器(ARV)	非常有用	非常有用	非常有用	非常有用	非常有用	非常有用
水下滑翔机(Glider)	没有用	非常有用	非常有用	没有用	有点用	没有用
着陆器(Lander)	有点用	非常有用	有点用	没有用	没有用	有点用
深拖(DTS)	非常有用	非常有用	有点用	没有用	有点用	有点用
浮标(Float)	没有用	非常有用	非常有用	没有用	有点用	没有用

注:可用程度分为四档:没有用,一般不用,有点用,非常有用。

14.1 海洋资源勘探

海洋资源包括海洋宏生物和微生物、海水、海洋可再生能源、海底矿物资源,特别是海底油气资源和可燃冰等[1]，其中有些资源如海洋生物资源、海底矿物资源的勘探需要用到一些特殊的装备如潜水器等[2, 3]。在这方面，AUV、ROV、ARV、HOV 和 DTS 都有重要的应用前景[4]。美国在深海勘探开发方面的研究制造和应用技术一直处于世界领先水平，不仅有先进的水面支持母船，还拥有可下潜至全海深的各种深海潜水器系列装备，可实现装备之间的相互支持、联合作业、安全救助，能够完成水下搜索、调查、采样、施工、打捞等作业任务。特别是结合先进的水下观测成像技术和精确控制技术，制造适合复杂海底地貌和苛刻工作环境的高清 ROV[3]。

在深海矿物调查方面，20 世纪 80 年代后期，法国曾利用 6 000 米级载人潜水器"鹦鹉螺(Nautile)"号开展了多金属锰结核区的详细勘查，测量了结核品位和丰度，最后选定了生产的矿址[5]。2011 年中国的"蛟龙"号也在该海域附件进行 5 000 米级海上试验，也拍到了如图 14.1 所示的大洋锰结核矿照片[6]。崔维成等[7]和刘保华等[8]介绍了更多使用"蛟龙"号进行深海矿物如钴结壳和热液硫化物的调查等工作。

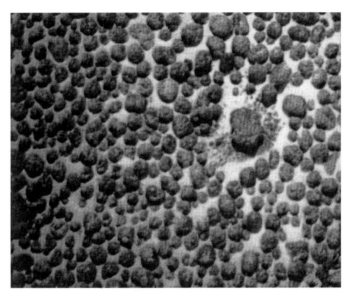

图 14.1　大洋锰结核矿

在热液硫化物调查方面，美国科学家在 20 世纪 80 年代中期乘坐"阿尔文(Alvin)"号载人潜水器在大西洋首次发现了 TAG 热液源，如图 14.2 所示，从而推翻了只有在太平洋的岩石板块高速开裂区域中才能存在活动热液场的看法[9-13]。1991 年，俄罗斯和美国科学家两次乘坐俄罗斯的"和平(Mir)"号载人潜水器，在大西洋共同发现了以"和平(Mir)"号命名的迄今为止最大的热液矿体。俄罗斯科学家 1994 年在大西洋水域的热液场探测时，又发现了多种热液生物，同时还发现了虾类、贻贝类、鳗类等具有代表性的典型生物群。俄罗斯科学家 1995 年乘坐"和平(Mir)"号载人潜水器，首次在大西洋中部罗加乔夫热液场发现了锥形"烟囱"类的热液矿喷口，当时"烟"还在洋底深处不断翻腾[14]。

图 14.2　大西洋热液喷口

1998 年以后，美国、日本、俄罗斯和法国利用载人潜水器，对分布于海山表面的钴结壳作了大量的调查，由地质学家对富钴结壳的厚度、覆盖率进行了实测，获得了重要的详细勘查资料，作为今后选定矿址的依据。

在深海生物基因方面，日本科学家曾于 1992 年乘坐"深海 6500（Shinkai6500）"号载人潜水器在鸟岛附近海域 4 146 m 深处，发现过一条古鲸遗骨及 22 块古鲸骨上附有寄生的小贝和深海虾群，如图 14.3 所示。美、日于 1995 年共同对大西洋、太平洋进行深海调查，在奥尻岛海域发现日本海特有的深海系化学合成生物群[15]。

图 14.3　古鲸遗骨

14.2　海洋科学研究

海洋科学研究的主要目的是了解海洋的自然现象、性质及其变化规律,从而为人类开发利用海洋资源和空间服务。海洋科学的研究对象是占地球表面 71% 的海洋,包括海水、溶解和悬浮于海水中的物质、生活于海洋中的生物、海底沉积物和海底岩石圈,以及海面上的大气边界层和河口海岸带等。海洋科学也是地球科学的一个重要组成部分。与地球科学相似,海洋科学的研究内容也包括海洋中的物理、化学、生物和地质过程,以及面向海洋资源开发利用和海上军事活动等的应用研究[16]。但海洋科学本质上是一门观测性的学科,海洋科学研究严重地依赖于各种深海调查装备[17, 18]。从表 14.1 中可以知道,HOV、AUV、ROV、ARV、Glider、Lander、DTS 和 Float 等都是重要的海洋科学研究调查装备。

海洋调查大致可以划分为摄影摄像类、环境参数测量类和取样作业类。水下滑翔机[19-22]和浮标[23]主要用于环境参数测量。浮标主要用于测量不同深度的海流速度和方向,而滑翔机主要用于观测某个特定的海洋过程,它可以搭载一系列的海洋物理、海洋化学和海洋生物传感器。浮标和滑翔机通过群体使用,主要用于大尺度海洋时空问题的研究。图 14.4 和图 14.5 分别是海洋浮标和滑翔机的最佳时空研究范围。

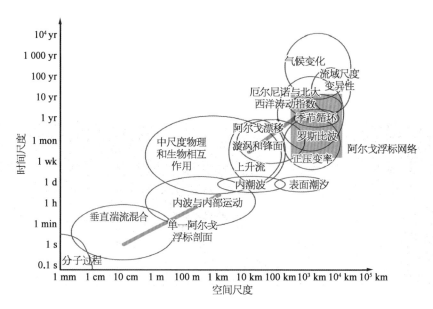

图 14.4　浮标的最佳测量时空范围[22]

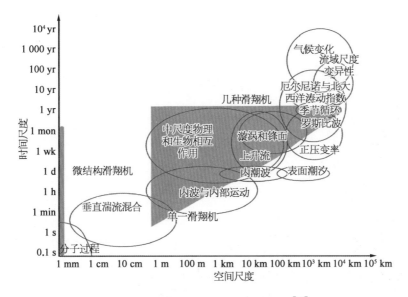

图 14.5　滑翔机的最佳测量时空范围[22]

着陆器可以看作是没有推力器的无人潜水器,它的最大优点是经济性好,可以长时间在海底工作[24],对抓捕深渊海沟中的宏生物极其有用[25]。

深海拖体可以看作是依靠母船拖着航行的 AUV[26],它在海洋科学研究中的用途大致可以归纳为两类[4]:一是地球物理探测,主要利用声纳测量海底地形地貌和地质特性;二是成像系统,主要利用摄像机和照相机拍摄海底地形地貌和宏生物分布状况。

海洋科学研究中用处最大的当然是潜水器[27-29],一般来说,自治潜水器(AUV)适用于大范围拍摄和搜索[30],而遥控潜水器(ROV)[31, 32]和载人潜水器(HOV)[33]擅长于找到目标之后的定点取样作业。

美国的"阿尔文"号载人潜水器是取得最多科学发现的潜水器[34],除了前面介绍的发现 TAG 热液源[9]外,Cohen 和 Pawson[35]介绍了用"阿尔文"号载人潜水器观察深海鱼群的数量。Fryer 等[36]用它来研究位于北马里亚纳海槽中的卡苏嘎海山上的火山构造的演化。Kurras 等[37]用它对东太平洋海隆进行了高分辨率测深。Netburn 等[38]用它在水道峡谷作深海环境研究。搭乘载人潜水器多次下潜的一组美国科学家认为,人到现场的作用仍是无人潜水器无法取代的[39]。

我国的"蛟龙"号载人潜水器研制成功后,也为我国的海洋科学家装上了深海探索的翅膀。崔维成等[6, 7]分别介绍了在 5 000 米级和 7 000 米级海上试验时取得的部分作业成果。刘保华等则介绍了在试验性应用期间取得的部分科学作业成果[8]。与其他作业型载人潜水器相同,"蛟龙"号载人潜水器的作业装备基本上都在艏部,如图 14.6 所示,包括灯光、摄像机和照相机、两只七功能机械手和一个采样篮以及每次下潜搭载在采样篮上的其他专用的取样工具。

使用 500 mL 容积卡盖式采水器和保压采水器可以分别采集非保压和保压深海水样,其中保压采水器使用两种不同型号,分别由浙江大学和同济大学研制(图 14.7)。在

图 14.6 "蛟龙"号潜水器作业系统

图 14.7 卡盖采水器与保压采水器

到达采样深度后,通过操作潜水器机械手触发采水器,完成水样采集。所取得水样按分析内容不同采用不同方法进行保存。深海微生物分析水样,分装密封后于 4℃ 冷藏保存。浮游生物分析水样,加入 7‰ 甲醛溶液固定保存。

通过操作潜水器机械手使用沉积物取样器,可以获取沉积物样芯,如图 14.8 所示。"蛟龙"号共使用三种柱状沉积物取样器,包括浙江大学研制的 T 把式取样器、同济大学研制的 T 把式取样器和握式取样器,如图 14.9 所示。

图 14.8　沉积物取样作业

图 14.9　沉积物取样器

　　参照《海洋调查规范》(GB/T 12763.6—2007)[40]，按照小型底栖生物分析、沉积物叶绿素分析和沉积物粒度分析等项目的样品处理程序，对所获取的沉积物样芯分别进行分层切割分装、固定处理和保存。操作机械手臂抓取巨型底栖生物或矿物样品，置于样品存放箱带回，如图 14.10 所示。所获取的巨型底栖生物样品分别加入 7‰甲醛溶液和无水酒精进行固定保存，以带回陆地实验室作进一步的形态和分子生物学分析。采集的矿物样品密封于塑料袋中冷藏保存。

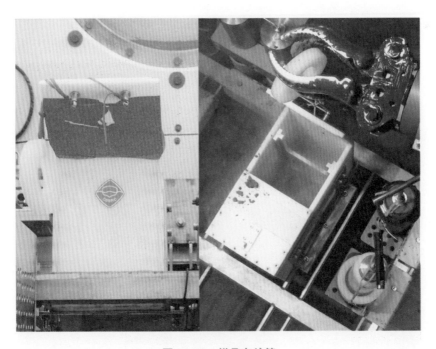

图 14.10　样品存放箱

约杰尔(Yoerger)等[41]用 ABE 自治潜水器测量了海底熔岩流,鲁宾逊(Robinson)[42]和巴赫迈尔(Bachmayer)等[43]介绍了用 ROV 进行热液喷口附近观察和取样的情况,尚克(Shank)等[44]介绍了利用 AUV 和 HOV 协同作业的优势。

将 AUV 和 ROV 进行复合,计一台潜水器同时具备两台潜水器的功能是无人潜水器领域的一个发展趋势。这个概念最早由麦克法兰(McFarlane)于 1990 年提出[45],后由伍兹霍尔海洋研究所(WHOI)予以实现[46, 47]。在国内,上海交通大学、中国船舶重工集团公司第七〇二研究所、中国科学院沈阳自动化研究所、中国科学院三亚深海科学与工程研究所、上海海洋大学等单位也开发出了相应的复合型无人潜水器,而且达到了全海深[48-50]。这种潜水器最大的优点是可以在冰层覆盖下的区域进行观测和取样作业。

海洋地质调查也是海洋科学研究的一个重要方向,它是开展海洋地貌、沉积和构造等的研究及勘测海底矿产资源最重要的基础性工作。海洋地质调查是对海洋沉积、海洋地貌和海底构造调查的统称,内容包括:海上定位、表层取样和柱状取样、测深、浅地层剖面测量、旁侧声纳扫描、水下电视和摄影、深潜装置观测、海底钻探、海洋重磁测量、海洋地震电缆测量和海底地热流测量等[40]。海洋地质调查的常用方法有:用拖网、抓斗以及柱状取样器和海洋钻探等获取沉积物和岩石样品;利用回声测深仪、旁侧声纳和多波束测深仪调查海底地形地貌;用地层剖面仪,了解水下疏松沉积物分布、厚度及其构造特征;用地震、重力、磁力以及地热等地球物理方法和海上钻探等,探测海底地质构造及矿产资源。也可以通过潜水器、深拖等直接观测海底沉积物及其动态和地貌形态等。日本科学家曾经乘坐"深海 6500 (Shinkai6500)"号载人潜水器在日本海沟 6 200 m 深的斜坡上发现了一条裂缝;并对北海道西南海区 1993 年地震引起的海啸和海底扰动进行了调查研究,同时在奥尻(Okushiri)山脊和向东的谢里贝希(Shrribeshi)深海槽之间还发现了一条地震断层悬崖,如图 14.11 所示。

图 14.11 地震断层悬崖

14.3　海洋环境监测

海洋环境监测最经济的手段是浮标[23]和水下滑翔机[19-22]。法国的"海洋探险家(Sea Explorer)"混合式水下滑翔机 AGV 是这一方向的代表。它的工作水深为 700 m,航速 0.5~1 kn,续航力 3 个月(>2 000 km)。AGV 水下滑翔机装有声学调制解调器,可与浮标、母船进行声通信,不需要频繁地浮出水面通信。当它采用水下滑翔模式时,需在每个周期浮出水面,通过无线电、铱星等与其他节点通信。在进行污染物调查时,先采用水下滑翔模式,下潜至一定深度,再切换成 AUV 模式,对污染物区域进行搜索,获得污染物分布情况,如图 14.12 所示。

图 14.12　海洋探险家污染物调查

水下滑翔机适合对大深度的水域进行温度、盐度场剖面观测,但对于较浅的水域,由于海流较大,普通的水下滑翔机很难进行观测。采用混合式 AUV 和滑翔机,不仅能够进行温盐剖面观测,而且还能进行温越层边界跟踪及海洋锋面观测。

在潜水器中,AUV 也是一种较好用于搭载传感器进行海洋环境监测的平台。AUV 的航线取决于使命,采用预编程的方法事先设置好,不同的使命导致航线的多样性,典型的航线有直驶航线、梳状搜索航线、与目标平行航线、圆形或扇形航线等。

直驶航线是指 AUV 从一点连续航行至另一点,直驶行进航线是 AUV 最基本的航线形式,如图 14.13 所示。AUV 在海底调查和搜索时通常采用梳状搜索航线,例如,使用侧扫声纳进行海底地形测量时常采用这种航线。这种航线可以看成是由 N 段直驶航线组成,每条直线的长度相同,宽度为侧扫声纳每侧波束覆盖宽度的一半,当 AUV 沿着该航

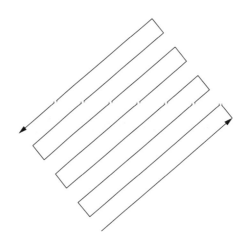

图 14.13 AUV 搜索时的航迹

线往复运动时,则可以完全覆盖被调查区域。这种航线主要用于对海底区域进行全覆盖调查。

随着 AUV 应用领域的不断扩大,其航行轨迹也不断翻新。图 14.14 显示的是中科院沈阳自动化研究所研制的 50 kg 级便携式 AUV(SAUV)的部分航行轨迹[51]。

中科院沈阳自动化研究所研制的北极 ARV 曾三次参加中国北极科考[52]。基本的作业模式是潜水器 ARV 从冰洞下潜,沿预先设定的轨迹自主完成对指定海冰区的连续观测,通过潜水器上搭载的光通量测量仪、CTD、多普勒计程仪、水下摄像机等设备,获得基于精确位置信息的海冰厚度、海冰及融池下光透射辐照度、海冰下的浮游生物以及海冰底部视频,如图 14.15 所示。科学家通过这些数据就可定量计算出太阳辐射对该纬度北极海冰融化的影响,还可以利用北极 ARV 对雪龙船在破冰过程中形成的水下海冰分布进行详细拍摄,从而获得雪龙船从船头至船尾的完整冰下视频资料。这些信息可以使研究人员更加直观地对北极的海洋环境进行深入研究。

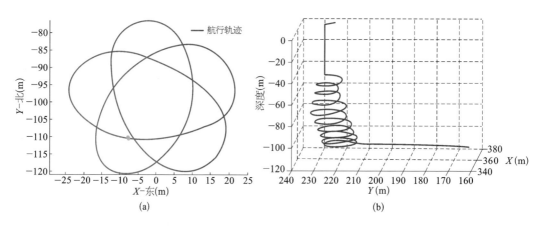

图 14.14 SAUV 实际航行轨迹[51]

(a) 五叶草;(b) 螺旋下潜

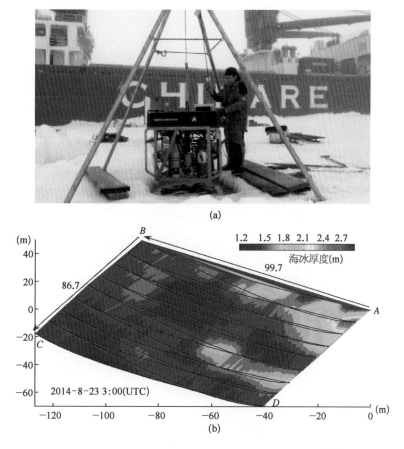

图 14.15　北极 ARV 在中国第六次北极科考中应用[52]

（a）北极试验场景；（b）北极 ARV 观测得到的冰厚数据

14.4　深海打捞救援

在潜水器深海打捞方面的一个重要成就是 1966 年，美国"阿尔文（Alvin）"号载人深潜器与无人潜水器"凯夫（CURV）"一起，在西班牙的帕拉梅斯海域（深度 914 m）打捞出美军失落的氢弹[34]。1966 年美国在西班牙的帕拉梅斯（Palamers）失落了一颗氢弹，先由"阿尔文（Alvin）"号载人潜水器找到沉没地址，然后由"凯夫（CURV）"无人遥控潜水器系缆，最终把它从 856 m 的水深处打捞起来的，如图 14.16 所示。另一个案例是三艘"南鱼座（Pisces）"号潜水器，花费了一年时间，通过操作潜水器上的举力为 800 kg 的机械手，把沉没于 750 m 水深海底的 120 条鱼雷全部打捞上来。第三个比较重要的案例是 1968 年

10月,潜水器"阿尔文(Alvin)"号从母船"鲁鲁(Lulu)"号上起吊时,不慎失事沉没;后来在1969年8月利用"阿鲁明纳(Aluminant)"号和打捞船"密执安"号相互配合,将"阿尔文(Alvin)"号从1538 m水深处打捞起来。这次事故的一个意外收获是,当救援人员清理载人舱中的废弃物时,他们发现了"阿尔文(Alvin)"号沉没当日,乘员们带进去的一份午餐,在海水中浸泡了将近一年后仍然可以食用。由此,微生物学家开拓了一个新的研究领域。在随后的几年里,很多微生物学家向海底投掷许多有机物质,从而观察细菌的生长和分解速度[53]。

图14.16 由载人潜水器与无人潜水器协同作业打捞上来的氢弹

美国载人潜水器"深探(Deep Quest)"号曾于1970年把坠落在太平洋1037 m水深的一架海军飞机打捞上来。美国深潜救生艇"DSRV"于1979年5月在120 m水深和英国潜艇"奥丁神"号对接成功,并把"奥丁神"号上的全部艇员转移到另一艘潜艇上去,在人类历史上第一次实现了"内空"对接和人员转移。这两艘潜水器把援潜救生技术推向了顶峰。他们在1983年8月又一次重复了潜器和潜艇对接和人员转移的试验。近年来尽管无人遥控潜水器发展很快,但是载人潜水器仍有其不可替代的作用,尤其是潜水员的水下出入和对接干转移。载人潜水器的这些作用是无人遥控潜水器所无法替代的;因此,在今后的一段时间内,有人和无人潜水器技术将会共存,并相互促进、共同发展。

在20世纪80年代,潜水器在打捞救援方面也有过两次辉煌经历。一次是1986年2月,当时美国"挑战者"号宇航飞机失事,军方动用了三条载人潜水器和其他几条无人潜水器,前后花了6个月,总共回收了50 t的废片与残骸。另一次是1989年,苏联核潜艇"共青团员"号核潜艇失事沉没(深度1860 m)。苏联军方利用两台"和平"号载人潜水器进行搜索,最后找到了潜艇位置,取得了海底沉积物样品,测量了环境水域的放射性剂量,并对潜艇艏部进行了密封作业以防止核泄漏[14]。图 14.17 是"和平"号载人潜水器探查失事潜艇的情景。

图 14.17 "和平"号探查潜艇[14]

14.5 海洋军事应用

在军事应用方面,除了深潜救生艇和救生钟是专为潜艇失事配备的专用装备外,其他如 HOV、AUV、ROV、ARV 等均有非常广泛的用途。

AUV 的长处是大面积搜索,既可以用于军事领域也可以用于民用领域。在军事领域,AUV 主要用于情报收集、水下侦察、反水雷、环境监视等。在民用领域,AUV 主要用于海洋科学调查、海底矿产资源勘查、海底地形地貌测量、失事船只或飞机的搜寻、铺设海底光缆、海底管线的检查、水下结构物检查、极地冰下海洋环境调查等。

一般的使用方式是首先由 AUV 找到军事目标,然后再依靠 HOV 或 ROV 来进行打捞和救援等作业。如果类似于潜艇失事之类的事故有人员需要转移,则可以用深潜救生艇或救生钟进行。

随着海上战争无人化的发展趋势,海军对海洋环境数据的需求也不断加大,水下滑翔机和浮标甚至海底观测网等海洋环境数据收集系统也会得到越来越多的军事应用。

14.6　考古、水下观光旅游与水下电影拍摄

地球的辽阔海洋一直是科学探索的重要前线。深邃的海洋覆盖了整个地球的一半以上,在其壮丽波澜之下的神秘世界一直启迪着人类的无限遐想。载人/无人潜水器提供的通道是公众和青年学生欣赏海底的一个基本途径,使他们有机会可以直接观察和记录独特地形、动物以及海底深处的活动。"阿尔文"号和"和平"号无疑是世界上最著名的海洋研究潜水器。过去四十多年里,他们搭载游客去海底旅游,观看"泰坦尼克"号沉船遗址,如图 14.18 所示;并以此为素材,拍摄了很多电影,如《深海异形》,如图 14.19 所示,在普及海洋知识方面发挥了重要的作用。随着人们物质生活水平的提高,人们对包括南极和北极在内的深海大洋的兴趣越来越高;因此,水下观光旅游将在不久的将来,会成为一个很兴盛的产业。

图 14.18　"和平"号载人潜水器在考察"泰坦尼克"号沉船遗址

海洋,尤其是深海底部是地球演化信息保存得最为完好的地方,因此,进行海洋考古研究是重要科学前沿问题容易取得突破的地方,海底也保存了相当数量的古城遗址。无

图 14.19　用载人潜水器拍摄的深海电影《深海异形》

人/载人潜水器是海洋考古研究的主力装备。英国打捞专家金斯福德(John Kingsford)所领导的"深海搜寻"公司(DOS)曾在南大西洋的一艘沉船上打捞出价值 5 000 万美元的银币，如图 14.20 所示，并把打捞所得交给拥有这些银币的英国财政部，按合同提成。

图 14.20　英国"深海搜寻"公司(DOS)在南大西洋的一艘沉船上打捞出的银币

　　科学家们通过网站、博客以及博物馆、水族馆等的视频链接与学生和公众的交流越来越多。潜水器是将海洋研究介绍给学生和公众的成功媒介。具备改进的通信、深度和科学性能的新型载人/无人潜水器将继续作为必要的教育工具,使学生和大众进一步了解深海环境及其与整个地球系统和 21 世纪社会经济关键问题的相关性,从进入矿物资源的途径到人类对原始深海内部的影响。

14.7　潜水器作业中的主要工具

　　在所介绍的潜水器中,ROV 和 HOV 是具有最强的水下作业能力的,而他们的作业能力是通过驱动机械手操作专门的作业工具而实现的。因此,为 HOV 和 ROV 潜水器配备适用的作业工具是提高潜水器作业能力的一个重要内容。唐嘉陵等[54]曾对目前国际上载人潜水器中所搭载的各种作业工具作过一个综述,发现美国的"阿尔文"号载人潜水器具有最全的工具配备,按照功能用途可以分为:摄影摄像类、环境参数测量类、取样作业类,结果如表 14.2 所示。

表 14.2　"阿尔文"号载人潜水器所搭载的作业工具统计[54]

工具类别	工 具 名 称
摄影照相工具	水下照明灯
	高清摄像机
	高清照相机
环境参数测量类	成像声纳或剖面声纳
	搜索声纳
	便携式温盐深
	激光测距仪
	磁力仪
	高度计
	深度计
	高温探头
	低温探头
	耦合式温度探头
	地热探针
	化学取样器

(续表)

工具类别	工 具 名 称
矿物取样器	沉积物取样器
	地质勘探管
	抓斗采样器
	小型浅钻
	结壳铲
	硫化物采集器
水体取样器	主海水取样器
	真空吸水采样器
	原位取水器
	尼斯金(Niskin)采水瓶
生物取样器	生物采样箱
	多室旋转收集采样器
	小容量吸入取样器
	单腔吸入取样器
	大容量鱼类吸入取样器
	捞网

从工程应用角度来说,潜水器搭载作业工具的发展趋势大致如下[54]:

(1) 作业工具搭载接口的标准化、规范化。在深海运载器必将走向谱系化、产业化的背景下,需要尽早提出深海搭载作业工具搭载接口的标准和规范,为各类深海探测工具研制提供参考。争取形成行业标准,如深海搭载工具电气接口标准、液压接口标准、作业工具布置规范、取样触发操作规范等,规范深海运载器作业工具搭载接口,为各种深海作业工具与不同深海运载装备相互兼容、各型深海运载装备更好更高效相互协同作业做好铺垫。

(2) 常用作业工具设计模块化。受潜水器载荷能力、布置空间限制,对潜水器常用搭载作业工具进行模块化设计,提升潜水器的搭载能力。布置越合理就越能简化取样操作流程以及提高作业效率和成功率,降低风险。

(3) 自容式、非接触式设计。运载器电气、液压等物理接口都是非常有限的,尽量提倡自容式的作业工具;从安全性和实用性考虑,自容式或小数据传输控制的作业工具推荐采用非接触式触发如磁感应、光感应、电磁耦合感应等方式。自容式、非接触式设计能够提高搭载效率,简化取样作业操作、提高安全性。

参考文献

［1］ 辛仁臣,刘豪,关翔宇,等. 海洋资源[M].北京：化学工业出版社,2013.

［2］ 苏山. 海洋开发技术[M].北京：北京工业大学出版社,2013.

［3］ 陈鹰,等. 海洋技术基础[M].北京：海洋出版社,2018.

［4］ Humphris S E. Vehicles for Deep Sea Exploration[M]. Encyclopedia of Ocean Sciences，2009.

［5］ Lévêque J P, Drogou J F. Operational Overview of NAUTILE Deep Submergence Vehicle since 2001[A]. Proceedings of Underwater Intervention Conference，2006，New Orleans, LA. Marine Technology Society.

［6］ 崔维成,刘峰,胡震,等. 蛟龙号载人潜水器的 5 000 米级海上试验[J].中国造船,2011,52(3)：1 - 14.

［7］ 崔维成,刘峰,胡震,等. 蛟龙号载人潜水器的 7 000 米级海上试验[J].船舶力学,2012,16(10)：1131 - 1143.

［8］ 刘保华,丁忠军,史先鹏,等. 载人潜水器在深海科学考察中的应用研究进展[J].海洋学报,2015,37(10)：1 - 10.

［9］ Rona P A, Klinkhammer G, Nelsen T A, et al. Black Smokers，Massive Sulfides and Vent Biota at the Mid-Atlantic Ridge[J]. Nature，1986，321：33 - 37.

［10］ Becker K，Von Herzen R, Kirklin J, et al. Conductive heat flow at the TAG active hydrothermal mound：Results from 1993 - 1995 submersible surveys[J]. Geophysical Research Letters，1996，23(23)：3463 - 3466.

［11］ White S N, Humphris S E, Kleinrock M C. New observations on the distribution of past and present hydrothermal activity in the TAG area of the Mid-Atlantic Ridge (26°08 prime N)[J]. Marine Geophysical Researches，1998，20(1)：41 - 56.

［12］ Ding K，Seyfried Jr, William E, et al. The in situ pH of hydrothermal fluids at mid-ocean ridges[J]. Earth and Planetary Science Letters，2005，237(1 - 2)：167 - 174.

［13］ Ding K，Zhang Z, Seyfried Jr W E, et al. Integrated in-situ chemical sensor system for submersible deployment at deep-sea hydrothermal vents[J]. OCEANS，2006：1 - 6.

［14］ Sagalevitch A M. From the Bathyscaph Trieste to the Submersibles Mir[J]. Marine Technology Society Journal，2009，43(5)：79 - 86.

［15］ Takagawa S. Advanced Technology Used in Shinkai 6500 and Full Ocean Depth ROV Kaiko[J]. Marine Technology Society Journal，1995，29(3)：15 - 25.

［16］ NRC. 50 Years of Ocean Discovery：National Science Foundation 1950 - 2000[M]. Washington DC：National Academies Press，2000.

［17］ NRC. Exploration of the Seas：Voyage into the Unknown[M]. Washington DC：National Academies Press，2004a.

［18］ NRC. Future Needs of Deep Submergence Science[M]. Washington DC：National Academies Press，2004b.

［19］ Eriksen C C, Osse T J, Light R D, et al. Seaglider：a Long-Range autonomous underwater vehicle for oceanographic research[J]. IEEE Journal of Oceanic Engineering，2001，26(4)：424 - 436.

［20］ Davis R E，Eriksen C E, Jones C P. Autonomous buoyancy-driven underwater gliders[C].

Technology and Applications of Autonomous Underwater Vehicles, London: Taylor and Francis, 2002, 37 - 58.

[21] Rudnick D L, Davis R E, Eriksen C C, et al. Underwater Gliders for Ocean Research[J]. Marine Technology Society Journal, 2004, 38(1): 48 - 59.

[22] Liblik T, Karstensen J, Testor P, et al. Potential for an underwater glider component as part of the Global Ocean Observing System[J]. Methods in Oceanography, 2016, 17: 50 - 82.

[23] Richardson P L, John H S. Drifters and Floats[M]. Encyclopedia of Ocean Sciences, Academic Press, 2001, 767 - 774.

[24] Tenberg A, Bovee F D, Hall P, et al. Benthic chamber and profiling landers in oceanography — A review of design, technical solutions and functioning[J]. Progress in Oceanography, 1995, 35(3): 253 - 294.

[25] Jamieson A. The Hadal Zone: Life in the deepest oceans. Cambridge: Cambridge University Press, 2015.

[26] Marsset T, Marsset B, Ker S, et al. High and very high resolution deep-towed seismic system: Performance and examples from deepwater Geohazard studies[J]. Deep-Sea Research I, 2010, 57: 628 - 637.

[27] Busby R F. Undersea Vehicles Directory — 1990 - 1991[M]. 4th ed. Arlington, VA: Busby Associates, 1990.

[28] Funnel C. Jane's Underwater Technology[M]. 2nd ed. UK: Jane's Information Group Limited, 1999.

[29] Forman W. The History of American Deep Submersible Operations[M]. Flagstaff, AZ: Best Publishing Co, 1999.

[30] Wynn R B, Huvenne V A I, Le Bas T P, et al. Autonomous Underwater Vehicles (AUVs): their past, present and future contributions to the advancement of marine geoscience[J]. Marine Geology, 2014, 352: 451 - 468.

[31] Christ R D, Wernli R L. ROV Manual[M]. 2nd ed. Butterworth-Heinemann, 2014.

[32] Teague J, Allen M J, Scott T B. The potential of low-cost ROV for use in deep-sea mineral, ore prospecting and monitoring[J]. Ocean Engineering, 2018, 147: 333 - 339.

[33] Kohnen W. Human Exploration of the Deep Seas: Fifty Years and the Inspiration Continues [J]. Marine Technology Society Journal, 2009, 43(5): 42 - 62.

[34] Kaharl V A. Water Baby — The Story of Alvin[M]. New York: Oxford University Press, 1990.

[35] Cohen D M, Pawson D L. Observations from the DSRV Alvin on populations of benthic fishes and selected larger invertebrates in and near DWQD - 106[R]. NOAA Evaluation Report, 1977, 77 - 1: 423 - 450.

[36] Fryer P, Gill J B, Jackson M C. Volcanologic and tectonic evolution of the Kasuga seamounts, northern Mariana Trough: Alvin submersible investigations[J]. Journal of Volcanology and Geothermal Research, 1997, 79: 277 - 311.

[37] Kurras G J, Edwards M H, Fornari D J. High-resolution bathymetry of the East Pacific Rise axial summit trough 9°49′- 51′N: A compilation of Alvin scanning sonar and altimetry data from

1991 – 1995[J]. *Geophysical Research Letters*，1998，25(8)：1209 – 1212.

[38] Netburn A N，Kinsey J D，Bush S L，et al. First HOV Alvin study of the pelagic environment at Hydrographer Canyon（NW Atlantic）[G/OL]. Deep-Sea Research Part II，2017. http：//dx. doi. org/10. 1016/j. dsr2. 2017. 10. 001.

[39] Fryer P，Fornari D，Perfit M，et al. Being there：the continuing need for human presence in the deep ocean for scientific research and discovery[J/OL]. EOS，Transactions of the American Geophysical Union，2002，83（526）：532—533. http：//dx. doi. org/10. 1029/2002EO000363.

[40] 中华人民共和国国家质量监督检验检疫总局、中国国家标准化管理委员会. 海洋调查规范：GB/T 12763. 6—2007[S]. 北京：中国标准出版社，2007：8.

[41] Yoerger D，Bradley A M，Walden B B，et al. Surveying a subsea lava flow using the Autonomous Benthic Explorer（ABE）[J]. International Journal of Systems Science，1998，29：1031 – 1044.

[42] Robison B H. Midwater research methods with MBARI's ROV[J]. Marine Technology Society Journal，1993，26(4)：32 – 39.

[43] Bachmayer R，Humphris S，Fornari D，et al. Oceanographic exploration of hydrothermal vent sites on the Mid-Atlantic Ridge at 371N 321W using remotely operated vehicles[J]. Marine Technology Society Journal，1998，32：37 – 47.

[44] Shank T，Fornari D，Yoerger D，et al. Deep submergence synergy：Alvin and ABE explore the Galapagos Rift at 86 1 W. EOS[J]. Transactions of the American Geophysical Union，2003，84(425)：432 – 433.

[45] McFarlane J. ROV-AUV hybrid for operating to 38 000 feet[J]. Marine Technology Society Journal，1990，24(2)：87 – 90.

[46] Bowen A D，Yoerger D R，Whitcomb L L，et al. Exploring the deepest depths：preliminary design of a novel light-tethered hybrid ROV for global science in extreme environments. Marine Technology Society Journal，2004，38(2)：92 – 101.

[47] Bowen A D，Yoerger D R，Whitcomb L L，et al. The Nereus hybrid underwater robotic vehicle [J]. Underwater Technol，2009，28(3)：79 – 89.

[48] Deng Z G，Zhu D Q，Xu P F，et al. Hybrid underwater vehicle：ARV design and development [J]. Sensors & Transducers，2014，164(2)：278 – 287.

[49] Cui W C，Hu Y，Guo W，et al. A preliminary design of a movable laboratory for hadal trenches [J]. Methods in Oceanography，2014，9：1 – 16.

[50] Cui W C，Hu Y，Guo W. Chinese Journey to the Challenger Deep：The Development and First Phase of Sea Trial of an 11 000 – m Rainbowfish ARV[J] Marine Technology Society Journal，2017，51(3)：23 – 35.

[51] Liu B，Liu K Z，Wang Y Y，et al. A hybrid deep sea navigation system of LBL/DR integration based on UKF and PSO – SVM[J]. Robot，2015，37(5)：614 – 620.

[52] Li S，Zeng J B，Wang Y C. Navigation under the arctic ice by autonomous & remotely operated underwater vehicle[J]. Robot，2011，33(4)：509 – 512.

[53] Ballard R D，Hively W. The Eternal Darkness：A Personal History of Deep-Sea Exploration

(Revised edition)［M］. Princeton：Princeton University Press，2017.

［54］　唐嘉陵,赵晟娅,张奕,等.大深度载人潜水器搭载作业工具现状与展望［J］.中国水运,2018(7)：96－99.

潜水器技术与应用

附录 "蛟龙"号应用操作规程

一、总　　则

为了确保"蛟龙"号载人潜水器海上作业的安全,规范应用操作程序,特制定本规程。

1.1　适用范围

本操作规程是基于母船为"向阳红 09"的特定条件下"蛟龙"号载人潜水器的试验性应用的操作规程。随着支持母船技术状态的改变或"蛟龙"号投入正式应用阶段,操作规程应作相应修改。

1.2　适用条件

下潜前必须调查试验海域海水温度、盐度、声速、密度、流速、流向随深度变化的情况,获得海底、地形地貌图,作为试验必须的参考资料。

在海上航行通道或者有主权争议海域进行下潜作业,必须获得相关政府、海事、外交的许可,并有辅助船舶随行,辅助船舶由"向阳红 09"船船长指挥。

载人潜水器下潜开始的环境限制条件为风速不超过 5 级,有义波高不超过 2 m,非暴雨雷电等极端天气,除了母船"向阳红 09"和辅助船舶,海面无其他航行物或者漂浮物。

下潜前要对设备状况进行全面检查,在确保潜水器安全和满足本次下潜作业计划所需条件的情况下,方可开始下潜。

潜水器开始下潜的第一道命令下达之前,各岗位必须填写完成相关准备表,上报现场行政总指挥,载人深潜总指挥可根据各岗位的试验准备情况做出开始或暂缓下潜的决定。

1.3　岗位设置及职责

潜水器作业应用的决策组织为联席会议,会议的决议文件为下潜作业实施依据,决议由首席科学家、载人深潜行政总指挥和"向阳红 09"船船长民主协商而成,为保证潜水器水下作业的安全,载人深潜总指挥具有否决决议文件、开始或者终止下潜作业等特殊权力。

设置首席科学家一名,负责航段的全部科学任务组织实施以及所有课题组之间的协调;

设置载人深潜总指挥一名,负责潜水器的维护和下潜作业的组织实施;

设置"向阳红 09"船船长一名,负责船舶驾驶、调度、保障、调查设备的运行以及潜水器相关的布放回收作业的组织实施;

以上三位负责人通过联席会议的方式形成部门之间的任务联系单,各项作业内容在

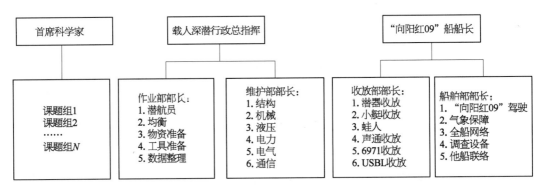

载人潜水器作业岗位设置示意图

任务联系单的要求下开展。

载人深潜作业队下辖两个部：作业部和维护部，各设部长一名，队长可兼任。

作业部由潜航员组成，要承担的任务以及岗位设置如下：

（1）潜航员，负责潜水器的驾驶，设置岗位2~3人，执行下潜任务的潜航员有权在水下随时终止试验上浮；

（2）均衡，负责潜水器配重的统计、调整和均衡分析，确定可弃压载重量，设置岗位1人；

（3）物资准备，负责载人舱内下潜物资的整理，包括生命支持所需的氧气、二氧化碳吸收剂和下潜人员在舱内需要用到的所有食品、工具等，设置岗位1人；

（4）工具准备，负责机械手、采样篮以及潜水器搭载作业工具的装卸和测试，协助科学家处理样品，设置岗位1人；

（5）数据整理，负责对下潜操作的记录、录音、照片、录像等数据和作业部的文件、资料、记录进行拷贝和整理，设施岗位1人。

维护部的职责是保证潜水器处于可靠好用的状态，要承担的任务以及岗位设置如下：

（1）结构，负责对耐压容器、框架、浮力块、轻外壳、设备支架的检查和维护，载人舱口盖、观察窗的启闭和维护，设置岗位1人；

（2）机械，负责潜水器部件的装卸，包括接线箱、蓄电池箱、可弃压载、浮力块、抛载安全销以及其他潜水器设备，设置岗位3人；

（3）液压，负责推力器、液压源及其所有驱动设备的检测和维护，设置岗位1人；

（4）电力，负责接线箱、蓄电池、电缆、贯穿件的检查和维护，设置岗位1人；

（5）电气，负责所有非110 V特供电设备及其软件等的检查和维护，设置岗位1人；

（6）通信，负责甲板上无线电、6971、水声通信、对讲机的使用、记录、检查和维护，设置岗位2人。

船长管理两个部：船舶部和收放部，各设部长一名，船长可兼任。

船舶部主要由"向阳红09"船的船员、水手和调查人员组成，责任是确保船舶运行正常，要承担的任务以及岗位设置如下：

(1)"向阳红 09"船驾驶,负责船舶的驾驶,设置岗位 2 人,其中值班驾驶员 1 人,值班水手 1 人;

(2)气象保障,负责气象条件的预报和现场评价,设置岗位 1 人;

(3)全船网络,负责"向阳红 09"船局域网络和监控网络运行、检查和维护,设置岗位 1 人;

(4)调查设备,负责船载调查设备的运行、检查和维护,设置岗位 2 人;

(5)他船联络,负责和辅助船舶的联络通信,设置岗位 1 人。

收放部主要的责任是确保潜水器和声学设备等的布放和回收,要承担的任务以及岗位设置如下:

(1)潜水器收放,负责甲板上潜水器收放相关操作,设置岗位 3 人;

(2)小艇收放,负责小艇的收放操作,设置岗位 1 人;

(3)蛙人,负责水面上潜水器收放相关操作,设置岗位 4 人;

(4)水声通信收放,负责水声通信吊阵的收放操作,设置岗位 2 人;

(5)6971 收放,负责 6971 通信吊阵的收放,设置岗位 1 人;

(6)USBL 收放,负责 USBL 的收放和启闭,设置岗位 1 人。

以上岗位鼓励上船科学家在工作时间和站位不冲突的情况下兼职承担。

以下分别详述准备、布放、下潜、作业、上浮、回收和维护——海上试验的七个阶段具体操作规程。

二、准　　备

2.1　首席科学家

确定下潜科学任务,指定人员检查潜水器搭载科学部件,指导使用方法。

2.2　作业部

(1)对试验海区温度、深度、密度变化以及海底支撑能力情况搜集整理填表,预报潜水器全过程载荷和姿态变化。

(2)确定要带入载人舱的物品,经作业部部长检查确认后由专人放入载人舱内。

(3)确认所有下潜人员的身体、心理状态符合下潜的要求,宣贯下潜任务和计划。

(4)补充舱内的氧气和二氧化碳吸收剂,满足 84 h 的需要,更换吸湿剂以及试验需要的食品和水。

(5)潜航员进入载人舱,对所有设备进行外观检查,确认操作面板上的开关均处于

"中"或"关"的位置,在确认载人舱内的 24 V 电源已经供上后,打开舱内后面板的"舱内总开关"以及生命支持等系统的供电开关,接着打开在载人舱左舷前上角的控制系统 24 V 电源开关"CB1"和"CB2",然后开启航行控制节点和计算机罐电源,启动信息显控计算机和航行控制计算机,在航控计算机 Harddisk\Program 目录下运行 MSV Control. exe,点击"Start"按钮开始运行,继而检查各参数显示数据的正确性。

（6）中试航员和舱外人员配合进行潜水器甲板检查,并填写相关表格。

（7）其他下潜人员进舱,调试相关设备,协助声学通信工作人员进行对钟,确认正常后,潜航员协助舱外人员关闭舱口盖。

2.3 维护部

（1）安装压载铁。

（2）针对下潜任务,预报潜水器全过程的用电情况。

（3）检查电池箱、接线箱、推力器等充油设备的充油液位,及时补油。

（4）蓄电池充电结束,测算每一组蓄电池的电量,安装相关电缆和轻外壳。

（5）高压气罐充气结束,确保气压在 10 MPa 以上,打开排水保险阀组,安装相关轻外壳。

（6）检查每一个接插件是否安装到位。

（7）去除观察窗、灯光、摄像机的保护罩,打开载人舱舱口盖,安装出入梯、对载人舱进行通风。

（8）配合舱内人员做下潜前设置和检查,结束后协同舱内人员关闭舱口盖。

（9）声学系统水面机柜开机:打开 UPS 电源、显控计算机上电、电源机箱上电(检查确认 300 V 电源开关处于关闭状态,打开 220 V 电源开关,10 s 后打开 24 V 电源开关)、打开同步时钟电源(在上电时观察同步时钟的指示灯是否全部点亮,如果异常,则关电 10 s 后重新打开电源)。

（10）把一块 5 m 长帆布铺在声学绞车前的操作区甲板上;把换能器阵从右舷木箱中抬出,放在帆布上,上端朝右舷并保留 1.5 m 空间;把吊舱箱子从操作间抬到甲板上,放在换能器上端附近。把吊舱从箱子中抬出,吊舱下端距离换能器上端 30～50 cm;连接吊舱和吊阵之间、吊舱和吊缆端接之间的钢缆,用绑扎带固定卸扣;连接吊舱和吊阵之间的信号缆,用布带绳把信号缆中点系固在钢缆上,收好堵头;声学绞车放缆约 30 m,把吊缆拉到吊舱上端位置;连接吊缆插头和吊舱插座,收好堵头。

（11）通信机甲板系统检查:打开电源机箱的 300 V 电源开关,等待 EDSL 状态指示灯变成绿色;运行水声通信机显控软件,点击"启动通信机";选择 1 号换能器,设置 6971 应急通信发射幅度和数字发射幅度在 0.10～0.15 范围内;点击发送莫尔斯码"收到",应能听到 1 号换能器发射 3 次单频;用手轻轻敲击 1 号换能器表面,显控界面应能够看到冲击波形并听到"碰碰"的敲击声响;选择 2 号换能器,重复上述步骤;点击"主动发射",在 16 s 内应能听到 2 号换能器发射数字信号;点击显控软件中"系统设置"按钮,再点击系统设置对话框中的"远程关机"按钮,20 s 后关闭显控软件,关闭 300 V 电源开关。

（12）在水面机柜和潜水器内的同步时钟上电均超过 15 min 之后进行同步时钟对钟操作。

（13）准备工作完成,打开电源机箱的 300 V 电源开关。

（14）在前甲板将换能器和配重块的吊梁水密盒与承重电缆的水密连接器紧固联接;将甲板缆插入电动绞车的 Y27 电连接器插座;电动绞车电源开关旋至接通位置,按动绞车的慢速上升按钮,将换能器至一定高度;利用摇把手动将吊臂连同换能器移出船舷待命。

（15）打开指挥室操控台铰链连接的箱盖,翻起 LCD 显示屏,开机准备,操控台电源线插入 X1,操控台接地螺栓连接导线接地到船壳,功率放大与匹配转换设备的控制接口线插入控制台右侧接口插座,送话器插入送话器插口;操控台电源开关旋钮右旋 90°,将电源开关置于"通",旋钮顶部指示绿灯亮,设备即通电。通电前检查各操作键的状态,在上电的过程中不要触动各功能键。通电后计算机将检测硬件配置等参数并自动加载应用程序。系统启动过程中应禁止触动键盘或设备的操作,避免应用程序加载过程中出现错误;工作方式开关旋至"电话"位置,显控切换为"电话"工作界面;由通信距离的远近选择功率选择开关是"全"或"半"功率位置;音量旋钮调至适中。手持送话器插入送话器插座;开启功率放大与匹配转换设备的电源开关,将钥匙开关旋至"通",前面板电源指示灯亮。

2.4 船舶部

2.4.1 船舶驾驶

（1）母船航行到预定作业点,右舷受风。

（2）母船备妥双主机、侧推。

（3）母船开启双雷达,搜寻海面,观测有无影响海试的船舶及漂浮物。

（4）母船确认驾驶台、吊车操作手、小艇之间通信正常。

2.4.2 气象保障

对未来三天气象条件进行预报,对当天的气象条件进行评价。

2.4.3 全船网络

（1）对母船上的视频监控系统摄像头进行检查,确保摄像头外罩清洁,线路无损坏。

（2）对视频系统的硬盘录像机进行检查,确保硬盘录像机无故障报警。

（3）对母船上的网络交换机进行检查,确保网络顺畅。

（4）打开视频监控系统,逐一检查各个摄像头监控情况。

（5）利用网络视频监控对有云台摄像头进行云台控制,检查云台转动角度是否符合要求。

（6）将各摄像头画面固定在工作区,准备监控录像。

2.4.4 调查设备

（1）到达试验海区前一天通电检查 ADCP、CTD、Bathy2010 设备工作情况,确保工作正常,将各设备情况报指挥部。

（2）按照作业任务要求,确定测线和布放深度等。

（3）到达试验海区前 15 min 接驾驶室通知后开启 Bathy2010，按指挥部要求测线，将测线地质及水深数据记录，报指挥部。

（4）测线结束后，船舶保持左舷迎风、流，开始下放 CTD，作业结束后将处理数据报指挥部和相关部门。

（5）测绘结束后通知驾驶室、指挥部和相关部门。

2.4.5　他船联络

通知他船任务计划。

2.5　收放部

2.5.1　潜水器收放

（1）甲板工程师下到 A 形架系统液压站间检查和预热，再到甲板上进行检查；由甲板工程师填写"布放回收系统布放检查表"。

（2）启动 A 形架系统，进行系统功能检查。

（3）根据标记定长放出拖曳缆，确认笼头缆挂钩开启灵活。

（4）A 形架操作手就位，静心养神，进入操作状态。

2.5.2　小艇

（1）确认小艇吊艇机工作正常。

（2）备妥小艇的燃油。

（3）施放小艇入水，并到达船尾待命。

三、布　　放

3.1　首席科学家

指定人员关注试验进程并提供咨询。

3.2　作业部

（1）甲板工作人员记录水面水下通信的内容。

（2）在潜水器布放过程中，潜航员利用扶手保持身体平衡，做好潜水器在起吊布放入水中可能出现的大幅度摆动。启动"推力器上电""计算机控制""高速"，以备布放过程可能出现的异常情况。注意潜水器在起吊以及布放入水过程中可能出现的接地变化。

（3）在信息显控计算机界面检查生命支持系统、深度计、温盐深、能源系统、运动传感器、电子罗盘、倾角仪、液压系统、接地电流等各种参数显示数据的正确性。

（4）打开操作面板上的相应开关，对载人潜水器上的声学系统、观通系统等进行检查，最少建立一种水声通信方式。

（5）当得到允许下潜命令后，打开液压源，压载水箱开始注水，潜水器开始下潜。

3.3 维护部

（1）水声通信机吊阵布放入水后，运行水声通信机显控软件，点击"启动通信机"，选择1号换能器，设置6971应急通信发射幅度和数字发射幅度为1，开始与潜水器进行通信。潜水器端开启水声通信机，首先通过6971应急通信功能与母船进行联系，成功后则尽量少用6971应急通信功能，通信机自动转入数字通信模式。

（2）水声通信系统自动把各种数据发送到母船，母船自动把定位数据发送给潜水器，不需要人工干预。在人工干预下，潜水器可以向母船发送语音、文字、图片、莫尔斯码和扩频短信，母船可以向潜水器发送语音、文字、莫尔斯码和扩频短信。发送语音：按下话筒按钮1 s后开始通话，松开按钮结束通话。通话时语速要慢，吐字要清楚。发送文字：在文字输入对话框输入文字（20个汉字或40个字母），敲回车键或点击"加入发射链表"。发送图片：选择需要发送的图片，点击"图像"核选框，则下一个通信周期会把所选择的图片发送到母船，发送完成后自动回到"数据"发送状态。发送莫尔斯码：点击5种莫尔斯码按钮，则发送相应的莫尔斯码。发送扩频短信息：在扩频短信息发送对话框输入文字（4个汉字或8个字母），点击"扩频发射"。

（3）打开6971应急通信，然后等待接收潜水器的呼叫，也可以对潜水器主动呼叫。按住送话器侧壁的开关后即可向对方发话，讲话人发话时需将送话器靠近嘴边以中等语速连续讲话；讲话完毕，松开送话器的开关后，自动转入接收状态，等待收听对方的回话。

（4）待潜水器下潜并与水声通信系统建立好通信联络后，潜水器试验过程中将6971通信吊阵收起至水面以上，处于待命状态，视情况启用6971应急通信。

3.4 船舶部

3.4.1 船舶驾驶
（1）操纵船舶复位到下潜点。

（2）调整船舶顶着风、浪和流的合力方向。

（3）船舶以2 kn以下航速机动。

（4）潜水器主吊缆和拖曳缆解脱后远离潜水器。

（5）到达指定位置后停掉侧推和右主机。

2.4.2 气象保障
对当时的气象条件进行评价。

2.4.3 全船网络
（1）将视频监控系统软件操作权限交指挥部现场操作人员，其他各处监控系统在潜水器布放过程中不得擅自调整云台、录像和抓图。

（2）按指挥部要求协助现场操作人员更改电视墙显示画面和四分割画面。

（3）对潜水器布放作业进行全程本地录像，实时检查录像情况。

（4）指挥部现场操作人员将主桅杆高清摄像头监控画面按指挥部要求显示在电视上。

（5）实时注意观察视频监控系统运行情况，出现问题时，技术人员需立即解决。

3.4.4　他船联络

通知他船试验进展及需要配合的任务。

3.5　收放部

3.5.1　潜水器收放

（1）小艇开始下水同时轨道车启动将潜水器往起吊点转运，折臂吊开始将声学系统基阵吊到右舷外。

（2）小艇下水完毕，可开始挂 A 形架主缆。

（3）完成起吊、挂钩、松主缆、挂拖曳缆、外摆，外摆到刻线角度时停止，继续完成脱钩、下放入水，开始外摆时，轨道车同步往船尾方向移动。

（4）入水时 A 形架操作手做好反向操作的心理准备，以防意外发生。若进行反向操作，须快速将拖曳绞车转换到"收缆"状态。

（5）潜水器入水后，先解主吊缆，接着释放拖曳缆，将潜水器放漂到距船尾 60～80 m 的位置，蛙人适时解脱拖曳缆，然后回收拖曳缆。

（6）A 形架返回到舷外接近垂直状态，布放声学吊放系统入水。声学吊放系统入水后，A 形架外摆，保证吊缆与折臂吊人梯不发生干涉。

（7）预先放出一定长度的拖曳缆，为回收做准备。须小心防止拖曳缆发生缠绕。

（8）关闭 A 形架液压站。

3.5.2　小艇与蛙人

（1）潜水器入水后，橡皮艇傍靠潜水器，蛙人解脱主吊缆。

（2）拖曳缆松弛时，蛙人解脱拖曳缆，返回橡皮艇。

（3）橡皮艇跟随潜水器，进行水面检查。

（4）潜水器下潜后，返回母船。

3.5.3　超短基线定位

（1）检查超短基线的 GPS、罗经和 Octans 信号来源，确保 Octans 信号延迟不大于规定要求，其他信号源正常。

（2）将 USBL 作业指示牌送驾驶室，提示 USBL 开始作业，船舶行驶速度不得大于 3 节。

（3）接指挥部命令后，在确保干扰源（Bathy2010、38 kHz ADCP）关闭情况下，开启 USBL 换能器下放电源，电动下放换能器，若电动下放不顺利或失效，须手动操作。

（4）当使用老版本的 USBL 甲板系统时，按如下方式启动：

① 完成换能器下放后，启动 USBL 甲板机，打开 USBL 数据采集处理计算机，启动 AYBSS 程序；

② 点击主界面菜单栏 Parameters→Job 输入当前潜次,点击主界面菜单栏 Navigation 进入监控界面,通过菜单栏 View 将监控画面设置为 Relative 模式;

③ 观察 Octans 信号质量,指示灯亮后点击菜单栏 Survey→On,开启监控功能,点击 Data Recording 界面将按钮打到"ON",开启数据记录;

④ 将 USBL 工作界面通过大洋技术中心编写的远程控制程序传送到指挥部,实时显示试验母船与潜水器相对位置关系。

(5) 当使用新版本的 USBL‒BOX 时,按如下过程启动:

① 完成换能器下放后,启动 USBL‒BOX,打开 USBL 数据采集处理计算机,启动 Firefox 浏览器,登陆 USBL‒BOX,启动 USBL,并启动数据记录;

② 在指挥部的监控计算机上用沈阳自动化所编写的显控软件实时显示试验母船与潜水器相对位置关系。

(6) 潜水器作业过程中 USBL 作业需专人值班,记录 USBL 作业过程中出现的问题。

3.5.4 水声通信收放

(1) 在 A 形架外摆到位后,通信机吊阵做好起吊准备,操作步骤如下:折臂吊钩住吊舱的起吊钢缆,缓慢起吊。1 人拉住吊舱和换能器阵之间的钢缆,防止挤压吊舱下端的接插件;1 人拉住吊缆;2 人抬住换能器阵,避免换能器阵在甲板上拖动。

(2) 把吊舱和换能器阵起吊到垂直状态,换能器阵下端距离甲板面 0.5 m;把铅鱼连接到换能器阵下端的挂点上,用绑扎带固定卸扣。

(3) 在潜水器布放入水、母船移动到安全距离后布放水声通信吊阵。步骤如下:折臂吊把换能器阵吊起,转到舷外约 3 m 距离,把阵下端放到水中,再转到右舷船尾,在此过程中一人拉住吊缆,并跟随吊阵的转动移动到船尾;绞车收缆,一人在右舷船尾送缆,一人在绞车前拽住吊缆以使绞车卷缆整齐收缆直到吊缆承受整个吊放系统的重量而吊车钢缆不再受力;把吊舱上的起吊钢缆从吊钩上解脱;外摆,绞车放缆到 50 m 深度,折臂吊归位。

3.5.5 6971 应急通信收放

(1) 操作绞车下降按钮,使换能器入水至工作需要的深度;深度指示仪表显示换能器入水深度值。

(2) 关闭绞车电源开关至断开位置。

四、下   潜

4.1 首席科学家

指定人员关注试验进程并提供咨询。

4.2　作业部

（1）密切监视潜水器上传数据和定位信息，记录水下和水面双方通信内容。

（2）在下潜过程中，观察有源接地监测情况，维持水声通信，并通过高速水声通信定期向水面报告下潜深度和下潜速度。

（3）潜航员负责操作潜水器，通过综合显控屏显示内容的切换，观察设备运行情况，并注意潜水器下潜深度和下潜速度，通过对下潜速度的变化预判潜水器均衡情况。

（4）若无其他情况，潜航员保持高速水声通信：除非必要才通过语音上报情况并上传图片。

（5）在整个下潜过程中潜水器基本保持无动力下潜，若在水面出现潜水器下潜速度超过安全值可适当通过推力器控制，一般下潜速度都在预测范围内。

（6）留意下潜过程中可能出现的异响，并记录。

（7）若发现泄漏报警指示区、油位补偿报警指示区或信息显控报警指示区出现报警信号，则根据故障类型和试验任务决定是否继续工作；如果判定故障类型不影响本潜次主要试验任务的安全完成则允许继续下潜。

（8）根据深度读数，判断潜水器距离海底约 300 m 时打开多普勒计程仪。时刻关注潜水器的深度值和距离海底的高度值，同时打开推进器电源。择机抛弃终止下潜压载。抛载后继续关注潜水器下潜速度。根据潜水器下潜速度、航行阻力，酌情打开液压源调整可调压载水舱内的水量。

4.3　维护部

同 3.3。

4.4　船舶部

4.4.1　船舶驾驶
（1）微速机动（航速小于 2 kn），跟踪潜水器。

（2）需要转向跟踪时，应注意尾部声学电缆不与 A 架接触为宜。尽量采用右转，如果特殊情况必须左转，则转弯速度必须尽可能低。

（3）不准使用倒车，以免尾部声学电缆滑入船底，挂住桨、舵，损坏电缆。

（4）保持母船与潜器的水平距离不超过 2 000 m。

4.4.2　气象保障
对当时的气象条件进行评价。

4.4.3　他船联络
通知他船试验进展及需要配合的任务。

4.5　收放部

4.5.1　超短基线定位
（1）实时观察 USBL 工作情况，包括 Octans、GPS、罗经信号和潜水器换能器回波信号质量；

（2）确认 USBL 工作情况，确保显示的试验母船与潜水器相对位置关系正确；

（3）在定位精度差或回波信号源干扰的情况下，及时通知潜水器作业指挥部，制定应对方案；

（4）在确认回波信号源干扰导致 USBL 长时间处于无法定位的情况下，重新启动 USBL 甲板单元，重新搜索定位潜水器；

（5）若 USBL 始终无法定位潜水器目标，及时通知现场指挥部，制定应对方案；

（6）潜水器作业过程中，USBL 作业需专人值班，记录 USBL 作业过程中出现的问题。

五、作　　业

5.1　首席科学家

指定人员关注试验进程并提供咨询。

5.2　作业部

（1）密切监视潜水器上传数据和定位信息，记录水下和水面双方通信内容。

（2）近底作业之前，首先在信息显控计算机界面检查生命支持系统、深度计、下潜速度、温盐深、能源系统、运动传感器、电子罗盘、倾角仪、液压系统、接地电流等各种参数显示数据的正确性。

（3）若本潜次需要寻找目标点进行作业，则需要潜水器离底后进行 USBL 校准。然后在信息显控计算机界面设置目标点的坐标，则目标点距离潜水器当前坐标的方位、距离信息实时显示在信息显控计算机界面。

（4）在使用机械手作业时，关注液压系统压力、110 V 电流、油箱温度等参数。

（5）在航行过程中，时刻关注各推进器的控制电压、电流、转速等信息。若采用自动航行模式，则还要关注潜水器系统是否发散。

（6）作业过程中若发现泄漏报警指示区、油位补偿报警指示区或信息显控报警指示区出现报警信号，则根据故障类型和试验任务决定是否继续工作。如果判定故障类型不影响本潜次主要试验任务的安全完成则允许继续作业。

（7）完成作业内容后填写相关试验表格。

5.3　维护部

同 3.3。

注意：潜水器作业过程中，舱内人员比较忙碌，可以让水声通信系统自动把各种数据发送到母船，在有空闲时发送一组文字或莫尔斯码给母船，告知当前工作情况。一般情况下母船不通过 6971 应急通信功能呼叫潜水器以免干扰水下操作。

在潜水器作业时噪声比较大，很有可能无法接收到母船的数据和语音，在有重要信息或指令要下达时母船可以向潜水器发送扩频短信息或莫尔斯码。

5.4　船舶部

同 4.4。

5.5　收放部

同 4.5。

六、上　　浮

6.1　首席科学家

指定人员关注试验进程并提供咨询。

6.2　作业部

（1）密切监视潜水器上传数据和定位信息，记录水下和水面双方通信内容。

（2）潜水器下潜任务完成后，报告水面指挥台准备上浮。得到允许后，抛弃上浮压载。

（3）关闭水下灯、液压源、避碰声纳等。

（4）上浮过程中，在信息显控计算机界面检查生命支持系统、深度计、上浮速度、温盐深、能源系统、运动传感器、电子罗盘、倾角仪、液压系统、接地电流等各种参数显示数据的正确性。

（5）潜水器无动力上浮到离水面小于 100 m 时打开成像声纳和避碰声纳，观察成像声纳并提醒注意观察窗外情况。

（6）得到水面允许后打开液压源，压载水箱排水，潜水器浮出水面。

（7）潜水器返回水面后，开启 VHF，与水面建立通信，报告 GPS 数据，关闭水声通信机、6971 应急通信、多普勒等，推力器下电，等待回收。

6.3　维护部

同 3.3。

6.4 船舶部

同 4.4。

6.5 收放部

（1）在上浮过程中继续用水声通信机保持潜水器与母船的通信联系。

（2）潜水器接近水面时，回收声学吊阵：绞车收缆到 50 m；点击显控软件中"系统设置"按钮，再点击系统设置对话框中的"远程关机"按钮，20 s 后关闭 300 V 电源开关；绞车继续收缆直到吊舱被提升出水；回摆到接近垂直位置；绞车收缆直到吊舱上沿与船尾舷板平齐；折臂吊把吊钩放到吊舱上沿，把吊舱的起吊钢缆挂到吊钩上；吊车把吊舱和吊阵向船首方向摆动，保持铅鱼在水中以达到止荡目的；绞车放缆，一人向下拽吊缆，一人送缆，一人拉住吊缆并随吊车的摆动向船首方向移动；吊车把吊阵摆到起吊位置附近时，贴船舷提起吊阵，两人站在船舷边用手抓住换能器阵止荡。在铅鱼被提升到舷板以上时扶住铅鱼止荡，把铅鱼落到存放位置；两人扶住换能器阵，一人把铅鱼钢缆从换能器阵的挂点上拆卸下来；把换能器阵放到铺好的帆布上，在放的过程中 1 人拉住吊缆；2 人抬住换能器阵，避免换能器阵在甲板上拖动；1 人拉住吊舱和换能器阵之间的钢缆，防止挤压吊舱下端的接插件；把吊舱的起吊钢缆从吊钩上解脱，折臂吊归位；用淡水冲洗吊缆、吊舱、换能器阵和铅鱼；拆卸连接钢缆、凯夫拉绳套和信号电缆，插好保护堵头；4～5 人把换能器阵抬入包装箱，盖好帆布罩；吊舱装箱，4 人抬到操作间中存放；收好吊缆。

（3）在水声通信机开始回收后视情况决定启用 6971 通信。

七、回　　收

7.1 首席科学家

指定人员关注试验进程并提供咨询。

7.2 作业部

（1）密切监视潜水器上传数据和定位信息，记录水下和水面双方通信内容。

（2）回收过程中，在信息显控计算机界面检查生命支持系统、深度计、上浮速度、温盐深、能源系统、运动传感器、电子罗盘、倾角仪、液压系统、接地电流等各种参数显示数据的正确性。

（3）连接上拖曳缆、主吊缆后，确认关闭所有舱外声学设备（超短基除外），提醒起吊过程中扶好扶手，防止潜水器在起吊、回收到甲板过程中可能出现的晃动。

（4）启动"推力器上电""计算机控制""高速"，以备回收过程可能出现的异常情况。

7.3　维护部

（1）潜水器出水后关闭同步时钟；关闭水面机柜电源机箱上的 24 V 电源和 220 V 电源；关闭水声通信机显控软件，下载数据记录，数据下载完成后关闭显控计算机，关闭 UPS 电源。

（2）在潜水器回收过程中 1 名操作人员站在右舷船尾，在摆动过程中拉住吊缆，防止吊缆被其他设备钩住而造成损伤。在潜水器回收结束后固定好吊缆。

（3）在潜水器出水后，退出应用程序和操作系统，在电话显控界面右下角单击"退出"或点击键盘的 ESC 键（或同时按动"Alt"和"F4"键），退出应用程序和操作系统；当显示屏出现"现在可以关闭电源"字样后，将电源开关旋钮左旋 90°，旋钮顶部指示绿灯灭，设备电源关闭；卸除操控台的电源线、接地导线、控制接口线及送话器，入备件箱存放；关闭并锁紧 LCD 显示屏和操控台的箱盖。

7.4　船舶部

7.4.1　船舶驾驶

（1）保持跟踪距离。

（2）尾部声学吊阵收起后备妥双主机及侧推。

（3）潜水器出水后，驶到潜水器下风流处，并以安全速度驶近潜水器。

（4）挂妥拖曳缆后，微速拖带潜水器慢慢靠近尾部。

（5）潜水器起吊后，仍保持船首迎风、迎浪，直至轨道车回位。

7.4.2　气象保障

对当时的气象条件进行评价。

7.4.3　他船联络

通知他船试验进展及需要配合的任务。

7.4.4　船舶监控网络

（1）视频监控系统软各处监控系统在潜水器回收过程中不得擅自移动云台、录像和抓图。

（2）对潜水器回收作业进行全程本地录像，实时检查录像情况。

（3）将主桅杆高清摄像头监控画面显示在电视屏幕上。

（4）实时注意观察视频监控系统运行情况，出现问题时，技术人员需立即解决。

（5）潜水器回收完毕后关闭视频监控软件，检查潜水器布放回收过程中录像资料。

（6）对视频监控系统进行常规日常维护检查。

7.5　收放部

7.5.1　潜水器收放

（1）声学绞车操作员按照指令回收声学吊阵。

（2）潜水器上浮到水面之前的 10 min，水面支持系统作业人员全体到艉甲板集中。

（3）根据预估载人潜水器出水点，考虑风、涌浪与海流的方向，船长决定船的航向，母船低速航行到潜水器下风 500～1 000 m 处。

（4）甲板工程师下到 A 形架系统液压站舱检查和预热 A 形架系统；由甲板工程师填写"布放回收系统回收检查表"。

（5）母船接近潜水器时，小艇返回取到预先放出的拖曳缆，驶向潜水器，当潜水器靠近船尾时挂上龙头缆，逐渐使潜水器进入被拖航状态，注意防止龙头缆拉伤潜水器顶上的器件。须确保船尾流场为"流去"方向，船尾区域流向与船舯线夹角不超过 20°。以上状态由水面支持系统指挥员复核，并反馈给船长。

（6）蛙人给潜水器挂上起吊缆后，A 形架操作手将潜水器吊离水面，适时解脱拖曳缆，回收到轨道车上。

（7）解脱主吊缆，轨道车将潜水器转运到存放点，加以系固。

（8）A 形架回到舷内 35°位置。

7.5.2　小艇和蛙人

（1）潜水器上升至深度 500 m 时，小艇作业人员就位，进行准备。

（2）潜水器出水后，施放小艇。

（3）潜水器到达船舶 100 m 左右距离处，从尾部牵出拖曳缆，傍靠潜水器，蛙人挂妥拖曳缆，返回小艇，并驶到母船尾部待命。

（4）潜水器到达主吊缆下方，小艇再次傍靠潜水器，蛙人登上潜水器挂妥主吊缆，蛙人返回小艇。

（5）小艇返回母船。

7.5.3　超短基线

（1）在确认潜水器上浮至 USBL 盲区后，接指挥部命令电动收起换能器，如果无法电动回收换能器，需立即手动将换能器收起，关闭换能器回收布放电源。

（2）当使用老版本的 USBL 时，按如下过程关闭：

① 关闭 USBL 数据记录（将 Data Recording 按钮打到 OFF），点击菜单栏 Survey→Off，关闭监控功能，点击菜单栏 End 回到主界面。点击主界面菜单栏 Exit 退出 ABYSS 程序；

② 关闭计算机，关闭甲板单元。

（3）当使用新版本的 USBL－BOX 时，按如下过程关闭：

① 在 Data Logging 界面点击 Stop 按钮关闭 USBL 数据记录；

② 在主界面点击 Stop 按钮停止 USBL；

③ 关闭 USBL－BOX 电源；

④ 关闭显控计算机。

（4）通知潜水器作业指挥部 USBL 已关闭，将驾驶室 USBL 作业提示牌取回。

（5）对 USBL 进行常规日常检查维护，定期对换能器布放设施进行保养，防止生锈。

7.5.4　6971 收放

操作绞车上升按钮，使换能器出水至母船舷侧；2 名操作人员配合工作，把换能器收到甲板,收放过程中务必当心,避免换能器磕碰受损! 换能器一旦露出水面(任何部分),绝对禁止进行信号发射! 否则将造成换能器和电子设备损坏! 换能器收回到甲板,及时用淡水冲洗,擦拭干净后放置在保存箱内待用。

八、维 护

8.1 首席科学家

指定人员处理样品和数据。

8.2 作业部

(1)完成相关记录的拷贝、处理,检查生命支持耗材。

(2)由于深海温度较低造成舱内压力较低,潜航员可以根据情况短时间释放额外的氧气增加舱内压力,以便顺利开启舱口盖。

(3)在接到指示后打开潜水器舱口盖,协助完成舱口盖保护罩的安装、舱内梯子布置等。

(4)整理舱内物品,将个人物品、消耗品、垃圾归类封装带出载人舱。

(5)其他下潜人员出舱后,潜航员确认关闭相关设备后出舱。

(6)整理下潜记录,准备汇报材料,及时向技术人员分享信息,特别是需要立即处理的问题,避免损害扩大,为返航检查提供第一手资料。

8.3 维护部

(1)检查潜水器外观,配合潜航员打开舱口盖,完成出舱动作。

(2)拆除相关轻外壳。检查蓄电池能量,充电;检查高压气罐压力,补充压缩空气。

(3)用淡水冲洗各设备,进行设备维护操作。

8.4 船舶部和收放部

由船长指挥。